全国高等职业教育"十二五"规划教材
中国电子教育学会推荐教材
全国高职高专院校规划教材·精品与示范系列

综合布线系统施工

（第2版）

骆 刚 主编

电子工业出版社
Publishing House of Electronics Industry
北京·BEIJING

内容简介

本书在第 1 版出版后得到广泛使用的基础上，充分征求相关教师的使用建议和专家意见，结合最新的课程改革成果和作者多年的校企合作经验进行修订与编写。本书从智能建筑、综合布线职业岗位技能要求出发，重点介绍网络综合布线施工技术与工程实践技能。本书分为 8 个项目，在学习综合布线基本理论知识与技术运用要领的基础上，结合典型工程项目阐述综合布线系统的设计原则、标准规范、设计过程、器材选用、工程施工技术、施工管理、工程测试验收等内容。本书内容系统实用，反映工学结合特色，突出工程实践过程，组织和实施教学方便易行。

本书为高职高专院校计算机类专业、建筑类专业、电子信息及通信等专业的教材，也可作为应用型本科、成人教育、自学考试、电视大学、中职学校、培训班等的教材，以及综合布线工程人员的参考书。

本书配有免费的电子教学课件和练习题参考答案，详见前言。

未经许可，不得以任何方式复制或抄袭本书之部分或全部内容。
版权所有，侵权必究。

图书在版编目（CIP）数据

综合布线系统施工 / 骆刚主编．—2 版．—北京：电子工业出版社，2013.7
全国高职高专院校规划教材·精品与示范系列
ISBN 978-7-121-19322-4

Ⅰ.①综… Ⅱ.①骆… Ⅲ.①智能建筑 - 布线 - 工程施工 - 高等职业教育 - 教材　Ⅳ.①TU855

中国版本图书馆 CIP 数据核字（2012）第 309792 号

策划编辑：陈健德（E-mail：chenjd@phei.com.cn）
责任编辑：徐　萍
印　　刷：北京七彩京通数码快印有限公司
装　　订：北京七彩京通数码快印有限公司
出版发行：电子工业出版社
　　　　　北京市海淀区万寿路 173 信箱　邮编 100036
开　　本：787×1092　1/16　印张：16.5　字数：423 千字
版　　次：2013 年 7 月第 1 版
印　　次：2019 年 1 月第 3 次印刷
定　　价：36.00 元

凡所购买电子工业出版社图书有缺损问题，请向购买书店调换。若书店售缺，请与本社发行部联系，联系及邮购电话：(010) 88254888。

质量投诉请发邮件至 zlts@phei.com.cn，盗版侵权举报请发邮件至 dbqq@phei.com.cn。
本书咨询联系方式：chenjd@phei.com.cn。

职业教育　继往开来（序）

自我国经济在 21 世纪快速发展以来，各行各业都取得了前所未有的进步。随着我国工业生产规模的扩大和经济发展水平的提高，教育行业受到了各方面的重视。尤其对高等职业教育来说，近几年在教育部和财政部实施的国家示范性院校建设政策鼓舞下，高职院校以服务为宗旨、以就业为导向，开展工学结合与校企合作，进行了较大范围的专业建设和课程改革，涌现出一批示范专业和精品课程。高职教育在为区域经济建设服务的前提下，逐步加大校内生产性实训比例，引入企业参与教学过程和质量评价。在这种开放式人才培养模式下，教学以育人为目标，以掌握知识和技能为根本，克服了以学科体系进行教学的缺点和不足，为学生的顶岗实习和顺利就业创造了条件。

中国电子教育学会立足于电子行业企事业单位，为行业教育事业的改革和发展，为实施"科教兴国"战略做了许多工作。电子工业出版社作为职业教育教材出版大社，具有优秀的编辑人才队伍和丰富的职业教育教材出版经验，有义务和能力与广大的高职院校密切合作，参与创新职业教育的新方法，出版反映最新教学改革成果的新教材。中国电子教育学会经常与电子工业出版社开展交流与合作，在职业教育新的教学模式下，将共同为培养符合当今社会需要的、合格的职业技能人才而提供优质服务。

近期由电子工业出版社组织策划和编辑出版的"全国高职高专院校规划教材·精品与示范系列"，具有以下几个突出特点，特向全国的职业教育院校进行推荐。

（1）本系列教材的课程研究专家和作者主要来自于教育部和各省市评审通过的多所示范院校。他们对教育部倡导的职业教育教学改革精神理解得透彻准确，并且具有多年的职业教育教学经验及工学结合、校企合作经验，能够准确地对职业教育相关专业的知识点和技能点进行横向与纵向设计，能够把握创新型教材的出版方向。

（2）本系列教材的编写以多所示范院校的课程改革成果为基础，体现重点突出、实用为主、够用为度的原则，采用项目驱动的教学方式。学习任务主要以本行业工作岗位群中的典型实例提炼后进行设置，项目实例较多，应用范围较广，图片数量较大，还引入了一些经验性的公式、表格等，文字叙述浅显易懂。增强了教学过程的互动性与趣味性，对全国许多职业教育院校具有较大的适用性，同时对企业技术人员具有可参考性。

（3）根据职业教育的特点，本系列教材在全国独创性地提出"职业导航、教学导航、知识分布网络、知识梳理与总结"及"封面重点知识"等内容，有利于教师选择合适的教材并有重点地开展教学过程，也有利于学生了解该教材相关的职业特点和对教材内容进行高效率的学习与总结。

（4）根据每门课程的内容特点，为方便教学过程对教材配备相应的电子教学课件、习题答案与指导、教学素材资源、程序源代码、教学网站支持等立体化教学资源。

职业教育要不断进行改革，创新型教材建设是一项长期而艰巨的任务。为了使职业教育能够更好地为区域经济和企业服务，殷切希望高职高专院校的各位职教专家和老师提出建议和撰写精品教材（联系邮箱：chenjd@phei.com.cn，电话：010-88254585），共同为我国的职业教育发展尽自己的责任与义务！

中国电子教育学会

近年来，我国的各类建筑如雨后春笋般拔地而起，随着信息技术的发展及建筑物自动化程度的不断提高，综合布线系统得到快速发展与广泛应用，目前万兆位以太网也已崭露头角。综合布线作为智能建筑的网络神经系统，是建筑物中各类（电子）信息的传输通道，是智能建筑的重要基础设施，是计算机网络、通信网络、安防、楼宇机电控制等弱电系统的集成控制与建筑物结合的产物，它为独立分散的各个弱电布线系统实施集成化的通信服务，并按集成管理理念，实施统一的系统规划、工程设计、技术工艺和工程管理。面对众多的各类建设工程，需要大量懂得先进综合布线施工技术的技能型人才，因此，高职院校的多个专业都开设有本课程。

本书第1版在2006年出版后得到广泛使用，随着新技术的快速发展和职业教育教学改革的不断深入，原有内容已不能完全适应课程教学，在充分征求相关教师的使用建议和专家意见后，结合最新的课程改革成果和作者多年的校企合作经验，对本书进行新的修订与编写。

本书根据最新的项目式课程教学要求，从了解智能建筑入手，介绍综合布线施工技术，并根据近几年综合布线工程的实际发展情况介绍了相关规范、技术标准和新产品等。在修订过程中着重突出"工学结合"的教学理念，将工程实践贯穿于教学过程中，将综合布线理论知识学习、技术运用、工程项目策略等有机结合，使学生学到更加实用的知识和技能。

本书分为8个项目，在学习综合布线基本理论知识与技术运用要领的基础上，结合典型工程项目阐述综合布线系统的设计原则、标准规范、设计过程、器材选用、工程施工技术、施工管理、工程测试验收等内容。建议采取理论与实践一体化的教学策略，以及演示—实践—评价的教学模式，建议学时为72学时。各院校也可根据相应的综合布线工程实训环境对部分内容和学时进行适当调整。

本书由河南建筑职业技术学院骆刚主编并统稿。骆刚编写项目1～4、项目7，王晖编写项目5，张晓斌编写项目6，刘艳编写项目8。在编写过程中还得到综合布线工程合作企业技术人员的支持与帮助，也参考了许多作者的书籍和相关资料，在此谨向他们表示衷心的感谢。

因编者水平与时间所限，本书难免存在错误和不妥之处，欢迎广大读者批评指正。

为了方便教师教学，本书配有免费的电子教学课件和练习题参考答案，请有需要的教师登录华信教育资源网（http://www.hxedu.com.cn）免费注册后再进行下载，有问题时请在网站留言板留言或与电子工业出版社联系（E-mail:hxedu@phei.com.cn）。

目录

项目1 了解综合布线 ... 1

任务1.1 了解智能建筑 ... 2
1.1.1 智能建筑的概念 ... 2
1.1.2 智能建筑的组成 ... 2
1.1.3 综合布线的应用 ... 4

任务1.2 了解综合布线技术 ... 4
1.2.1 综合布线系统 ... 4
1.2.2 综合布线系统的优势 ... 6
1.2.3 综合布线技术进展 ... 7

任务1.3 计算机网络与传输媒介 ... 9
1.3.1 计算机网络 ... 9
1.3.2 双绞线电缆 ... 10
1.3.3 同轴电缆 ... 14
1.3.4 光纤与光缆 ... 15

练一练1 ... 20

项目2 综合布线系统设计 ... 21

任务2.1 系统设计标准 ... 22
2.1.1 国外标准 ... 22
2.1.2 国家标准 GB 50311—2007 ... 24
2.1.3 名词术语 ... 24

任务2.2 布线系统建设规划 ... 27
2.2.1 规划原则 ... 27
2.2.2 综合布线系统结构 ... 29
2.2.3 布线系统组成 ... 32
2.2.4 布线系统分级与组成 ... 35
2.2.5 选择布线系统 ... 42

任务2.3 布线系统设计 ... 44
2.3.1 工作区设计 ... 44
2.3.2 配线子系统 ... 47
2.3.3 干线子系统 ... 51
2.3.4 建筑群子系统 ... 53

2.3.5 设备间 ·· 53
　　　2.3.6 进线间 ·· 54
　　　2.3.7 管理 ·· 55
　任务 2.4 电气防护系统设计 ·································· 56
　　　2.4.1 电气防护措施 ·· 56
　　　2.4.2 与建筑中其他管线的间距 ····························· 57
　　　2.4.3 防火设计措施 ·· 58
　练一练 2 ··· 58

项目 3 商务楼综合布线设计 ·· 59

　任务 3.1 项目需求分析 ·· 60
　　　3.1.1 工程项目概况 ·· 60
　　　3.1.2 用户需求 ·· 60
　　　3.1.3 项目设计要求 ·· 61
　任务 3.2 布线系统设计 ·· 61
　　　3.2.1 信息点统计 ·· 62
　　　3.2.2 系统图设计 ·· 65
　任务 3.3 管线设计 ·· 70
　　　3.3.1 管道材料 ·· 71
　　　3.3.2 常用缆线规格 ·· 75
　　　3.3.3 管线配线标准 ·· 77
　　　3.3.4 管线设计要求 ·· 78
　　　3.3.5 楼内水平和垂直管线设计 ····························· 80
　实训 1 某商务楼布线设计 ····································· 81

项目 4 室内缆线的敷设 ·· 102

　任务 4.1 施工准备 ·· 103
　　　4.1.1 组建施工团队 ·· 103
　　　4.1.2 制定管理措施 ·· 104
　　　4.1.3 施工技术准备 ·· 105
　任务 4.2 管线施工 ·· 110
　　　4.2.1 桥架安装施工 ·· 110
　　　4.2.2 安装敷设槽管 ·· 114
　　　4.2.3 安装信息插座底盒 ···································· 118
　　　4.2.4 桥架管材料清单 ······································ 119
　任务 4.3 建筑物布线施工 ····································· 119
　　　4.3.1 设备间与配线间设置 ·································· 119
　　　4.3.2 双绞线敷设技术 ······································ 121
　　　4.3.3 配线子系统双绞线布线 ································ 125
　　　4.3.4 建筑物干线线缆布线 ·································· 130

4.3.5　计算线缆使用数量 ……………………………………………………………… 132

项目5　布线设备安装 ……………………………………………………………………… 133

任务5.1　工作区模块安装 ………………………………………………………………… 134
　　5.1.1　信息模块 …………………………………………………………………………… 134
　　5.1.2　工作区数据模块安装 ……………………………………………………………… 135
　　5.1.3　工作区面板安装 …………………………………………………………………… 140
　　5.1.4　集合点与多用户插座 ……………………………………………………………… 144
　　5.1.5　整理工作区资料 …………………………………………………………………… 146

任务5.2　机柜及配线设备安装 …………………………………………………………… 147
　　5.2.1　安装机柜设备 ……………………………………………………………………… 147
　　5.2.2　RJ-45模块化配线架安装 ………………………………………………………… 151
　　5.2.3　110式高频模块配线架 …………………………………………………………… 152
　　5.2.4　光缆/光纤分纤盒安装 …………………………………………………………… 158

任务5.3　设备间安装设计 ………………………………………………………………… 160
　　5.3.1　综合布线管理 ……………………………………………………………………… 160
　　5.3.2　楼层配线间安装 …………………………………………………………………… 162
　　5.3.3　建筑物设备间安装 ………………………………………………………………… 165
　　5.3.4　标识管理 …………………………………………………………………………… 168
　　5.3.5　光纤端接 …………………………………………………………………………… 169

项目6　智能化小区布线设计 ……………………………………………………………… 173

任务6.1　智能住宅与智能居住要求 ……………………………………………………… 174
　　6.1.1　智能住宅的概念 …………………………………………………………………… 174
　　6.1.2　智能家居标准介绍 ………………………………………………………………… 174

任务6.2　智能家居布线设计 ……………………………………………………………… 178
　　6.2.1　任务描述 …………………………………………………………………………… 178
　　6.2.2　家居综合布线系统设计 …………………………………………………………… 178
　　6.2.3　设计成图 …………………………………………………………………………… 180
　　6.2.4　设备安装 …………………………………………………………………………… 183

任务6.3　别墅综合布线设计 ……………………………………………………………… 186
　　6.3.1　任务描述 …………………………………………………………………………… 186
　　6.3.2　别墅综合布线系统设计 …………………………………………………………… 188
　　6.3.3　别墅综合布线系统图与材料统计 ………………………………………………… 194

任务6.4　多层住宅综合布线 ……………………………………………………………… 197
　　6.4.1　任务描述 …………………………………………………………………………… 197
　　6.4.2　多层住宅综合布线设计 …………………………………………………………… 197
　　6.4.3　布线材料统计 ……………………………………………………………………… 203

项目7 园区室外布线工程 ... 205

任务7.1 室外管道工程设计 ... 206
  7.1.1 工程设计依据 ... 206
  7.1.2 管道平面设计 ... 206
  7.1.3 管道剖面设计 ... 210
  7.1.4 管道引入设计 ... 213

任务7.2 建筑物外缆线施工 ... 215
  7.2.1 管道敷设线缆 ... 215
  7.2.2 架空敷设线缆 ... 217
  7.2.3 直埋线缆敷设 ... 219
  7.2.4 光纤接续 ... 220

实训2 某居住园区室外布线设计 ... 223

项目8 测试与验收* ... 224

任务8.1 布线工程测试标准 ... 225
  8.1.1 了解工程测试类型 ... 225
  8.1.2 国际测试标准 ... 226
  8.1.3 我国国家综合布线工程验收规范 ... 227

任务8.2 认证测试模型 ... 228
  8.2.1 测试链路模型 ... 228
  8.2.2 测试模型分类 ... 228

任务8.3 认证测试参数 ... 230
  8.3.1 接线图（Wire Map） ... 231
  8.3.2 电缆长度测试 ... 232
  8.3.3 损耗测试参数 ... 233
  8.3.4 近端串音测试参数 ... 234
  8.3.5 远端串音 ... 237
  8.3.6 其他测试参数 ... 237
  8.3.7 光纤链路测试参数 ... 238

任务8.4 常用测试仪表及使用 ... 240
  8.4.1 测试仪的基本要求 ... 241
  8.4.2 验证测试仪表 ... 242
  8.4.3 认证测试仪表使用 ... 243

任务8.5 布线工程项目验收 ... 248
  8.5.1 项目竣工验收 ... 248
  8.5.2 工程竣工验收资料 ... 251

参考文献 ... 253

项目 1
了解综合布线

在现代建筑领域，综合布线系统已经成为建筑物的基础设施，在为现代建筑承载语音、数据和视频的内部与外部通信业务系统服务的同时，也为现代建筑的智能化管理系统提供了一个高质量的通信平台。综合布线系统是现代建筑的神经中枢，一旦中断将产生严重的后果。本项目将对综合布线系统作一个概要性的介绍，从而使读者了解综合布线的基础知识。

任务 1.1 了解智能建筑

智能建筑或智能大厦是信息时代的必然产物，是计算机技术、通信技术、控制技术与建筑技术密切结合的结晶。随着全球社会信息经济的深入发展，智能建筑已成为各国综合经济实力的具体象征，也是各大跨国企业集团国际实力的形象标志。同时，在国内外正在加强建设信息高速公路的今天，智能建筑也是"信息高速公路"的主节点。因此，各国政府的机关、各跨国集团公司也都在竞相实现其办公大楼智能化，兴建智能型建筑已经成为当今发展的目标。

1.1.1 智能建筑的概念

智能建筑起源于美国，当时美国的跨国公司为了提高国际竞争能力和应变能力，适应信息时代的要求，纷纷将信息化装备安装进大楼，如美国国家安全局和五角大楼，对办公和研究环境积极进行创新和改进，以提高工作效率。

早在 1984 年，由美国联合技术公司在美国康涅狄格州哈特福德市，将一幢金融大厦进行改建，楼内主要增添了计算机、数字程控交换机等先进的办公设备及高速通信线路等基础设施。大楼的客户不必购置设备便可享受语音通信、文字处理、电子、市场行情查询、情报资料检索、科学计算等服务。此外，大楼内的暖通、给排水、消防、安保、供配电、照明等系统由计算机控制，实现了自动化综合管理，使用户感到更加舒适、方便和安全，从而第一次出现了"智能建筑"这一名称。

智能化建筑的发展历史较短，有关智能建筑的系统描述很多，目前尚无统一的概念。美国智能化建筑学会对智能建筑下的定义是：智能建筑（IB）是将结构、系统、服务、管理进行优化组合，获得高效率、高功能与高舒适性的大楼，从而为人们提供一个高效和具有经济效益的工作环境。

综上所述，智能建筑具有多学科交叉、多技术系统集成的特性。是通过对设备的自动监控、对信息资源的管理和对使用者的信息服务及与建筑的优化组合，所获得的投资合理、适合信息社会要求，并具有安全、高效、舒适、便利和灵活特点的建筑物。

智能建筑是多学科、跨行业的系统工程，它是现代高新技术的结晶，是建筑艺术与信息技术相结合的产物。随着微电子技术的不断发展，通信技术、计算机技术的应用与普及，建筑物内的所有公共设施都将可以采用"智能"系统，从而从根本上提高大楼的服务能力。

1.1.2 智能建筑的组成

1. 智能建筑的结构

智能建筑通常具有四大主要特征，即建筑设施自动化（BA）、通信自动化（CA）、办公自动化（OA）、布线综合化。前"三化"就是所谓的"3A"建筑（智能建筑）。目前有建设者提出消防自动化（FA），以及把建筑物内的各个系统综合起来管理，形成一个管理自动化（MA）。前面的"3A"加上这两 A 构成"5A"建筑。实际上，从国际上看，BA 系统中已经包括 FA 系统，OA 系统也已经包括 MA 系统。因此，本书采用"3A"的提法。智能建筑结

项目1 了解综合布线

构示意图如图1-1所示。

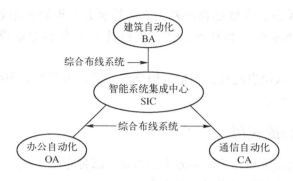

图1-1 智能建筑结构示意图

2. 智能建筑的组成

在智能建筑环境体系中，体现功能的主要有"3A"（OA、CA、BA）、系统集成中心（SIC）和综合布线系统五个部分。

系统集成中心（SIC）应具有各个智能化系统汇集和各类信息综合管理的功能，接口标准化、规范化，对建筑物各个子系统进行综合、实时管理，对建筑物内的信息进行实时处理。但是，由于智能建筑涉及的学科太多，各厂商的设备因行业垄断等多种原因，目前还不能完全实现SIC（即所谓的"大集成"）。

综合布线系统（GCS）是由线缆及相关连接硬件组成的信息传输通道。它是智能建筑中连接"3A"系统各类信息设备的基础设施，也可以简单地理解为通用、开放的连接线系统。综合布线系统采用积木式结构、模块化设计、统一的标准，完全能满足智能建筑信息的传输要求。

办公自动化系统（OA）是利用技术的手段提高办公的效率，进而实现办公自动化处理的系统。它采用网络技术，基于工作流的概念，使企业内部人员方便快捷地共享信息，高效地协同工作。从办公自动化系统的业务性质来看其主要包括以下三项内容：电子数据处理、管理信息系统、决策支持系统。

通信自动化系统（CA）能高速进行智能建筑内各种如图像、文字、语音等数据的通信，并且可以同时与外部通信网连接交流信息。通信自动化系统可分为语音通信、图像通信及数据通信三个系统，也就是常说的"三网"。目前，语音、图像通信都已基本实现数字化，通信方式在向数据通信融合，三网融合是必然的趋势。

建筑自动化系统（BA）以计算机为核心，对建筑物内的设备运行状况进行实时自动控制和管理，从而保证提供一个温度、湿度、光度最佳，空气清闲的楼宇。按设备的功能、作用及管理模式，可分为火灾报警与消防联动控制系统、空调及通风监控系统、供配电及备用应急电源监控系统、照明监控系统、安防系统、给排水监控系统、停车场管理系统（交通监控系统）。BA系统不间断地对建筑物内的各种机电设备运行情况进行监控，采集现场数据加以处理，并按照程序和管理指令自动进行控制。

3. 智能建筑与综合布线的关系

布线系统是整个信息系统的基础，如果说信息系统是智能建筑的灵魂，那么布线系统就

3

相当于信息系统的神经。可以说布线技术的选择和布线系统的设计决定了整个建筑物信息系统的生命力，它将关系到智能建筑未来三十年甚至五十年的使用效果。因此，必须遵循综合布线系统固有的技术规律和特点，认真进行技术方案的专业设计和布线系统的施工管理。

总之，社会已经进入信息时代，繁忙的信息通信迫切需要综合布线系统为之服务，所以它有着极其广阔的使用前景。

1.1.3 综合布线的应用

由于现代化的智能建筑和建筑群体的不断涌现，综合布线系统的应用场合和服务对象逐渐增多。目前综合布线的主要应用有以下几类。

（1）商业贸易类型：如商务贸易中心，金融机构（如银行和保险公司等）、高级宾馆、股票证券市场和高级商城大厦等高层建筑。

（2）综合办公类型：如政府机关、群众团体、公司总部等办公大厦，办公、贸易和商业兼有的综合业务楼和租赁大厦等。

（3）交通运输类型：如航空港、火车站、长途汽车客运枢纽站、江海港区（包括客货运站）、城市公共交通指挥中心、出租车调度中心、邮政枢纽楼、电信枢纽楼等公共服务建筑。

（4）新闻机构类型：如广播电台、电视台、新闻通讯社、书刊出版社及报社业务楼等。

（5）其他重要建筑类型：如医院、急救中心、气象中心、科研机构、高等院校、工矿企业、军事基地和重要部门及住宅小区等，也需要采用综合布线系统。

在21世纪，随着科学技术的发展和人类生活水平的提高，综合布线系统的应用范围和服务对象会逐步扩大和增加，例如，在智能化居住小区（又称智能化社区），综合布线系统具有广阔的使用前景。

任务1.2 了解综合布线技术

自1984年美国首次出现智能大厦后，智能大厦以其安全、高效、自动、舒适和灵活的特点，在世界各地蓬勃兴起。但传统的布线系统无法满足智能大厦所要求的综合、便利、经济、灵活、共享等功能特征需求，人们迫切需要开放的、系统化的布线方案。20世纪80年代末期，美国AT&T公司贝尔实验室首先推出了结构化布线系统（Structured Cabling System，SCS），其代表产品是SYSTIMAXPDS（建筑与建筑群综合布线系统）。20世纪90年代，综合布线系统得到了迅速发展和广泛应用。

1.2.1 综合布线系统

1. 综合布线系统的概念

综合布线系统（Premises Distribution System，PDS），是建筑物与建筑群综合布线系统的简称，它是指建筑物内或建筑群体中的信息传输媒介系统，它将相同或相似的缆线（如双绞线、同轴电缆或光缆）、连接硬件按一定的关系和通用秩序组合，设计成一个具有可扩展性的柔性整体,构成一套标准规范的信息传输系统。综合布线系统的示意图如图1-2所示。

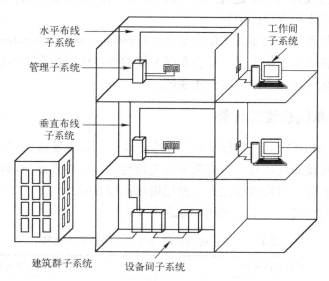

图1-2 综合布线系统示意图

2. 综合布线系统的特点

综合布线系统是目前国内外推广使用的比较先进的信息传输布线方式。它是一套完整的系统工程,包括传输媒介(双绞线、铜线及光纤)、连接硬件(包括跳线架、模块化插座、适配器、工具等),以及安装、维护管理和工程服务等。

综合布线系统采用计算机网络星形拓扑结构,采用易于扩展、管理和维护的模块化结构设计,使用标准配线系统和统一的信息插座,能兼容不同厂商的设备,连接不同类型的设备,从而使系统结构更加简单,总体费用减少。还可依据用户的应用需求进行转换和调整。

3. 综合布线的发展

综合布线系统的发展首先得益于智能建筑(智能大厦)的出现和发展,20世纪50年代,经济发达的国家在城市中兴建新式大型高层建筑,为了增加和提高建筑的使用功能和服务水平,首先提出楼宇自动化的要求,在房屋建筑内装有各种仪表、控制装置和信号显示等设备,并采用集中控制、监视,且便于运行操作和维护管理。因此,这些设备都需分别设置独立的传输线路,将分散在建筑内的设备相连,组成各自独立的集中监控系统,这种线路一般称为专业布线系统。这些系统基本采用人工手动或初步的自动控制方式,科技水平较低,所需的设备和器材品种繁多而复杂,线路数量很多,平均长度也长,不但增加了工程造价,而且不利于施工和维护。

20世纪80年代以来,随着科学技术的不断发展,尤其是通信、计算机网络、控制和图形显示技术的相互融合和发展,高层房屋建筑服务功能的增加和客观要求的提高,传统的专业布线系统已经不能满足需要。为此,发达国家开始研究和推出综合布线系统,20世纪80年代后期综合布线系统逐步引入我国。近几年来,随着国民经济持续高速发展,城市中各种新型高层建筑和现代化公共建筑不断建成，尤其是作为信息化社会象征之一的智能化建筑中的综合布线系统，已成为现代化建筑工程中的热门话题，也是建筑工程和通信工程中设计和施工相互结合的一项十分重要的内容。

目前，综合布线系统一般是以通信自动化（Communication Automation，CA）为主的结构化布线系统。随着科学技术的发展，综合布线系统的内容和工程会逐步提高和完善，形成能真正充分满足智能化建筑需求的综合应用系统。

1.2.2 综合布线系统的优势

综合布线系统（PDS）是信息技术和信息产业高速大规模发展的产物，是布线系统的一项重大革新，它和传统布线比较，具有明显的优越性，具体表现在兼容性好、灵活性高、维护管理方便、技术合理、投资性价比高、使用周期长等方面。

综合布线系统与传统布线系统的比较如表1-1所示。

表1-1 综合布线系统与传统布线系统的比较

比较项目	综合布线系统	传统布线系统
方案设计	将各个系统综合考虑，设计思路简洁，并可根据用户的需要方便灵活地变更设计方案，节省大量时间	各个系统独立进行设计，在线路上存在着过多的牵制，需要多次进行图纸汇总才能得到一个妥协的方案，设计周期长
传输介质	采用统一的传输介质；全部采用双绞线传输；电话线与计算机网络线可以互用	不同的系统采用不同的传输介质；电话系统采用专用的电话线；计算机网络采用同轴电缆；电话线与计算机网络线不能互用
整体性	一套统一的综合布线系统，支持图、文、声、数像；能满足各类层次的需要，可选择等级	多系统、多网络、各系统独立，互相之间无联系；一旦确定等级，不能选择变化
灵活性	用户可以灵活地管理大楼内的各个系统；设备改变、移动后，只需变更跳线即可，大大减少了维护人员和管理人员的数量	各系统相互独立，互不兼容；设备的改变或移动都会导致整个布线系统的变化，难以维护和管理
扩展性	在15～20年内充分适应计算机及通信技术的发展，为公办自动化打下了坚实的基础；在设计时已经为用户预留了充分的扩展余地，保护了用户的前期投资	计算机和通信技术的飞速发展，使得现在的布线难以满足以后的需求；很难扩展，需要重新施工，造成时间、材料、资金及人员上的浪费
生命力	随着时间的推移和科学技术的发展，系统的性能价格比更有可比性；所含系统的数量增多，初始投资相比之下就可以降低	随着时间的推移和科学技术的发展，系统的性能落后，性能价格比比较低；系统设置得越多，初始投资越高
施工实施	各个系统统一施工，周期短，节省大量时间及人力、物力	各个系统独立施工，施工周期长，造成人员、材料及时间上的浪费

近10年来，城市建设及工业企业的通信事业发展得很快，现代化的智能楼、商住楼、办公楼、综合楼已成为城市建设的发展趋势。随着技术的发展，将所有电话、数据、图文、图像及多媒体设备的布线组合在一套标准的布线系统上，并且将各种设备终端接头插入标准的插座内已是可能之事。世界各国的建筑物布线系统就以这样的布线综合所有电话、数据、

图文、图像及多媒体设备于一个综合布线系统中，当终端设备的位置需要变动时，只需将接头拔起，然后插入到新地点的插座中，再做一些简单的跳线，这项工作就完成了，而不需要再布放新的电缆及安装新的插孔。

综合布线系统以一套单一的配线系统，综合几个通信网络，可以协助解决所面临的有关电话、数据、图文、图像及多媒体设备配线上的不便，为实现综合业务数字网络（ISDN）打下基础，成为智能建筑不可或缺的构成要素。

1.2.3 综合布线技术进展

伴随着电子技术、计算机技术、通信技术等信息技术的发展，综合布线技术近些年来也得到了长足的发展。除了在材质、材料、工艺方面的改进外，综合布线技术在性能、标准等方面也取得了较大的变化。

新的结构化综合布线系统标准的制定，对于综合布线系统及网络发展有着深刻的影响，对于业界与工程技术人员而言，及时了解综合布线系统标准的动态变更，对布线新产品的开发至关重要。对于最终的用户而言，了解综合布线系统标准的发展，对保护自己的投资也十分重要。

1. 综合布线标准发展动态

尽管目前的网络应用大多考虑在现行超 5 类系统或 6 类系统，但随着通信技术的快速发展，许多新的电缆开发出来，国际标准化委员会（ISO/IEC）、欧洲标准化委员会（CELENEC）和北美的工业技术标准化委员会（TIA/EIA）都介入新标准的制定，因此，对 Cat5、Cat5e、Cat6、Cat7 类标准的概念在业内也存在一定程度的差异。

ISO/IEC 11801 的修订稿于 1999 年颁布，该稿对链路定义进行了修正。ISO/IEC 认为以往的链路定义应该被永久链路和通道定义所取代；此外，对永久链路和通道的等效远端串音（ELFEXT）、综合近端串音、传输延迟进行了规定，提高了近端串音等参数的指标。2002 年，ISO/IEC 推出第 2 版 ISO/IEC 11801 规范，把 Cat5/ClassD 的系统按照 Cat5e 重新加以定义，以确保所有的 Cat5/ClassD 均可运行吉比特以太网。更为重要的是，Cat6/ClassE 和 Cat7/ClassF 类链接在这一版的规范中进行了定义。布线系统的电磁兼容性（EMC）问题也在新版的 ISO/IEC 11801 中有了明确的规定。

CELENEC EN50173（欧洲标准）与 ISO/IEC 11801 标准是一致的。但是，EN50173 要比 ISO/IEC 11801 更为严格。CELENEC 也发表了 EN50173 的修订稿和第 2 版 EN50173。

2. 10Gb 铜缆技术

目前已出现 10 吉比特铜缆以太网（10GBase–T）。对用户而言，要使其综合布线系统的性能可支持未来发展，支持 10GBase–T 标准有重要意义。

10GBase–T 铜缆以太网技术标准的目标是用 3 倍的低成本，实现 10 倍的高性能。即以目前使用的最先进的吉比特以太网技术的 3 倍成本，实现提高 10 倍的性能。结论是：7 类布线系统可在 100MB 信道上支持 10GBase–T，而 6 类非屏蔽布线系统可在 55MB 信道上支持 10 吉比特以太网。对于大范围实施 10 吉比特以太网，利用光纤传输解决方案成本仍然很高，开发和应用铜缆解决方案是降低成本的一种选择。

新的高速宽带服务及更高速以太网标准正在被采纳和应用，吉比特以太网或10吉比特以太网为网际协议（IP）或高端IP服务，如VOIP、IP电话会议和视频会议及安全技术的普遍应用提供了良好环境。语音、数据和初步网络正逐步集成在同一套网络基础设施之上，即"三网合一"。对于服务的可靠性和网络服务质量（QoS）的需求也日益加强。一个可靠、高性能的综合布线系统为用户增加生产力和降低成本十分重要。

3. 光纤布线技术

以10吉比特为代表的新型高速宽带服务对于光纤系统提出了新要求，传统的多模光纤只能在几十米的距离支持10吉比特传输。目前业界已经推出一系列光纤设计和测试标准，如IEC-60793-2-10和TIA-492AAAC、TIA/EIA455-220等。为配合针对10吉比特应用而采用了新型光信号收发器件，ISO/IEC11801也制定了新的多模光纤标准等级，即OM3类别，于2002年9月正式颁布。OM3光纤对LED和激光器两种带宽模式进行了优化。采用新标准的光纤布线系统能在多模方式下至少支持10吉比特传输至300m，在单模方式下达到10km以上（对1 550nm波长则支持高达40km的传输距离）。目前，新的多模光纤标准等级已上升为OM4，性能更加优越。

对新的光纤连接器件也提出了新的要求，连接头端面的几何形状设计（包括弯曲半径、顶点偏移和球形切口）直接影响激光能量的反射，加工工艺精度直接关系到避免链路性能下降及收发器的损坏。另外，小型化光纤连接器（SFF）的使用，也改善了传输光纤接口的人性化界面。

4. 高带宽IP应用集成布线

现今网络已走向集中化，数据、语音和视频在单一介质上的传输可节省巨大的费用。基于7类/F级标准开发的STP布线系统，设计为可在一个连接器和单根电缆中同时传送独立的视频、语音和数据信号，甚至支持在单对电缆上传送全带宽的模拟视频（通常为870MHz），并且在同一护套内的其他双绞线对上同时进行语音和数据的实时传输。

安全防护方面，传统的安全系统已不能满足快速的增长需求。现在大多数安防系统要求有一个专门的网络与数据网络实现分离。由于对安全性的更高要求，这些旧系统改造起来费用大，也不能满足新需求。安全防护系统所需要的是一个有可编址元件的动态系统，能传送高质量影像、语音和数据，并使用与现在数据系统一样的网络。为满足这种需要，新安全系统是基于IP的，每一个安保设备（如视网膜扫描器、x射线等）都成为数据网络上可设地址的节点。这些新的高级安防系统在同一个平台上集成语音、数据和视频。市场对安全性的强调是驱动10吉比特、高带宽服务的主要驱动之一。

7类/F级标准定义的传输介质是线对屏蔽（也称全屏蔽）的STP线缆。它在传统护套内加裹金属屏蔽层/网的基础上，又增加了每个双绞线对的单独屏蔽。7类/F级线缆的特殊屏蔽结构保证了既能有效隔离外界的电磁干扰和内部向外的辐射，又可以大幅度削弱护套内部相邻线对间的信号耦合串音，从而在获得高带宽传输性能保障的同时，增加了并行传输多种类型信号的能力。

7类/F级STP布线系统可采用两种模块化接口方式：一种是传统的RJ型接口，其优点是机械上能兼容低级别的设备，但由于受其先天结构制约很难达到标准要求的600MHz带宽；

另一种则是非 RJ 型接口，其现场装配很简单，能提供高带宽服务（如西蒙的 TERA 可提供 1.2GHz 带宽，是公布的 7 类/F 级标准带宽的两倍），并且已被 ISO/IEC 11801 认可并批准为 7 类/F 级标准接口。

任务 1.3　计算机网络与传输媒介

计算机网络传输信号必须通过传输媒介，采用不同的传输媒介，所组成的计算机网络的结构是不同的，获得的传输速率也不尽相同。现代智能建筑的各项应用业务基本上都是建立在计算机网络的基础上，或与计算机网络具有相同的系统结构。因此，了解计算机网络的结构对了解综合布线系统具有重要意义。

1.3.1　计算机网络

1. 计算机网络结构

计算机网络拓扑有总线型、环形和星形三种基本结构。总线型主要用于低速网络，一般不作语音、数据、图像及多媒体业务的传输，环形主要用于城域网，星形拓扑结构和由星形拓扑发展而来的树形结构如图 1-3、图 1-4 所示。

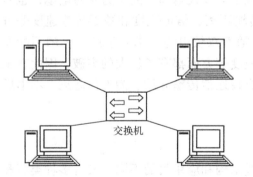
图 1-3　星形网络拓扑结构

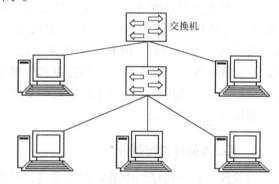
图 1-4　树形网络拓扑结构

星形拓扑结构是目前计算机局域网的主要形态，而计算机网络是承担语音、数据、图像及多媒体业务的主要媒介。按照国标要求，综合布线系统应为开放式网络拓扑结构，应能支持语音、数据、图像及多媒体业务等信息的传递。因此，在综合布线涉及的领域主要采用星形拓扑结构。

在星形拓扑结构下的每个分支子系统都是相对独立的单元，对每个分支单元系统进行改动都不影响其他子系统，综合布线系统采用星形结构能灵活地适应各个系统。

2. 网络传输速率

各类计算机系统对网络传输速率的要求是不同的，表 1-2 为几种主要网络系统的传输速度要求。在以建筑物与建筑群为单元的局域网络中，主要使用 100Base-T 和 1 000Base-T。

在了解了计算机网络结构之后，下面将介绍常见的网络传输介质（电缆、光纤和无线）、传输介质的分类和用途、传输介质的性能指标和技术参数，以及在网络系统设计与工程中的有效选用。

表1-2 几种主要网络系统的传输速度要求

规　范	传输速度要求（b/s）	规　范	传输速度要求（b/s）
RS-232	≤20K	TP-PMD/CDDI	100M
StarLAN	1M	100Base-T	100M
10Base-T	10M	ATM	155M/622M
16MTokenRing	16M	1 000Base-T	1 000M

1.3.2 双绞线电缆

双绞线（Twisted Pair，TP）是由两根具有绝缘保护层的铜导线绞在一起组成的。每一根导线在传输电信号时会辐射出电磁波，把两根绝缘的铜导线相互绞合在一起，一根导线的电磁波会被另一根导线上发出的电磁波抵消，从而降低信号干扰的程度。

双绞线一般由两根规格为22、24或26AWG的绝缘铜导线相互缠绕而成。AWG为美国线缆标准（American Wire Gauge），常用的是24AWG，直径为0.51mm。规格的标记数字越大，表明导线线芯越细。

把一对或多对双绞线放在一个绝缘套管中便构成了双绞线电缆，通常为4对电缆，也有1对或2对电缆（一般用做电话线）。双绞电缆在传输距离、信道宽度和数据传输速度等方面均会受到一定的限制，但其价格低廉。近年来，随着双绞电缆技术和生产工艺的不断发展，双绞线电缆在传输距离、信道宽度和数据传输速度等方面都有了较大的突破，因此在工程中获得了大量应用，是综合布线系统中最常用的有线通信传输介质。为方便起见，本书后面一般统称为"双绞线"。

1. 双绞线的种类与型号

双绞线是目前局域网中最常用的电缆，根据电缆结构和应用目的的不同，又有多种类型和规格。

1）非屏蔽双绞线（Unshielded Twisted Pair，UTP）

非屏蔽双绞线是在绝缘套管中封装了一对或一对以上的双绞线，每对双绞线按一定密度互相绞在一起，以此提高抵抗系统本身电子噪声和电磁干扰的能力，但它不能防止周围的电子干扰。如图1-5所示是一款超5类4对24AWG非屏蔽双绞线。

UTP是通信系统和综合布线系统中最常使用的传输介质，可用于语音、数据、音频、呼叫系统及楼宇自动控制系统。UTP也可同时用于垂直干线子系统和水平子系统的布线。

国际电气工业协会（EIA）为双绞线电缆定义了5种不同质量的型号。目前，综合布线使用的多为3、5、5e、6类4种，3类电缆以下已经退出市场。

(1) 3类双绞线（Cat3）：是目前在ANSI和EIA/TIA 568标准中指定的电缆。该电缆的频率带宽最高为16MHz，最高传输速率为10Mb/s，主要应用于语音、10Mb/s以太网和4Mb/s令牌环，最大网段长为100m，采用RJ形式的连接器，目前一般只用于单独的语音信号传输。

图1-5 一款超5类4对24AWG非屏蔽双绞线

（2）4类双绞线（Cat4）：缆线最高频率带宽为20MHz，最高数据传输速率为20Mb/s，主要应用于语音、10Mb/s以太网和16Mb/s令牌环，最大网段长为100m，采用RJ形式的连接器，因适用范围和性能特点，未被广泛采用。

（3）5类双绞线（Cat5）：该类电缆增加了绕线密度，外套为高质量的绝缘材料。在双绞线电缆内，不同线对具有不同的绞距长度。通常4对双绞线绞距周期在38.1mm长度内，按逆时针方向扭绞，一对线对的扭绞长度在12.7mm以内。线缆最高频率带宽为100MHz，最高传输速率为100Mb/s，主要应用于100Mb/s的快速以太网，最大网段长为100m，采用RJ形式的连接器。

（4）超5类双绞线（Cat5e）：超5类双绞线是增强型的5类双绞线，其性能优于5类线。这是目前广泛使用的传输介质，市场占有份额很大。

（5）6类双绞线（Cat6）：性能超过Cat5e，缆线频率带宽为250MHz以上，通常可达600MHz，因网络应用的迅速发展和应用的需求，目前发展较快。

（6）7类双绞线（Cat7）：线缆频率带宽为600MHz以上。目前的应用范围和实际使用面还不大，其成本和施工技术要求较高。

这里需要注意的是，电缆的频率带宽（MHz）与电缆的数据传输速率（Mb/s）是有区别的，Mb/s是衡量单位时间内线路传输的二进制位的数量，而MHz是衡量单位时间内线路中电信号的振荡次数。

为了便于安装与管理，每对双绞线有颜色标示，4对UTP的颜色分别为蓝色、橙色、绿色和棕色。每对线中，其中一根的颜色为线对颜色（纯色），另一根的颜色为白底色加线对颜色的条纹或斑点（如图1-5所示）。具体的颜色编码如表1-3所示。

表1-3 非屏蔽4对24AWG电缆色彩编码

线对序号	颜色色标	缩写字母
线对1	白蓝/蓝	W－BL/BL
线对2	白橙/橙	W－O/O
线对3	白绿/绿	W－G/G
线对4	白棕/棕	W－BR/BR

非屏蔽双绞线电缆由于无屏蔽外套，直径小，因此节省所占用的空间；线缆质量小、易弯曲、易安装、阻燃；电缆互绞方式将串音减至最小或加以消除。此外，还有一些针对特殊应用环境的特殊电缆，如阻水电缆等，如图1-6所示。

图 1-6 超 5 类室外阻水非屏蔽双绞线

2）屏蔽双绞线（Shielded Twisted Pair，STP）

随着电气设备和电子设备的大量应用，通信链路会受到越来越多的电子干扰，这些干扰来自诸如电力传输线、汽车发动机、电动机、大功率的无线电和雷达信号之类的信号源。如果这些信号产生在双绞线电缆的附近，则可能会带来噪声的破坏或干扰。另一方面，电缆导线中传输的信号能量的辐射，也会对临近的网络系统设备和电缆产生电磁干扰。在双绞线电缆中增加屏蔽层的目的就是为了提高电缆的物理性能和电气性能，减少电缆信号传输中的电磁干扰。

电缆屏蔽层由金属箔、金属丝或金属网几种材料构成。电缆屏蔽层的设计有屏蔽整个电缆、屏蔽电缆中的线对、屏蔽电缆中的单根导线几种形式。

STP 指的是 IBM 在 1984 年确立的最初规格，它的性能要求是工作频率为 20MHz。随着网络传输速率的不断提高，1995 年 STP 的规格也提升为 STP.A，它的性能要求是工作频率为 300MHz。在 TIA/EIA-568-A 标准中，STP.A 是干线布线子系统和水平布线子系统都认可的传输介质。图 1-7 所示为 STP 的结构示意图。

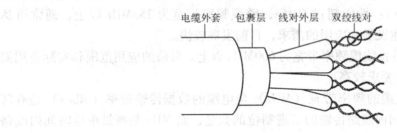

图 1-7 屏蔽双绞电缆（STP）结构示意图

另一类屏蔽双绞线电缆是金属箔屏蔽双绞线电缆，称为 ScTP（或 FTP），它不再屏蔽各个线对，而是屏蔽整个电缆，电缆中的所有线对被金属箔制成的屏蔽层所包围。在电缆护套下，有一根漏电线，这根漏电线与电缆屏蔽层相连接。金属箔屏蔽双绞线电缆如图 1-8 所示。

图 1-8 金属箔屏蔽双绞线电缆（ScTP 或 FTP）

通信线路仅仅采用屏蔽双绞线电缆还不足以起到良好的屏蔽作用，还必须考虑接地和端接点屏蔽的问题。为了起到良好的屏蔽作用，屏蔽式布线系统中的每一个元件（双绞线、水晶头、信息模块等）都必须进行屏蔽且保证接地良好。

3）大对数电缆

大对数电缆，一般为25线对（或更多）成束的双绞线组成电缆结构，在外观上看，为直径更大的单根电缆。大对数双绞线电缆一般用于语音通信布线系统的干线子系统中，它也同样采用色彩编码进行管理，每个线对束都有不同的色彩编码，同一束内的每个线对又有不同的色彩编码，其物理结构如图1-9所示。

图1-9　非屏蔽5类25对电缆的物理结构

大对数电缆经常用于室外工程，因此，有必要对电缆增加一些保护措施，如在电缆中充油（如图1-10所示）、加装保护（如图1-11所示）等。

图1-10　非屏蔽5类25对室外充油电缆

图1-11　非屏蔽5类25对室外充油铠装电缆

2. 超5类布线系统

超5类布线系统通过对它的"链接"和"信道"性能进行测试表明，其性能超过TIA/EIA 586的5类标准，与普通的5类UTP比较，其衰减更小，同时具有更高的衰减串音比（ACR）和回波损耗（SRL）特性，即更小的时延和衰减，性能得到了提高。

比起普通5类双绞线，超5类系统在100MHz的频率下运行时，可提供8dB近端串音的

余量，用户的设备受到的干扰只有普通 5 类线系统的 1/4，使系统具有更强的可靠性，是目前工程布线采用的最低标准。

3. 6 类布线系统

6 类布线使用通用模块式 8 路连接器（IEC 603-7 或 RJ-45），线缆频率带宽可以达到 200MHz 以上，从而能够适应当前的语音、数据和视频及吉比特应用。在当前的工程中已被广泛采用。

4. 7 类布线系统

7 类/F 级 STP 布线系统采用两种模块化接口方式：第一种为传统的 RJ 类接口，其优点是机械上能兼容低级别设备，但由于受其先天结构制约很难达到标准要求的 600MHz 带宽；第二种是非 RJ 型接口，这种接口现场装配简单，提供高带宽服务，最高可提供 1.2GHz 的带宽（为 7 类/F 级标准带宽的两倍），并且已被 ISO/IEC 11801 认可并批准为 7 类/F 级标准接口，成为新 7 类系统的工业标准。

光纤到桌面的发展预计会大于 7 类。从传输距离看，在万兆以太网上，光纤中短波长能支持 65m，而 7 类线缆则很难达到这个距离。从价格上来考虑，50μm/62.5μm 的多模光纤已与 7 类线缆相当或更低。加之光纤的安全性较高、安装难度小等特点，目前，许多布线系统工程较多采用光纤作为主干传输部分。

1.3.3 同轴电缆

1. 同轴电缆的类别

同轴电缆（Coaxial Cable）是由一根空心的外圆柱导体及其所包围的单根内导线所组成的。柱体和导线用绝缘材料隔开，其频率特性比双绞线好，能进行较高速率的传输。由于其屏蔽性能好，抗干扰能力强，通常多用于基带传输。目前同轴电缆常用于有线电视系统和监控系统中，在计算机网络中的应用已经被双绞线所取代。

同轴电缆可分为两种基本类型：基带同轴电缆和宽带同轴电缆。目前基带同轴电缆，其屏蔽线是用铜做成网状管子，特征阻抗为 50Ω，如 RG-8、RG-58（用于数据）等；宽带同轴电缆，其屏蔽层通常是用铝压成的，特征阻抗为 75Ω，如 RG-59（用于有线电视）等。

同轴电缆有粗缆和细缆之分，粗同轴电缆（粗缆）与细同轴电缆（细缆）是指同轴电缆的直径大小。粗缆的标准距离长、可靠性高，安装时不需要切断电缆，可以根据需要灵活调整计算机的入网位置，但安装难度较大，所以总体造价高。相反，细缆则比较简单、造价低，但安装过程要切断电缆，两头装上基本网络连接头（BNC），然后接在 T 形连接器两端，容易产生接触不良的隐患。目前同轴电缆已逐步被非屏蔽双绞线或光缆取代，正在退出布线市场。早期的建筑物布线系统中还留存一些同轴电缆的布线系统。

2. 同轴电缆网络结构

在计算机网络布线系统中，粗缆和细缆有 3 种不同的构造方式，即细缆网络结构、粗缆网络结构和粗/细缆混合网络结构。

项目 1 了解综合布线

细缆网络的硬件主要有网络接口适配器（BNC 接口）或称网卡、BNC 连接组件、中继器和线缆。网络中每个节点需要一块提供 BNC 接口的网卡、便携式适配器或 PCMCIA 卡。细缆网络结构示意图如图 1-12 所示。粗缆网络的硬件主要有网络接口适配器（AUI 接口）、收发器、收发器电缆、N 系列连接组件等。

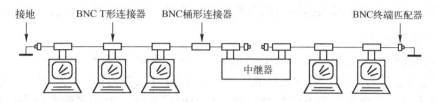

图 1-12 细缆网络结构示意图

目前，使用同轴电缆组成的网络多用于楼宇控制和工业自动化等行业，在常规楼宇建筑物的网络中已经很少使用细缆了，或将其改造为双绞线布线。

1.3.4 光纤与光缆

电缆是利用电磁波的各个频段进行数据传输，物理学知识告诉我们，光可以看做可见光波段的电磁波，因此，开发光波作为通信的载体与介质是很自然的。光如果在大气中传播，会受到变幻无常的气候条件的影响。因此，人们设想利用可以导光的玻璃纤维光纤进行长距离的光波传输。

1970 年，美国康宁公司首次研制成功损耗为 20dB/1km 的石英玻璃光纤，达到了实用水平。目前实用的光纤直径很小，既柔软又具有相当的强度，是一种理想的传输媒质。在实验室环境中，光纤传输技术已经达到数千千米而无须中继的先进水平。

1. 光纤的构成

光纤即光导纤维，是一种传输光束的细而柔韧的介质。通信网络中的光纤主要采用石英玻璃制成，为横截面积较小的双层同心圆柱体，直径在几微米（光波波长的几倍）到 120μm。像水流过管子一样，光能沿着这种细丝在其内部传输。

裸光纤由纤芯和包层组成，折射率高的中心部分叫光纤芯，折射率低的外围部分叫包层。包层与纤芯构成一个光学反射面，根据几何光学的全反射原理，光线被束缚在纤芯中传输。在包层外面是 5～40μm 的涂覆层，其作用是增强光纤的机械强度，同时增加柔韧性。最外面常有 100μm 厚的缓冲层或套塑层，套塑后的光纤称为芯线。为保护光纤表面，防止断裂，提高抗拉强度并便于应用，一般在裸光纤的外围进行两次涂覆而构成光纤芯线，如图 1-13 所示。

图 1-13 光纤芯线结构示意图

光纤传输速率高，损耗很小，误码率低，具有较宽的传输带宽，可达到每秒几百兆比特到上吉比特。由于光纤传输的是光束，不受电磁干扰影响，也不会向外辐射信号，适用于长距离信息传输和对传输安全要求高的场合。

2. 光纤的分类

从光纤传输的物理参数和工程应用等的不同角度出发，对光纤有多种分类方式，从网络工程的角度考虑，目前光纤根据传输的模数和折射率的分布进行分类是较常使用的。

1）按传输模式分类

按传输模式分类，光纤可以分为单模光纤（Single Mode Fiber）和多模光纤（Multi Mode Fiber）。当光纤直径较大时，可以允许光以多个入射角射入并传播，此时称为多模光纤；当光纤直径较小时，只允许一个方向的光通过，称为单模光纤。由于多模光纤会产生干扰、干涉等复杂问题，因此在带宽、容量的传输距离上均不如单模光纤。单模与多模光纤中光的传播方式如图1-14所示。

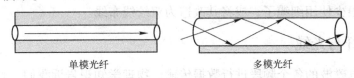

图1-14 单模光纤与多模光纤中光的传播方式

单模光纤的芯径为 $8\sim10\mu m$，光信号可以沿着光纤的轴向传播，信号的损耗很小，离散也很小。单模光纤的传输频带宽、容量大、距离远，多用于主干通信线路。

多模光纤是在给定的工作波长上能以多个模式同时传输光信号。与单模光纤相比，多模光纤的传输性能相对较差，传输距离最大为 2km。多模光纤多用于楼宇内或园区内的综合布线系统。在多模光纤中，芯径大约为 $15\sim50\mu m$，与人的头发的粗细相当。

国家通信行业标准规定，在综合布线系统中按工作波长采用的单模光纤为850nm和1300nm两种。常用光纤类型与尺寸如表1-4所示。

表1-4 常用光纤类型与尺寸

光纤芯径（μm）	光纤含涂覆外层直径（μm）	光纤类型
8.3	125	单模
62.5	125	多模
50	125	多模

综上所述，单模光纤和多模光纤的不同在于：单模光纤比多模光纤传输的信号更远、更快，但是成本也相对高；单模光纤比多模光纤更细，安装技术难度也更大。单模光纤需要使用激光光源，所以成本较高，通常在建筑物之间或地域分散时使用。两类光纤性能比较如表1-5所示。

表1-5 单模光纤与多模光纤性能比较

单模光纤	多模光纤
用于高速度、长距离传输	用于低速度，短距离传输
成本高	成本低
窄芯线，需要激光源	宽芯线，聚光好
耗散极小，高效	耗散大，低效

2）按波长分类

综合布线所用光纤有三个波长区：850nm 波长区、1 300nm 波长区和1 531nm 波长区。不同的波长范围光纤损耗也不相同，其中850nm 波长区为多模光纤通信方式，1 531nm 波长区为单模光纤通信方式，1 300nm 波长区有多模和单模两种通信方式。建筑物综合布线一般采用850nm 和1 300nm 两个波长。

3）按应用环境分类

按应用环境分类，光纤有两类：一类是室内光纤，采用增强型缓冲带，主要用于建筑物内干线子系统和水平子系统；另一类是室外光纤，常采用束状，在保护层内填满相应的复合物，护套采用高密度的聚乙烯，加上增强的钢丝或玻璃纤维，可提供额外的保护，以防止环境造成的损坏。这种光纤主要用于建筑群子系统。

3. 光缆

套塑后的光纤称为芯线，但光纤芯线外径仍然很细，难以承受施工中的拉伸、侧压等较强的外力作用，还不能在工程中使用。因此，在通信网络的工程线路中，都是将若干根芯线疏松地置于特制的塑料绑带或铝皮内，再覆塑料或用钢带铠装，加上外护套后即成为能在工程中应用的光缆。光缆具备一定的机械强度以防止拉伸断裂。光缆是目前数据通信传输中最高效的传输介质。

1）光缆的结构

光缆是由光纤和一些填充物、保护层和加强芯等附加物构成的，光缆的结构大体上分为缆芯（Cablecore）和护层（Sheath）两大部分。其中缆芯由光纤构成，是光缆的核心部分。四芯光缆的结构如图1-15 所示。

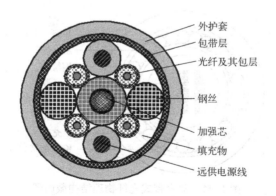

图1-15 四芯光缆的结构

综合布线常用的室外光缆缆芯主要有两类：中心束管式和集合带式。

2）中心束管式缆芯

中心束管式缆芯由装在塑料套管中的1～8 束光纤单元束组成，每束光纤单元是由松绞在一起的4、6、8、10 或12（最多）根一次涂覆光纤构成的，并在单元束外面松绕有一条纱线。为了区分方便，每根光纤的涂层及每条纱线都有颜色。中心束管式缆芯的光纤数最少为4 根，最多为96 根，塑料套管内皆填充专用油膏。这种填充专用油膏在小拉力时，如同一个有弹性的固体，但是当拉力增加时，该专用油膏如同液体，允许光纤束在其中移动，因而大大减少了微弯曲损耗。表1-6中给出了中心束管式光缆中的标准光纤数和色标。

表1-6 中心束管式光缆中的标准光纤数和色标

芯数	束数	蓝束	橙束	绿束	棕束	蓝灰束	白束	红束	黑束
4	1	4							
6	1	6							
8	1	8							
12	1	12							
16	2	8	8						
20	2	12	8						
24	2	12	12						
36	3	12	12	12					
48	4	12	12	12	12				
60	5	12	12	12	12	12			
72	6	12	12	12	12	12	12		
84	7	12	12	12	12	12	12	12	
96	8	12	12	12	12	12	12	12	12

注：对于包含48根光纤的光缆来说，可在蓝和橙光纤束中包含一根备用光纤，颜色是绿-自然色（G-N）。

3）集合带式缆芯

集合带式缆芯由装在塑料管中的1条或最多18条集合单元带组成。每条集合单元带由12根一次涂覆光纤排列成一个平面带构成。塑料套管中填充专用油膏，其物理结构截面如图1-16所示。这种扁平带的接续方法，是采用多根光纤同时一次接续，快速简便。

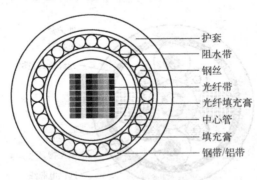

图1-16 集合带式光纤物理结构截面图

4. 光缆的护套层

判断光缆质量的优劣，除了需要检验其构造、几何尺寸、光缆长度、单位重量、色谱标志及有关材料的性能等项外，还需要重点检查光缆的传输性能、物理性能及环境性能。

光缆的传输性能是由光缆中光纤的质量决定的，而光缆的物理性能和光缆的环境性能则是由护套层决定的。光缆的设计寿命一般为40年，在这样长的时间内要保持光缆的传输性能，必须对光缆的物理性能和环境性能提出严格的技术要求，并进行有效的保护。

为了满足室外、室内及海底布线需要，光缆配有各种不同的护套层及外护套供选择，每种护套及外护套对特定的应用提供了最经济的解决方法。对于室外光缆来说，所设计的所有护套层选项都是用来保护芯管中的光纤的，在芯管（缆芯套管）外，根据光缆的类型可能设有防潮带（防水带）、金属或非金属的加强构件、挤压的护套材料、外护套（铠装）等防护层。

5. 光缆的护套类型

室外光缆均采用高密度聚乙烯（HDPE）来制作所有的冲压聚乙烯组件，如缆芯套管、中间护套及外护套。根据护套的结构不同，有交叠型和快速接入型两类。

1）交叠型

交叠型是由两层相互反向绞合的外周加强构件再加上聚乙烯护套构成的。当加强构件为两层钢丝时，称为金属交叠型保护层；当加强构件由两层纤维构成时，则称为非金属交叠型保护层。交叠型保护层外面还可加外护层。例如，为了防鼠咬或防雷击，可在交叠型保护层外先纵向包一层铜带后再纵向包一层不锈钢带，最外面挤压一层聚氯乙烯护套。再如，为了穿过河流，可在交叠保护层外面绞合1～3层不锈钢丝，使抗拉强度大大增加。

2）快速接入型

快速接入型（Lightguidee Xpress Entry，LXE）保护层的外周加强构件只有两根钢丝（或两组玻璃纤维），彼此位于护套直径相对两侧。由于护套内只有两根（组）加强构件，所以可在加强构件保持不断的情况下，在塑料外护套的其他部位剥开护套迅速将缆芯塑料管中的光纤取出进行接续操作。这种"接入"也可在架空光缆的杆档中间进行。园区综合布线常用快速接入型（LXE）光缆。

LXE的保护层又有ME、DE、RL、LW、SS等几种形式，分别用于不同的敷设环境。LXE - ME 为金属铠装型快速接入光缆，LXE - DE 为非金属护套型快速接入光缆，LXE - RL 为金属保护层快速接入光缆，LXE - LW 是一种轻型光缆，它的光纤数量最多不超过24根，保护层中除具有两根金属钢丝作为加强构件外，不再纵包金属带，重量轻。这种光缆适用于新发展的有线电视网，它可以架空、穿管道，也可以直埋。LXE - SS 是以不锈钢（SS）带取代 LXE - RL 中的双金属带，进一步提高了防鼠咬的性能。从光缆结构发展来看，缆芯向着松结构、束管化发展，加强构件则趋向在保护层中的"外周加强构件"发展。

6. 建筑物光缆

建筑物光缆是由2、4、6、12、24或36根缓冲层的多模光纤构成的。这些光缆的外层具有标着UL防火标志的PVC外护套（OFNR）。这种光缆可直接放在干线信道中，如管道、天花板、墙壁或地板上（非强制通风环境）。另一种建筑物光缆具有标着UL标志的含氟聚合物套管（OFNP），它们可放置于回风巷道（强制通风环境）。在光纤数目不足12根时，每根光纤围绕光缆的中心加强筋排列，并填入纱线层，最外面是PVC套管。纱线作为线缆的补充加强材料。这些光缆均叫做建筑物光缆，在布线蓝图上可使用 LGBC - 000A - LRX 或 LG-BC - 000A - LPX 命名法来标注这种电缆，其中：

L——62.5/125μm 多模光纤；

R——聚乙烯套管；

P——含氟聚合物套管（P代表充满物质的/实心的）；
X——尚未规定。

光缆可以根据敷设的方式（管道、直埋、架空及暗管、桥架）选用室内光缆、室外光缆、室外铠装光缆和室内/室外并用光缆。光缆的护套也可以分为低烟无卤和阻燃性的，一般以305m或1 000m配盘。

7. 互连光缆

互连光缆有时称为光纤跳线，是一种软光缆，主要应用于内部设备连接、通信柜配线面板、墙上信息点出口到网络设备的连接。双芯互连光缆的物理结构如图1-17所示。

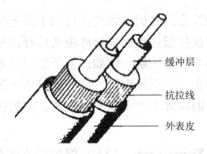

图1-17 双芯互连光缆的物理结构

练一练 1

1. 综述综合布线的概念和要点。
2. 综述智能建筑和综合布线的关系。
3. 实地考察一个智能建筑和综合布线系统，画出简要系统概要图。
4. 分析综合布线系统的应用。
5. 简述结构化布线的主要技术参数指标。
6. 正确认识通信网络中的传输介质，并总结概括。
7. 概述通信网络传输介质的种类和用途。
8. 正确认识各种网络传输介质的主要型号、性能指标和技术参数并进行综述。
9. 用列表方式总结各种双绞线的结构、用途和性能指标。
10. 用列表方式总结各种同轴电缆的结构、用途和性能指标。
11. 用列表方式总结各种光缆的结构、用途和性能指标。
12. 分析总结1～7类布线系统的适用范围和性能指标及布线标准。
13. 假设确定了某种网络及其应用的目标和所需功能，比如我们熟悉的校园网络系统、社会网络系统，试设计选用性价比最优的网络传输介质材料，运用于相应的工程中。请写出该工程的设计方案（仅指网络传输介质的材料选用）。

项目 2
综合布线系统设计

本项目主要以《综合布线系统工程设计规范》(GB 50311—2007) 为标准,介绍综合布线系统工程的设计和相关知识。通过学习本项目内容,要求掌握综合布线系统的基本概念和组成,熟悉综合布线设计的主要内容。

任务2.1 系统设计标准

综合布线系统设计依据的标准主要有我国国家标准、北美标准和欧洲标准。随着综合布线产品不断地推陈出新，综合布线系统的设计标准也在不断地修改和补充当中，这些标准的更新与变化趋势越来越趋于一致。

综合布线系统标准按所涉及内容不同，大致可分为布线系统性能及系统的设计、安装和测试标准，系统部件、系统构建环境（电气、防火、接地）等标准。最新的综合布线系统设计规范标准有：我国国家标准 GB 50311—2007《综合布线系统工程设计规范》和与之配套的 GB 50312—2007《综合布线系统工程验收规范》；国际标准有 ISO/IEC 11801（第2版）；北美标准有 ANSI/T1A/E1A568 – A/B；欧洲标准有 CELENEC EN50173。在新的项目设计中，国家建设部要求自2007年10月1日起必须按照新规范标准进行工程的设计与验收。

2.1.1 国外标准

1. 国际标准 ISO/IEC 11801

国际标准 ISO/IEC 11801—1995（信息技术——用户通用布线系统），1995年7月首次发布。该标准定义网络传输带宽为100MHz，使用面积在100万平方米和5万个用户的建筑和建筑群的通信布线系统。该标准包括平衡双绞电缆布线（屏蔽和非屏蔽）、光纤布线、布线部件和系统的分类，确立了评估指标"类（Categories）"，即 Cat3、Cat4、Cat5，并规定电缆或连接件等单一部件必须符合相应的类别。同时，为定义由某一类别部件所组成的整个系统（链路及信道）的性能等级，建立了级（Classes）的定义，即 ClassA、ClassB、ClassC、ClassD 等级概念。

该标准编号条款包括标准总规定、系列定义和标准、通信使用的缩略语，并附有支持标准。标准共有11项条款，A～I共9个附录。其中附录A和附录B不附在该标准中，而在相应的国际标准公布前提供。

ISO/IEC IS11801AM2—1999 是1999年对首版的一次主要更新，增加了新的测量方法条件。该版本对链路定义进行修正，将过去链路定义更新为永久链路和通道定义，同时将许多不确定描述删除，提供了更多的细节要求。此外，对永久链路和通道的等效远端串音 ELF-EXT、综合近端串音和传输延迟进行规定，对近端串音等传统参数指标更为严格。修订稿的颁布，使一些全部符合现行5类标准的线缆和元件组成的系统有可能达不到超5类系统的永久链路和通道的参数要求。

2002年 ISO/IEC 11801—2002（第2版）成为正式标准。这个新标准定义了6类、7类线缆标准，对综合布线技术产生重要影响。第2版的 ISO/IEC 11801 规范把 Cat5/ClassD 的系统按照 Cat5+重新定义，以确保所有的 Cat5/ClassD 系统均可运行吉比特级的以太网。更重要的是，Cat6/ClassE 和 Cat7/ClassF 类链路在这一版规范中有了定义，同时布线系统电磁兼容性问题也必须考虑。

2. 北美标准

1) ANSI/TIA/EIA568A

ANSI/TIA/EIA568A 即《商用建筑通信布线标准》，是提供商用建筑通信线缆和连接硬件设计与安装的通用准则，在全球网络布线领域广泛采纳和运用，影响较大。TIA/EIA568A 由 13 章和 10 个附录组成，标准规定了 100 万平方米使用面积和 5 万个用户的建筑和建筑群通信布线。全部章节包含标准总规定、首字母缩略语表、标准和通信业界使用的术语表，同时还提供相关规范标准，要求结合参照并强制执行。

2) ANSI/TIA/EIA568B

ANSI/TIA/EIA568B 由 ANSI/TIA/EIA568A 演变而来，已经过 10 个版本的修改，于 2002 年 6 月正式颁布。新的 568B 标准从结构上分为 568B-1 综合布线系统总体要求、568B-2 平衡双绞线布线组件和 568B-3 光纤布线组件三部分。

568B 标准除了结构上的变化外，还增加了一些关键新项目。如在 568B 标准中，术语"衰减"改为"插入损耗"，用于表示链路与信道上的信号损失量；电信间（TC）改为电信宅（TR）；基本链路改为永久链路。

在 568B 标准中，水平电缆介定为 4 对 100Ω 3 类 UTP 或 SCTP、4 对 100Ω 5e 类 UTP 或 SCTP、4 对 100Ω 6 类 UTP 或 SCTP 或 2 条或多条 62.5/125μm 或 50/125μm 多模光纤；主干电缆介定为 3 类或更高类别 100Ω 双绞线，或 62.5/125μm 或 50/125μm 多模光纤或单模光纤。

568B 标准已不再认可 4 对 4 类和 5 类电缆。150Ω 屏蔽双绞线是认可的介质类型，但不建议在安装新设备时使用。混合与多股电缆允许用于水平布线，但每条电缆都必须符合相应的等级要求，并符合混合与多股电缆的特殊要求。

对于 UTP 跳接线与设备线，水平永久链路的两端最长可为 5m（16 英尺），以达到 100m（328 英尺）的总信道距离。对于二级干线，中间跳接到水平跳接（IC 到 HC）的距离减为 300m（984 英尺）。从主跳接到水平跳接（MC 到 HC）的干线总距离仍遵循 568A 标准的规定。中间跳接中与其他干线类型相连的设备线和跳接线不应超过 20m（66 英尺）改为不得超过 20m（66 英尺）。

4 对 ScTP 电缆在非重压条件下的弯曲半径规定为电缆直径的 8 倍。2 芯或 4 芯光纤的弯曲半径在非重压条件下是 25mm（1 英寸），在拉伸过程中为 50mm（2 英寸）。

电缆生产商应确定光纤主干线的弯曲半径要求。如果无法从生产商处获得弯曲半径信息，则建筑物内部电缆在非重压条件下的弯曲半径是电缆直径的 10 倍，在重压条件下是 15 倍。

3. 欧洲标准

欧洲标准 CELENEC EN50173《信息技术——通用布线系统》与国际标准 ISO/IEC 11801 是一致的。但是 EN50173 比 ISO/IEC 11801 严格，更强调电磁兼容性，提出通过线缆屏蔽层，使线缆内部的双绞线对在高带宽传输的条件下具备更强的抗干扰能力和防辐射能力。该标准有 3 个版本，即 EN50173：1995、EN50173A1：2000 和 EN50173：2002。

2.1.2 国家标准 GB 50311—2007

1. GB 50311—2007 规范适用原则

GB 50311 规范指出,为了配合现代化城镇信息通信网向数字化方向发展,规范建筑与建筑群的语音、数据、图像及多媒体业务综合网络建设,特制定此规范。规范指明适用于新建、扩建、改建建筑与建筑群综合布线系统工程设计。

GB 50311 规范定义的综合布线系统可支持语音、数据、文字、图像和视频等各种应用。适用于跨距不超过 3 000m、总面积不超过 10 万平方米的网络布线区域。区域内人员为 50 ～ 50 000 人。

GB 50311 规范要求综合布线系统设施及管线的建设,应纳入建筑与建筑群相应的规划设计之中。工程设计时,应根据工程项目的性质、功能、环境条件和近、远期用户需求进行设计,并应考虑施工和维护方便,确保综合布线系统工程的质量和安全,做到技术先进、经济合理。

综合布线系统应与信息设施系统、信息化应用系统、公共安全系统、建筑设备管理系统等统筹规划,相互协调,并按照各系统信息的传输要求优化设计。

综合布线系统作为建筑物的公用通信配套设施,在工程设计中应满足为多家电信业务经营者提供业务的需求。

对于系统设备,规范要求综合布线系统的设备应选用经过国家认可的产品质量检验机构鉴定合格的、符合国家有关技术标准的定型产品。

2. GB 50311—2007 规范主要内容

GB 50311 规范规定了综合布线系统术语共 34 条,并做出明确释义,列出符号与缩略语表。规范将综合布线系统分为 7 个部分,分别定义为工作区、配线子系统、干线子系统、建筑群子系统、设备间、进线间和管理。定义了综合布线的系统分级与组成。

对于光纤信道,规范将其分为 OF-300、OF-500 和 OF-2000 三个等级,各等级光纤信道支持的应用长度不应小于 300m、500m 及 2 000m。

对于铜缆信道,综合布线系统信道应由最长 90m 水平缆线、最长 10m 的跳线和设备缆线及最多 4 个连接器件组成,永久链路由 90m 水平缆线及 3 个连接器件组成。

另外,规范还给出了系统应用的说明,屏蔽布线系统的说明,工业级布线系统的说明,系统配置设计的说明,系统指标的说明,安装工艺要求,接地与防护、防火的说明,附录、条文说明等内容。

规范的全文及详细内容,请参阅国家 GB 50311—2007 标准《综合布线系统工程设计规范》。

2.1.3 名词术语

1. 术语

(1) 布线 (Cabling):能够支持信息电子设备相连的各种缆线、跳线、接插软线和连接器件组成的系统。

（2）建筑群子系统（Campus Subsystem）：由配线设备、建筑物之间的干线电缆或光缆、设备缆线、跳线等组成的系统。

（3）电信间（Telecommunications Room）：放置电信设备、电缆和光缆终端配线设备并进行缆线交接的专用空间。

（4）工作区（Work Area）：需要设置终端设备的独立区域。

（5）信道（Channel）：连接两个应用设备的端到端的传输通道。信道包括设备电缆、设备光缆和工作区电缆、工作区光缆。

（6）链路（Link）：一个CP链路或是一个永久链路。

（7）永久链路（Permanent Link）：信息点与楼层配线设备之间的传输线路。它不包括工作区缆线和连接楼层配线设备的设备缆线、跳线，但可以包括一个CP链路。

（8）集合点（Consolidation Point，CP）：楼层配线设备与工作区信息点之间水平缆线路由中的连接点。

（9）CP链路（CP Link）：楼层配线设备与集合点（CP）之间，包括各端的连接器件在内的永久性链路。

（10）建筑群配线设备（Campus Distributor）：终接建筑群主干缆线的配线设备。

（11）建筑物配线设备（Building Distributor）：为建筑物主干缆线或建筑群主干缆线终接的配线设备。

（12）楼层配线设备（Floor Distributor）：终接水平电缆、水平光缆和其他布线子系统缆线的配线设备。

（13）建筑物入口设施（Building Entrance Facility）：提供符合相关规范机械与电气特性的连接器件，使得外部网络电缆和光缆引入建筑物内。

（14）连接器件（Connecting Hardware）：用于连接电缆线对和光纤的一个器件或一组器件。

（15）光纤适配器（Optical Fibre Connector）：将两对或一对光纤连接器件进行连接的器件。

（16）建筑群主干电缆、建筑群主干光缆（Campus Backbone Cable）：用于在建筑群内连接建筑群配线架与建筑物配线架的电缆、光缆。

（17）建筑物主干缆线（Building Backbone Cable）：连接建筑物配线设备至楼层配线设备及建筑物内楼层配线设备之间相连接的缆线。建筑物主干缆线可分为主干电缆和主干光缆。

（18）水平缆线（Horizontal Cable）：楼层配线设备到信息点之间的连接缆线。

（19）永久水平缆线（Fixed Horizontal Cable）：楼层配线设备到CP的连接缆线，如果链路中不存在CP点，为直接连至信息点的连接缆线。

（20）CP缆线（CP Cable）：连接集合点（CP）至工作区信息点的缆线。

（21）信息点（Telecommunications Outlet，TO）：各类电缆或光缆终接的信息插座模块。

（22）设备电缆、设备光缆（Equipment Cable）：通信设备连接到配线设备的电缆、光缆。

（23）跳线（Jumper）：不带连接器件或带连接器件的电缆线对与带连接器件的光纤，用于配线设备之间进行连接。

（24）缆线（包括电缆、光缆，Cable）：在一个总的护套里，由一个或多个同一类型的缆线线对组成，并可包括一个总的屏蔽物。

（25）光缆（Optical Cable）：由单芯或多芯光纤构成的缆线。

（26）电缆、光缆单元（Cable Unit）：型号和类别相同的电缆线对或光纤的组合。电缆线对可有屏蔽物。

（27）线对（Pair）：一个平衡传输线路的两个导体，一般指一个对绞线对。

（28）平衡电缆（Balanced Cable）：由一个或多个金属导体线对组成的对称电缆。

（29）屏蔽平衡电缆（Screened Balanced Cable）：带有总屏蔽和/或每个线对均有屏蔽物的平衡电缆。

（30）非屏蔽平衡电缆（Unscreened Balanced Cable）：不带有任何屏蔽物的平衡电缆。

（31）接插软线（Patch Calld）：一端或两端带有连接器件的软电缆或软光缆。

（32）多用户信息插座（Muiti-User Telecommunications Outlet）：在某一地点，若干信息插座模块的组合。

（33）交接（交叉连接，Cross-Connect）：配线设备和信息通信设备之间采用接插软线或跳线上的连接器件相连的一种连接方式。

（34）互连（Interconnect）：不用接插软线或跳线，使用连接器件将一端的电缆、光缆与另一端的电缆、光缆直接相连的一种连接方式。

2. 符号和缩略词

国家标准 GB 50311—2007《综合布线系统工程设计规范》中定义了与综合布线有关的术语和符号，表 2-1 中列出了部分相关的术语和符号。

表 2-1 综合布线相关术语和符号

术语和符号	英 文 名	中文名或解释
ACR	Attenuation to Crosstalk Ratio	衰减与串音比
BD	Building Distributor	建筑物配线设备
CD	Campus Distributor	建筑群配线设备
CP	Consolidation Point	集合点
dB	dB	电信传输单位：分贝
D. C.	Direct Current	直流
EIA	Electronic Industries Association	美国电子工业协会
ELFEXT	Equal Level Far End Crosstalk Attenuation（Loss）	等电平远端串音衰减
FD	Floor Distributor	楼层配线设备
FEXT	Far End Crosstalk Attenuation（Loss）	远端串音衰减（损耗）
IEC	International Electrotechnical Commission	国际电工技术委员会
IEEE	the Institute of Electrical and Electronics Engineers	美国电气及电子工程师学会
IL	Insertion Loss	插入损耗
IP	Internet Protocol	因特网协议
ISDN	Integrated Services Digital Network	综合业务数字网

项目 2 综合布线系统设计

续表

术语和符号	英文名	中文名或解释
ISO	International Organization for Standardization	国际标准化组织
LCL	Longitudinal to Differential Conversion Loss	纵向对差分转换损耗
OF	Optical Fiber	光纤
PSNEXT	Power Sum NEXT Attenuation（Loss）	近端串音功率和
PSACR	Power Sum ACR	ACR 功率和
PSELFEXT	Power Sum ELFEXT Attenuation（Loss）	ELFEXT 衰减功率和
RL	Return Loss	回波损耗
SC	Subscriber Connector（Optical Fiber Connector）	用户连接器（光纤连接器）
SFF	Small Form Factor Connector	小型连接器
TCL	Transvers Econversion Loss	横向转换损耗
TE	Terminal Equipment	终端设备
TIA	Telecommunications Industry Association	美国电信工业协会
UL	Underwriters Laboratories	美国保险商实验所安全标准
Vr.m.s	Vroot.mean.square	电压有效值

我国国标 GB 50311—2007 定义的术语与国际标准化组织 ISO/IEC 11801（第 2 版）相似，但与北美标准 TIA/EIA568A 有差异，表 2-2 中列出了 ISO/IEC 11801 与 TIA/EIA568A 相关术语比较。本书除特别声明，均采用 GB 50311—2007 技术规范中定义的术语与符号。

表 2-2 ISO/IEC 11801 与 TIA/EIA568A 主要术语对照表

ISO/IEC 11801		TIA/EIA568A	
解释	术语	解释	术语
建筑群配线架	CD	主配线间	MDF
建筑配线架	BD		
楼层配线架	FD	楼层配线间	IDF
通信插座	IO	通信插座	IO
过渡点	TP	过渡点	TP

任务 2.2 布线系统建设规划

要设计出结构合理、技术先进、满足需求的综合布线系统方案，设计之前除了完成用户信息需求分析、现场勘察建筑物的结构和与建设工程各项目系统的协调沟通等物理准备工作之外，还需做好系统建设规划工作，确定设计原则、选定设计等级、规范设计术语，按设计步骤完成设计任务。

2.2.1 规划原则

从理想角度看，综合布线系统应为建筑物所有信息的传输系统，可传输数据、语音、影像和图文等多种信号，支持多种厂商各类设备的集成与集中管理控制。通过统一规划、统一

标准、模块化设计和统一建设实施，利用双绞线或光缆介质（或某种无线方式）来完成各类信息的传输，以满足楼宇自动化、通信自动化、办公自动化的"3A"要求。但实际上大多数综合布线系统只包括数据和语音的结构化布线系统，有些布线系统将有线电视、安防监控等部分的其他信息传输系统也加进来。

同时，由于智能建筑物所有信息系统都是通过计算机来控制的，综合布线系统和网络技术息息相关，在设计综合布线系统时应充分考虑到使用的网络技术，使两者在技术性能上获得统一，避免硬件资源的冗余和浪费，以最大化发挥综合布线系统的优点。进行综合布线系统的设计时，应遵循如下设计原则。

1. 从规划期做起

综合布线系统的设施及管线的建设，应纳入建筑与建筑群整体规划、设计和建设之中。在土建建筑、结构的工程设计中，对综合布线信息插座的安装、管线的安装、交接间、设备间的设置都要有所规划。

综合布线系统工程设计对建筑与建筑群的新建、扩建、正建项目要区别对待，如有的改（扩）建项目，电话通信刚投入运行不久，使用的是传统电话布线方式，而众多的计算机采用同轴电缆网络已经不能适应需要。为此，必须进行改建，为了节省投资只设计计算机网络的综合布线工程，而没有对电话布线进行更换，其他办公楼改（扩）建工程中也有类似做法。

2. 多系统统筹规划

综合布线系统应与大楼信息网络、通信网络、楼宇管理自动化等系统统筹规划，按照各种信息的传输要求，做到合理使用，并应符合相关的标准。

传统的楼宇管理系统（BMS）建设过程是按照各项机械或电气规定分别安装的，这些系统有火灾报警、安全和通行控制、闭路电视、供热、通风和空调、能量管理系统，照明控制等。这些系统一般是低速网络，它们监视和控制楼宇环境的各个方面。楼宇管理系统互相之间需要进行通信，以便共享信息和公用设备，为楼宇管理系统提供一个公共的电缆分布系统，就可能降低建设和维修、运行费用。

3. 近远期综合考虑

综合布线是预布线，在进行布线系统的规划设计时可适度超前，采用先进的技术、方法和设备，做到既能反映当前水平，又具有较大发展潜力。目前，综合布线厂商都有15年的质量保证，就是说在这段时间内布线系统不需要有较大的变动，就能适应通信的需求。

在工程设计时，应根据工程项目的性质、功能、环境条件和近、远期用户要求，进行综合布线系统设施和管线的设计。工程设计必须保证综合布线系统的质量和安全，考虑施工和维护方便，做到技术先进、经济合理。从设计工作开始到投入运行有一段时间，短则1~2年，有的可达3~5年，而信息技术发展很快，因此综合布线设计时对所用器材适度超前是有必要的。

4. 可扩展性

综合布线系统应是开放式结构，应能支持语音、数据、图像（较高传输率的应能支持实时多媒体图像信息的传送）及监控等系统的需要。在进行布线系统的设计时，应适当考虑今后信息业务种类和数量增加的可能性，预留一定的发展余地。实施后的布线系统将能在现在和未来适应技术的发展，实现数据、语音和楼宇自控一体化。

综合布线系统应采用星形/树形结构，采用层次管理原则，同一级节点之间应避免线缆直接连通。建成的网络布线系统应能根据实际需求而变化，进行各种组合和灵活配置，方便地改变网络应用环境，所有的网络形态都可以借助跳线完成。比如，语音系统和数据系统的方便切换，星形网络结构改变为总线型网络结构。

5. 按标准设计

为了便于管理、维护和扩充，综合布线系统的设计均应采用国际标准或国内标准及有关工业标准。工程设计中必须选用符合国家或国际有关技术标准的定型产品。未经国家认可的产品质量监督检验机构鉴定合格的设备及主要材料，不得在工程中使用。

综合布线工程中采用的产品、国外器材，也要经过国内机构的认定，要有进关手续及商检证明，说明是原产地生产。要大力扶持及支持使用经国家认可的合格的国内产品。

综合布线系统的工程设计，除应符合国家颁布的《综合布线系统工程设计规范》外，还应符合国家现行的相关强制性或推荐性标准规范的规定。

2.2.2 综合布线系统结构

根据《综合布线系统工程设计规范》总则的表述，综合布线是建筑物的公用通信配套设施，是为建筑物与建筑群的语音、数据、图像及多媒体业务提供传输媒介的综合网络工程。

作为网络七层协议中最底层的物理层，布线系统构成了某种基本链路，像一条信息通道一样来连接楼宇内或室外的各种低压电子电器装置。这些信息路径提供传输各种传感信息及综合数据的能力。

综合布线系统是无源系统，主要解决各类应用系统从接入到用户终端之间的链路问题，不涉及其间的各类交换设备。

1. 布线系统结构

综合布线系统（GCS）应为开放式网络拓扑结构，要求能同时支持语音、数据、图像、多媒体业务等信息的传递需要。由于目前数据网、电话网都采用星形拓扑结构，因此，综合布线一般采用分层星形拓扑结构，如图2-1所示。

将图2-1简化，可以得到综合布线系统的基本构成，如图2-2所示。建筑群配线设备（CD）和建筑群主干缆线构成建筑群子系统，从建筑物配线设备（BD）到楼层配线设备（FD）前的建筑物主干缆线（不包括楼层配线设备）构成干线子系统。配线子系统由楼层配线设备（FD）到信息点（TO）之间的水平缆线（含FD和TO）构成。工作区电缆部分不在综合布线系统内。

配线子系统中可以设置集合点（CP点），也可以不设置集合点。BD与BD之间、FD与FD之间可以设置主干缆线使其相连，在图2-3中用虚线表示。

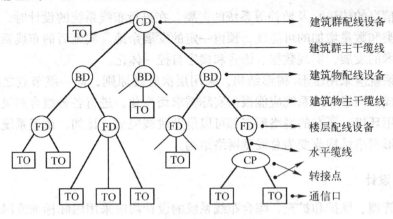

图 2-1 综合布线系统总体结构

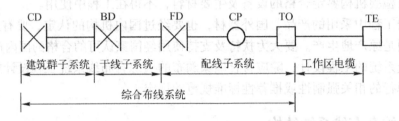

图 2-2 综合布线系统基本构成

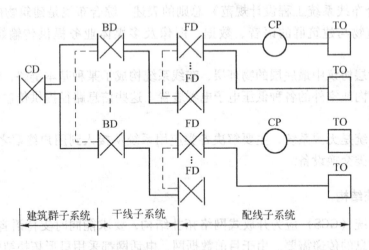

图 2-3 BD 之间和 FD 之间可以设置直连通道

建筑物 FD 可以经过主干缆线直接连至 CD，TO 也可以经过水平缆线直接连至 BD，如图 2-4 所示。即建筑物配线设备和楼层配线设备在一些情况下可以省略。

通常，综合布线由主配线设备（MDF）、分配线设备（IDF）和信息插座（IO）等基本单元经线缆连接组成。主配线设备放在设备间，分配线设备放在楼层配线间，信息插座安装在工作区，规模比较大的建筑物，在分配线设备与信息插座之间也可设置中间转接配线设备，中间转接配线设备（ICF）一般安装在二级配线间。连接主配线设备和分配线设备的线缆称为干线；连接分配线设备和信息插座的线缆称为水平线。若有二级配线间，连接主配线

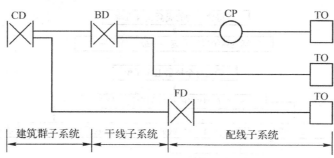

图 2-4 省略 BD 或 FD 的系统结构

设备和中间转接配线设备的线缆也称为干线;连接中间转接配线设备和信息插座的线缆统称为水平线。

2. 系统设计范围

综合布线系统的范围应根据建筑工程项目范围来定。一般有两种范围,即单幢建筑和建筑群体。

单幢建筑中的综合布线系统范围一般指在整幢建筑内都敷设的管槽系统、电缆竖井、专用房间(如设备间等)和通信缆线及连接硬件等。建筑群体因建筑幢数不一而规模不同。有时可能扩大成为街坊式的范围(如智能小区、数字校园),其工程范围除上述每幢建筑内的通信线路和其他辅助设施外,还需包括各幢建筑物之间相互连接的通信管道和线路,这时,综合布线系统就较为庞大和复杂。

3. 系统设计步骤

综合布线系统是一项新兴综合技术,不完全是建筑工程中的"弱电"工程。综合布线系统设计是否合理,直接影响到通信、计算机等设备的功能。

由于综合布线配线间及所需的电缆竖井、孔洞等设施都与建筑结构同时设计和施工,即使有些内部装修部分可不同步进行,但它们都依附于建筑物的永久性设施,所以在具体实施综合布线的过程中,各工种之间应共同协商,紧密配合,切不可互相脱节和发生矛盾,避免因疏漏造成不应有的损失或留下难以弥补的后遗症。

设计一个合理的综合布线系统一般有以下几个步骤:

(1)分析用户需求;
(2)获取建筑物平面图;
(3)系统结构设计;
(4)布线路由设计;
(5)技术方案论证;
(6)绘制综合布线施工图;
(7)编制综合布线用料清单。

综合布线的设计过程,可用图 2-5 所示的流程图来描述。

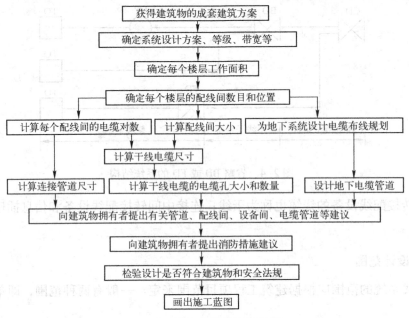

图 2-5 综合布线设计流程图

2.2.3 布线系统组成

综合布线系统工程设计可以分为 7 个部分进行，即工作区、配线子系统、建筑物主干子系统、建筑群主干子系统、设备间、引入设备子系统（进线间）、管理系统。

1. 工作区

工作区是包括办公室、写字间、技术室、机房等需要电话、计算机终端等设施的区域和相应设备的统称。工作区由配线子系统的信息插座模块（TO）延伸到用户终端设备 TE（包括电话机、计算机终端、监视器、数据终端等）的连接缆线及适配器组成。一个独立的需要终端设备（TE）的区域宜划分为一个工作区。工作区子系统如图 2-6 所示。

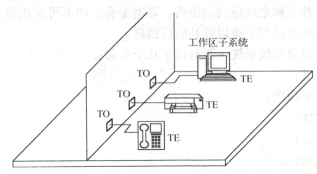

图 2-6 工作区子系统示意图

2. 配线子系统

配线子系统由工作区的信息插座模块（TO）、信息插座模块至电信间配线设备（FD）的配线电缆和光缆、电信间的配线设备及设备缆线和跳线等组成,如图 2-7 所示。配线子系统的作用是将楼层内的每一信息点与楼层配线设备(FD)相连(一般处在同一楼层),将电缆从楼层配线设备连接到各自工作区的信息插座上。

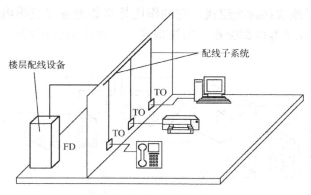

图 2-7 配线子系统示意图

FD 一般设置于楼层的设备间内。设备间是布线规范的称谓,在土建设计行业中习惯将配线设备在楼层的安装场地称为楼层配线间或弱电间,国外的标准则称为电信间。但从建筑电气设计的整体出发,采用"弱电间"的叫法比较通用和易于理解。另外,在建筑智能化设计中,弱电间除了可以设置 FD 以外,还可以安装弱电系统中诸如楼宇自控系统的 DDC 模块、安防系统中监控与门禁等系统的一些控制模块、有线电视放大器及相应的模块等。

3. 干线子系统

干线子系统由建筑物设备间至楼层设备间的电缆、光缆和安装建筑物设备间的建筑物配线设备(BD)及设备缆线和跳线组成,如图 2-8 所示。干线子系统提供建筑物的主干电缆路由,实现建筑物配线设备(BD)和楼层配线设备(FD)的连接。

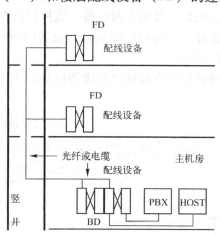

图 2-8 干线子系统示意图

BD 设置于建筑物的设备间内。一般语音和数据的设备间是合用的,也有的工程中为分开设置,这样在不同的楼层中会分别出现 BD。语音的设备间通常考虑设于大楼的底层,而数据的设备间则处于大楼的中间部位。

4. 建筑群干线子系统

建筑群干线子系统应由连接多个建筑物配线设备（BD）的主干电缆和光缆、建筑群配线设备（CD）及设备缆线和跳线组成。它的作用是将邻近各建筑物内的综合布线系统形成一个统一的整体，可在楼群内部交换、传输信息，并对电信公用网形成唯一的出、入端口，如图 2-9 所示。

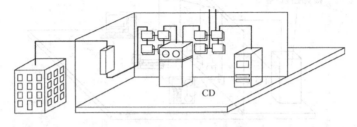

图 2-9 建筑群干线子系统示意图

建设规模较大或性质重要的机构（如一个企业或一所学校）一般都有由几座相邻建筑物或不相邻建筑物构成的园区，它们彼此间有相关的语音、数据、图像和监控等系统，通过建筑群干线子系统可连接在一起，成为一个系统。

CD 一般设置于建筑群体中处于相对中心位置的某一建筑物的设备间内，如果一个建筑物的设备间内同时设置了 CD 和 BD 的配线设备，则只需从标识管理上加以区别。CD 的安装地点主要考虑建筑群主干缆线的传输路由、距离和管理的方便。

5. 设备间

设备间是建筑物的电信设备和计算机网络设备及建筑物配线设备（BD）安装的地点，也是进行网络管理的场所。对于综合布线系统工程设计而言，设备间主要安装建筑物配线设备，如电话交换机、计算机主机设备及接入网设备、监控设备和除强电设备以外的设备及其进线，如图 2-10 所示。对设置了设备间的建筑物，设备间所在楼层的 FD 可以和设备间的 BD/CD 及入口设备安装在同一场地。

由设备间的电缆及连接器和相关支撑硬件组成的设备间子系统，将公用系统设备的各种不同设备互连起来。

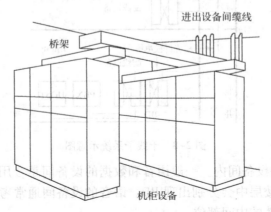

图 2-10 设备间子系统示意图

6. 进线间

进线间是建筑物外部通信和信息管线的入口部位,并可作为入口设施和建筑群配线设备的安装场地。综合布线系统的引入部分构成如图 2-11 所示。

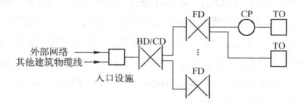

图 2-11 综合布线系统引入部分构成

7. 管理

管理是针对设备间、电信间和工作区的配线设备与缆线按一定的模式进行标志和记录的规定,内容包括管理方式、标识、色标、交叉连接等。管理子系统采用交连和互连等方式,管理垂直干缆和各楼层水平布线子系统的线缆,为连接其他子系统提供连接手段,如图 2-12 所示。

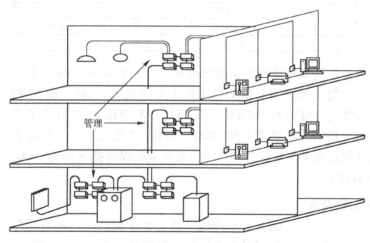

图 2-12 管理子系统示意图

布线系统的灵活性和优势主要体现在管理子系统上,只要简单地跳一下线就可以完成任何一个结构化布线的信息插座对任何一类智能系统的连接,极大地方便了线路重新布置和网络终端的调整。这些管理内容的实施,将给维护和管理带来很大的便利,有利于提高综合效益水平,其效果十分明显。

2.2.4 布线系统分级与组成

综合布线系统从使用材质上可分为铜缆系统和光纤系统,两者各有其技术特点和施工要求。铜缆由于传输距离较短,易受干扰,通常用于室内水平布线部分;光纤由于传输距离较长,抗干扰,因此常用于室外或干线部分。

1. 铜缆系统

铜缆系统是综合布线中规模最大的部分,也是布线工程施工与检测的重点。铜缆系统根据应用的不同有多种级别,而依据所包含内容的差异被分成多种连接链路。

1) 铜缆系统分级

按照 GB 50311—2007 规范,铜缆系统根据应用分为 6 级。A 级为低频应用,电缆传输频率只要求达到 100kHz 即可;B 级为中比特率数据传输应用,要求电缆传输频率必须达到 1MHz;C 级为高比特率数据传输应用,要求电缆传输频率必须达到 16MHz,对应于 3 类布线子系统;D、E、F 级均为甚高比特率数据传输应用,支持 D 级应用的双绞线电缆布线传输频率必须达到 100MHz,对应于 5 类布线子系统;支持 E 级应用的双绞线电缆布线传输频率必须达到 250MHz,对应于 6 类布线子系统;支持 F 级应用的双绞线电缆布线传输频率必须达到 600MHz,对应于 7 类布线子系统。系统分级如表 2-3 所示。3 类、5/5e 类(超 5 类)、6 类、7 类布线系统支持向下兼容的应用。

表 2-3 铜缆布线系统的分级与铜缆的类别

系统分级	支持带宽	支持应用器件	
		电缆	连接硬件
A	100kHz	—	—
B	1MHz	—	—
C	16MHz	3 类	3 类
D	100MHz	5/5e 类	5/5e 类
E	250MHz	6 类	6 类
F	600MHz	7 类	7 类

需要说明的是,在《商业建筑电信布线标准》TIA/EIA568A 标准中对于 D 级布线系统,支持应用的器件为 5 类,但在 TIA/EIA568B.2-1 中仅提出 5e 类(超 5 类)与 6 类的布线系统,并确定 6 类布线支持带宽为 250MHz;在 TIA/EIA568B.2-10 标准中又规定了 6A 类(增强 6 类)布线系统支持的传输带宽为 500MHz。目前,3 类与 5 类的布线系统只应用于语音主干布线的大对数电缆及相关配线设备。F 级的永久链路仅包括 90m 水平缆线和两个连接器件(不包括 CP 连接器件)。

2) 铜缆系统信道构成

综合布线铜缆信道由最长 90m 水平缆线、最长 10m 跳线和设备缆线及最多 4 个连接器件组成,永久链路则由 90m 水平缆线及 3 个连接器件组成,连接方式如图 2-13 所示。

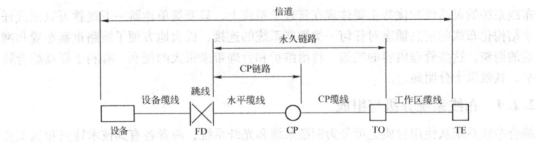

图 2-13 布线系统信道、永久链路、CP 链路

2. 光纤系统

光纤信道分为 OF-300、OF-500、OF-2000 三个等级,各等级光纤信道支持的应用长度不小于 300m、500m 和 2 000m。光纤信道由若干光缆及光跳线构成,其构成方式有常规构成方式、在设备间直连方式和从建筑物配线设备穿过设备间直接到达桌面方式三种。

另外,当工作区用户终端设备或某区域网络设备需直接与公用数据网进行互通时,应将光缆从工作区直接布放至电信入口设施的光配线设备处。

1)常规构成方式

常规方式的光纤信道由设备光缆、光跳线、主干光缆、水平光缆(经 CP 或不经 CP)构成,水平光缆和主干光缆至楼层电信间的光纤配线设备应经光纤跳线连接构成。常规方式的光纤信道如图 2-14 所示。

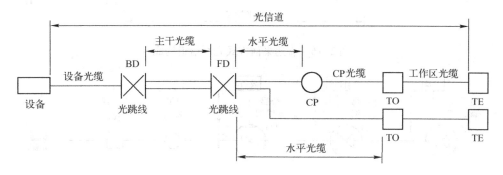

图 2-14　常规方式的光纤信道构成

2)电信间直连方式

电信间直连方式是指在楼层配线间直接进行端接,水平光缆和主干光缆在楼层电信间经端接(熔接或机械连接)连接。电信间直连方式如图 2-15 所示,其中,FD 只设光纤之间的连接点。

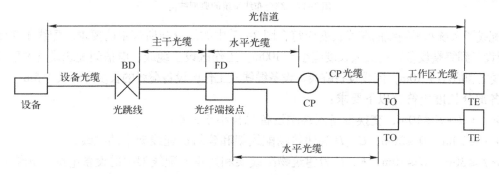

图 2-15　电信间直连方式光纤信道构成

3)直达桌面方式

直达桌面方式是指从建筑物配线设备穿过电信间直接到达桌面的连接方式,这种方式省略了楼层配线与跳线直达用户工作区,如图 2-16 所示。水平光缆经过电信间直接连至大楼设备间的光配线设备,FD 安装于电信间,只作为光缆路径的场合。

3. 缆线长度划分

1)缆线长度限值

按照 GB 50311—2007 标准,综合布线系统的典型结构和缆线长度限值可以总结为如图 2-17 所示的结构。

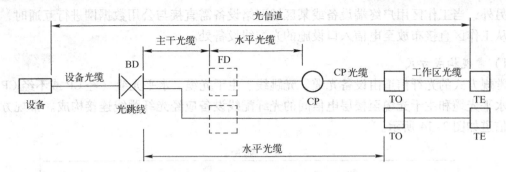

图 2-16 直达桌面方式光纤信道构成

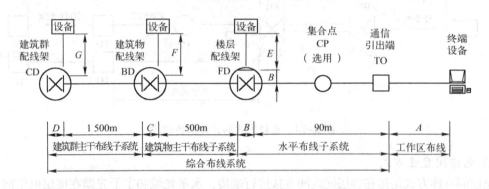

A—工作区电缆、光缆；B、C、D—配线架跳线；E、F、G—设备电缆、光纤

图 2-17 综合布线系统的典型结构

配线子系统水平缆线的缆线长度应符合图 2-17 中的划分与所规定的要求。配线子系统信道（交换设备到终端设备）的最大长度应小于 100m，工作区设备缆线、电信间配线设备的跳线和设备缆线之和应小于 10m，配线设备跳线、设备缆线及工作区设备缆线的长度应不大于 5m。

各部分长度应符合以下要求：

➢ $A+B+E \leqslant 10m$，交换设备到终端设备总长小于 100m；

➢ $C \leqslant 20m$、$D \leqslant 20m$，C、D 为建筑物配线架和建筑群配线架中的跳线；

➢ $F \leqslant 30m$、$G \leqslant 30m$，F、G 为建筑物配线架和建筑群配线架中的设备电缆、光缆；

➢ 当 CP 不存在时水平缆线连接 FD 与 TO；

➢ FD 中的跳线可以不存在，设备缆线直接连至 FD 水平侧的配线设备。

2）IEEE802.3an 标准

上述国标规定是采用《用户建筑综合布线》ISO/IEC118012002—2009 中 5.7 和 7.2 条款与 TIA/EIA568B.1 标准的规定，列出了综合布线系统主干缆线及水平缆线等的长度限值。但是综合布线系统在网络的应用中可选择不同类型的电缆和光缆，因此，在相应的网络中所能支持的传输距离是不相同的。在 IEEE802.3an 标准中，综合布线系统 6 类布线系统在 10GB以太网中所支持的长度应不大于 55m，但 6A 类和 7 类布线系统的支持长度仍可达到 100m。表 2-4 和表 2-5 分别列出了光纤在 100MB、1GB、10GB 以太网中支持的传输距离，供设计时参考。

表 2-4　100MB、1GB 以太网中光纤的应用传输距离

光纤类型	应用网络	光纤直径（μm）	波长（nm）	带宽（MHz）	应用距离（m）
多模	100BASE-FX	—	—	—	2 000
	1000BASE-SX	62.5	850	160	220
	1000BASE-LX			200	275
				500	550
	1000BASE-SX	50	850	400	500
				500	550
			1 300	400	550
				500	550
单模	1000BASE-LX	<10	1 310	—	5 000

表 2-5　10GB 以太网中光纤的应用传输距离

光纤类型	应用网络	光纤直径（μm）	波长（nm）	模式带宽（MHz/km）	应用范围（m）
多模	10GBASE-S	62.5	850	160/150	26
				200/500	33
				400/400	66
	10GBASE-LX4	50		500/500	82
				2 000/—	300
		62.5	1 300	500/500	300
		50		400/400	240
				300	300
单模	10GBASE-L	<10	1 310	—	10 000
	10GBASE-E		1 550	—	30 000～40 000
	10GBASE-LX4		1 300	—	10 000

3）主干缆线长度限值

国标 GB50311—2007 中对水平缆线与主干缆线之和的长度做了规定，为使设计人员了解布线系统各部分缆线长度的关系及要求，供设计时使用，依据 TIA/EIA568B.1 标准综合布线主干缆线的组成如图 2-18 所示，主干缆线的长度限值如表 2-6 所示。

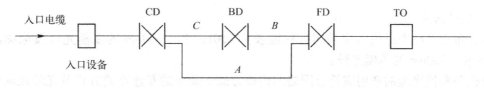

图 2-18　综合布线主干缆线限值划分

表2-6 综合布线系统主干缆线长度限值表

缆 线 类 型	各线段长度限值（m）		
	A	B	C
100Ω 对绞电缆	800	300	500
62.5μm 多模光纤	2 000	300	1 700
50μm 多模光纤	2 000	300	1 700
单模光纤	3 000	300	2 700

在表2-6中，100Ω对绞电缆作为语音的传输介质，如果 B 长度小于最大值时，C 为对绞电缆的长度可相应增加，但 A 的总长度不能大于800m。

在总距离中可以包括入口设备至 CD 之间的缆线长度。建筑群与建筑物配线设备所设置的跳线长度不应大于20m，当超过20m时，主干长度应相应减少。建筑群与建筑物配线设备连至设备的缆线不应大于30m，当超过30m时，主干长度也应相应减少。

> **注意**：单模光纤用于主干链路时，传输距离允许达到60km，但被认可至规定以外范围的内容。对于电信业务经营者在主干链路中接入电信设施能满足的传输距离不在本书涉及之内。

4. 材料选择

综合布线系统工程设计应按照近期和远期的通信业务、计算机网络拓扑结构等需要，选用合适的布线器件与设施。选用产品的各项指标应高于系统指标，才能保证系统指标得以满足和具有发展的余地，同时也应考虑工程造价及工程要求，对系统产品选用应恰如其分。

1）系统等级与缆线类别的选用

国标规定同一布线信道及链路的缆线和连接器件应保持系统等级与阻抗的一致性。综合布线系统工程的产品类别及链路、信道等级确定，应综合考虑建筑物的功能、应用网络、业务终端类型、业务的需求及发展、性能价格、现场安装条件等因素，布线系统等级与缆线类别的选用应符合表2-7的要求。在电话应用时宜选用双芯对绞电缆。

表2-7 布线系统等级与缆线类别的选用

业务种类	配线子系统		干线子系统		建筑群子系统	
	等 级	类 别	等 级	类 别	等 级	类 别
语音	D/E	5e/6	C	3（大对数）	C	3（室外大对数）
数据	D/E/F	5e/6/7	D/E/F	5e/6/7（4对）		
	光纤（多模或单模）	62.5μm 多模/50μm 多模/<10μm 单模	光纤	62.5μm 多模/50μm 多模/<10μm 单模	光纤	62.5μm 多模/50μm 多模/<10μm 单模
其他应用	可采用5e/6类4对对绞电缆和62.5μm 多模/50μm 多模/<10μm 多模、单模光缆					

注：其他应用指数字监控摄像头、楼宇自控现场控制器（DDC）、门禁系统等采用网络端口传送数字信息时的应用。

2）光纤选用

综合布线系统光纤信道应采用标称波长为850nm和1 300nm的多模光纤及标称波长为1 310nm和1 550nm的单模光纤。

单模和多模光缆的选用应符合网络的构成方式、业务的互连互通方式及光纤在网络中的应用传输距离。楼内宜采用多模光缆，建筑物之间可根据情况采用多模或单模光缆，需直接与电信业务经营者相连时宜采用单模光缆。

在 ISO/IEC118012002—2009 标准中，提出除了维持 SC 光纤连接器件用于工作区信息点以外，同时建议在设备间、电信间、集合点等区域使用 SFF 小型光纤连接器件及适配器。小型光纤连接器件与传统的 ST、SC 光纤连接器件相比体积较小，可以灵活地用于多种场合。

3）跳线与接插件选用

为保证传输质量，配线设备连接的跳线宜选用产业化制造的电、光各类跳线。对于综合布线系统，电缆和接插件之间的连接应考虑阻抗匹配和平衡与非平衡的转换适配。在工程（D级至F级）中特性阻抗应符合 100Ω 标准。在系统设计时，应保证布线信道和链路在支持相应等级应用中的传输性能，如果选用6类布线产品，则缆线、连接硬件、跳线等都应达到6类，才能保证系统为6类。

跳线两端的插头，IDC 指4对或多对的扁平模块，主要连接多端子配线模块；RJ-45 指8位插头，可与8位模块通用插座相连；跳线两端若为 ST、SC、SFF 光纤连接器件，则与相应的光纤适配器配套相连。

4）模块选用

工作区信息点为电端口时，应采用8位模块通用插座（RJ-45），光端口宜采用 SFF 小型光纤连接器件及适配器。

FD、BD、CD 配线设备应采用8位模块通用插座或卡接式配线模块（多对、25对及回线型卡接模块）和光纤连接器件及光纤适配器（单工或双工的 ST、SC 或 SFF 光纤连接器件及适配器）。

CP 集合点安装的连接器件应选用卡接式配线模块或8位模块通用插座或各类光纤连接器件和适配器。当集合点（CP）配线设备为8位模块通用插座时，CP 电缆宜采用带有单端 RJ-45 插头的产业化产品，以保证布线链路的传输性能。

信息点电端口为7类布线系统时，采用 RJ-45 或非对45型的屏蔽8位模块通用插座。电信间和设备间安装的配线设备的选用应与所连接的缆线相适应，具体可参照表 2-8 的内容。

表 2-8　配线模块产品选用

类别	产品类型	配线模块安装场地和连接缆线类型			
	配线设备类型	容量与规格	FD（电信间）	BD（设备间）	CD（设备间/进线间）
电缆配线设备	大对数卡接模块	采用4对卡接模块	4对水平电缆/4对主干电缆	4对主干电缆	4对主干电缆
		采用5对卡接模块	大对数主干电缆	大对数主干电缆	大对数主干电缆
	25对卡接模块	25对	4对水平电缆/4对主干电缆/大对数主干电缆	4对主干电缆/大对数主干电缆	4对主干电缆/大对数主干电缆
	回线型卡接模块	8回线	4对水平电缆/4对主干电缆	大对数主干电缆	大对数主干电缆
		10回线	大对数主干电缆	大对数主干电缆	大对数主干电缆
	RJ-45配线模块	一般为24口或48口	4对水平电缆/4对主干电缆	4对主干电缆	4对主干电缆
光缆配线设备	ST光纤连接盘	单工/双工，一般为24口	水平/主干光缆	主干光缆	主干光缆
	SC光纤连接盘	单工/双工，一般为24口	水平/主干光缆	主干光缆	主干光缆
	SFF小型光纤连接盘	单工/双工，一般为24口、48口	水平/主干光缆	主干光缆	主干光缆

2.2.5 选择布线系统

1. 屏蔽布线系统

综合布线区域内存在的电磁干扰场强高于 3V/m 时,要求采用屏蔽布线系统进行防护。用户对电磁兼容性有较高的要求(电磁干扰和防信息泄露)时,或出于网络安全保密的需要,也宜采用屏蔽布线系统。当采用非屏蔽布线系统无法满足安装现场条件对缆线的间距要求时,宜采用屏蔽布线系统。屏蔽布线系统采用的电缆、连接器件、跳线、设备电缆都应是屏蔽的,并应保持屏蔽层的连续性。

屏蔽布线系统电缆的命名可按照《用户建筑综合布线》ISO/IEC 11801 中推荐的方法统一命名。对于屏蔽电缆,根据防护的要求可分为 F/UTP(电缆金属箔屏蔽)、U/FTP(线对金属箔屏蔽)、SF/UTP(电缆金属编织丝网加金属箔屏蔽)、S/FTP(电缆金属箔编织网屏蔽加线对金属箔屏蔽)几种结构。不同的屏蔽电缆会产生不同的屏蔽效果。一般认为金属箔对高频、金属编织丝网对低频的电磁屏蔽效果为佳。如果采用双重绝缘(SF/UTP 和 S/FTP)则屏蔽效果更为理想,可以同时抵御线对之间和来自外部的电磁辐射干扰,减少线对之间及线对对外部的电磁辐射干扰。因此,屏蔽布线工程有多种形式的电缆可以选择,但为保证屏蔽良好,电缆的屏蔽层与屏蔽连接器件之间必须做好 360°的连接。铜缆命名方法如图 2-19 所示。

2. 开放型办公室布线系统

对于办公楼、综合楼等商用建筑物或公共区域大开间的场地,由于其使用对象数量的不确定性和流动性等因素,宜按开放型办公室综合布线系统要求进行设计。布置开放型办公室综合布线系统有以下两种方式。

1)采用多用户信息插座

采用多用户信息插座时,每一个多用户插座包括适当的备用量在内,应能支持 12 个工作区所需的 8 位模块通用插座,如图 2-20 所示。多用户信息插座应安装于墙体或柱子等建筑物固定的位置。

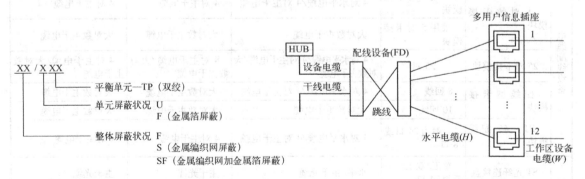

图 2-19 铜缆命名方法　　图 2-20 多用户信息插座连接图

各段缆线长度可按表 2-9 选用,也可按下面的公式计算

$$C = \frac{102-H}{1.2}$$

$$W = C - 5$$

式中 C——工作区设备电缆、电信间跳线、设备间 FD 连接硬件之间的柔性电缆（软跳线）的总长度；

W——工作区设备电缆的长度，且 $W \leqslant 22\text{m}$；

H——水平电缆的长度。

表2-9 各段缆线长度限值（单位：m）

电缆总长度	水平布线电缆 H	工作区电缆 W	电信间跳线和设备电缆 D
100	90	5	5
99	85	9	5
98	80	13	5
97	25	17	5
97	70	22	5

从表中的数值分析，可以看出当工作区的设备电缆允许达到 22m 时，水平电缆只能按 70m 考虑长度，整个信道只能为 97m，而不是 100m。只有当工作区的设备电缆为 5m 时，水平电缆的长度才能达到 90m，信道长度可按 100m 设计。

计算公式 $C = (102 - H)/1.2$ 针对 24 号线规（24AWG0 的非屏蔽和屏蔽布线）而言，若应用于 26 号线规（26AWG0 的屏蔽布线系统），公式应为 $C = (102 - H)/1.5$。

2）采用集合点

采用集合点时，集合点配线设备与 FD 之间水平线缆的长度应大于 15m。集合点由无跳线的连接器件组成，在电缆与光缆的永久链路中都可以存在，如图 2-21 所示。同一个水平电缆路由不允许超过一个集合点（CP）。

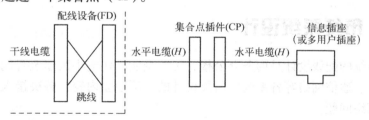

图 2-21 集合点放置位置

集合点配线箱目前没有定型的产品，但箱体的大小应考虑至少满足 12 个工作区配置的信息点所连接 4 对对绞电缆的进、出箱体的布线空间和 CP 卡接模块的安装空间。

集合点的配线设备应安装于墙体或柱子等建筑物固定的位置，从集合点引出的 CP 线缆应终接于工作区的信息插座或多用户信息插座上。

3. 工业级布线系统

工业级布线系统应能支持语音、数据、图像、视频、控制等信息的传递，并能应用于高温、潮湿、电磁干扰、撞击、振动、腐蚀气体、灰尘等恶劣环境中。工业布线应用于工业环境中具有良好环境条件的办公区、控制室和生产区之间的交界场所、生产区的信息点，工业级连接器件也可应用于室外环境中。

在工业设备较为集中的区域应设置现场配线设备。工业级布线系统宜采用星形网络拓扑结构。

工业级布线系统产品选用应符合 IP 标准所提出的保护要求，国际防护（IP）定级内容要求如表 2-10 所示。

表 2-10 国际防护（IP）定级内容要求

级别编号	IP 编号定义（两位数）				级别编号
	保护级别		保护级别		
0	没有保护	对于意外接触没有保护，对异物没有防护	对水没有防护	没有防护	0
1	防护大颗粒异物	防止大面积人手接触，防护直径大于 50mm 的大固体颗粒	防护垂直下降水滴	防水滴	1
2	防护中等颗粒异物	防止手指接触，防护直径大于 12mm 的中固体颗粒	防止水滴溅射进入（最大 15°）	防水滴	2
3	防护小颗粒异物	防止工具、导线或类似物体接触，防护直径大于 2.5mm 的小固体颗粒	防止水滴（最大 60°）	防喷溅	3
4	防护谷粒状异物	防护直径大于 1mm 的小固体颗粒	防护全方位、泼溅水，允许有限进入	防喷溅	4
5	防护灰尘积垢	有限地防止灰尘	防护全方位泼溅水（来自喷嘴），允许有限进入	防浇水	5
6	防护灰尘吸入	完全阻止灰尘进入，防护灰尘渗透	防护高压喷射或大浪进入，允许有限进入	防水淹	6
			可沉浸在水下 0.15～1m 深度	防水浸	7
			可长期沉浸在压力较大的水下	密封防水	8

任务 2.3 布线系统设计

综合布线系统的配线设计是商务办公楼、工矿企业、住宅小区建筑智能化的楼宇设备管理、办公自动化、通信网络等各系统中所要设计的一项独立内容，解决接入网到用户终端的最后一段传输网络问题。

综合布线系统在进行系统配置设计时，应充分考虑用户近期与远期的实际需要和发展，留出余量使其具有通用性和灵活性。设计前要认真勘查现场，合理选择路由和线路敷设方式，设计好安全防护体系，严格计算永久链路和信道长度，防止超限设计。选择知名品牌产品和设备，工程中宜选择同一品牌、类别的产品。

2.3.1 工作区设计

目前建筑物的功能类型较多，大体上可以分为商业、文化、媒体、体育、医院、学校、交通、住宅、通用工业等类型，工作区是包括办公室、写字间、作业间、技术室、机房等需用电话、计算机终端等设施和放置相应设备的区域的统称。工作区应由配线子系统的信息插座延伸到工作站终端设备处的连接电缆及适配器组成。

1. 工作区面积划分

工作区的服务面积并不指建筑面积，一般可为建筑面积的60%～80%。工作区的服务面积，一般办公室约为5～10m²。机房则比较复杂，对网管中心、总调度室等有人值守的场所，工作区服务面积与办公室类似，对于设备机房，按电信大楼的经验，工作区服务面积约为20～30m²。目前，建筑物的性质与功能已趋于多样化，除办公以外，诸如会议、展示场馆、超市、机场等公共设施有较大的发展。对此类工程中工作区的服务面积有较大的选择范围，设计时应根据不同的应用场合进行选定。工作区服务面积需求可参照表2-11所示内容。

表2-11 工作区面积划分表

建筑物类型及功能	工作区面积（m²）
网管中心、呼叫中心、信息中心等终端设备较为密集的场地	3～5
办公区	5～10
会议、会展区	10～60
商场、生产机房、娱乐场所	20～60
体育场馆、候机室、公共设施区	20～100
工业生产区	60～200

当终端设备的安装位置和数量无法确定时或使用场地为大客户租用并考虑自设置计算机网络时，工作区服务面积可按区域（租用场地）面积确定。

对于IDC机房（数据通信托管业务机房或数据中心机房），可按生产机房每个配线设备的设置区域考虑工作区面积。对于此类项目，涉及数据通信设备的安装工程，应单独考虑实施方案。

2. 信息点配置数量

每个工作区信息点数量的确定范围都比较大，从现有的工程情况分析，设置1～10个信息点的现象都存在，并预留了电缆和光缆备份的信息插座模块。因为建筑物用户性质不一样，功能要求和实际需求不一样，信息点数量不能仅按办公楼的模式确定，尤其是对于专用建筑（如电信、金融、体育场馆、博物馆等建筑）及计算机网络存在内、外网等多个网络时，更应加强需求分析，做出合理的配置。

每个工作区信息点数量可按用户的性质、网络构成和需求来确定。表2-12做了一些分类，仅供设计者参考。

表2-12 信息点数量配置

建筑物功能区	信息点数量（每个工作区）			备注
	电话	数据	光纤（双工端口）	
办公区（一般）	1个	1个	—	—
办公区（重要）	1个	2个	1个	对数据信息有较大的需求
出租或大客户区域	2个或2个以上	2个或2个以上	1个或1个以上	指整个区域的配置量
办公区（政务工程）	2～5个	2～5个	1个或1个以上	涉及内、外网络时

注：大客户区域也可以为公共设施的场地，如商场、会议中心、会展中心等。

3. 插座安装位置

工作区的插座有信息插座和电源插座，从使用的角度考虑，信息插座的附近最好配有电源插座，两者应有不小于400mm的间距，且布置位置应考虑房间美观。

工作区的信息插座都采用RJ-45插座。用于语音连接的可使用两芯RJ-45模块，也可使用RJ-11模块端接。底座一般安装在标准86×86暗盒内，所有的模块均安装在86×86的面板上，可以是单口或双口面板。

安装在工作区墙面或柱子上的信息插座、多用户信息插座模块或集合点配线模块底部离地面的高度宜为300mm。安装在地面上的信息插座应采用防水和抗压的接线盒。对于安装在地下层的信息插座和模块，考虑到涝洪时水的入侵，底部应高出地面0.8~1.4m。

1根4对对绞电缆应全部固定终接在1个8位模块通用插座上。不允许将1根4对双绞电缆终接在2个或2个以上8位模块通用插座上，如图2-22所示。

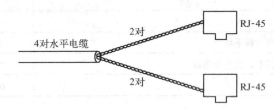

图2-22 不允许采用分线设置的连接方式

每个工作区信息插座模块（电、光）的数量不宜少于2个，并应能满足各种业务的需求。底盒数量应以插座盒面板设置的开口数确定，每个底盒支持安装的信息点数量不宜大于2个。

光纤信息插座模块安装的底盒大小应充分考虑到水平光缆（2芯或4芯）终接处的光缆盘留空间和满足光缆对弯曲半径的要求。

电源插座在每个工作区至少应配置1个220V交流电源插座，建议在数据信息点的位置安装电源插座。工作区的电源插座应选用带保护接地的单相电源插座，保护地线与零线应严格分开，而从三相五线制交流配电系统的PE线引出。

布线工程只提出电源插座的安装和规格要求，由土建电气专业完成具体的设计。

4. 开放型办公室布线设计

对于房地产开发商开发建设的写字楼、综合楼等商用建筑物，或在建筑物中工作区的位置无法确定，由于其对象的不确定和具有流动的特征等因素，宜采用开放型办公室的布线设计。从国外标准内容分析，TIA/EIA568B1在TSB75的基础上对有的条款内容主要为线段长度的要求作了部分的修订，主要针对缆线的长度重新做了规定，并对开放型办公室的布线工程提出了多用户信息插座和集合点两种方案。

多用户信息插座设置在敞开的工作区，具有12个8位模块通用插座（RJ-45）。该插座处在水平电缆的终端位置，以便将来使用时通过工作区的设备电缆连接至终端设备。电缆长度的计算方式参看2.2.5节中的"2. 开放型办公室布线系统"。

集合点（CP点）连接硬件设置在水平电缆布线的路由中，一般采用IDC配线模块，但是模块对于两端水平电缆的连接不能使用跳线，而只能依赖连接器件本身的结构构成电缆的回路。如图 2-23 所示为 110 型 5 对连接器件，常见的还有 25 对连接模块和回线式端接模块。

图 2-23　IDC 连接器件

在开放型办公室设计集合点时，要先确定每一个 CP 点的服务工作区域和工作区的面积，再确定工作区信息插座数量和每一个 CP 区域信息插座总的数量，确定连接硬件的类型、尺寸规格、安装形式、电缆根数、电缆出入口的位置和占用的空间，最后确定 CP 箱体的尺寸大小。

目前市场上有多种作为大开间预留转接 CP 点产品，如图 2-24 所示是上海某公司生产的 125 回线明装配线设备。

图 2-24　125 回线小容量壁式配线设备

2.3.2　配线子系统

配线子系统的设计是设计工作中任务量最大的部分，应根据工程提出的近期和远期的终端设备要求，计算每层需要安装的信息插座的数量及其位置。同时应兼顾终端将来可能产生移动、修改和重新安排的情况，有时还要设计分期建设的方案。

1. 配线子系统设计

配线子系统应由工作区的信息插座、信息插座至楼层配线设备（FD）的配线电缆或光缆、楼层配线设备（FD）、设备缆线和跳线等组成，如图 2-25 所示。

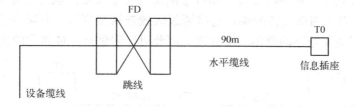

图 2-25　配线子系统

配线子系统根据整个综合布线系统的要求，应在电信间或设备间的配线设备上进行连接，以构成电话、数据系统并进行管理。配线子系统的水平电缆应采用非屏蔽或屏蔽 4 对对绞电缆，长度不应超过 90m，配线子系统采用光缆时，在能保证链路性能时，光缆距离可适当加长。在配置时，应保持信息插座、水平缆线、配线模块、跳线、设备缆线等级的一致性，以保证整个链路或信道的传输特性。

2. 缆线连接方式

对于语音部分，电信间 FD 与电话配线设备之间的连接方式如图 2-26 所示。

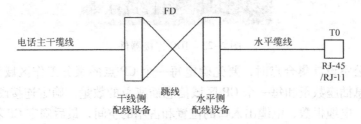

图 2-26 电话配线设备的连接方式

对于数据部分，电信间 FD 与计算机网络设备之间的连接方式有两种，一种是经跳线连接，另一种是经设备缆线连接。

1）经跳线连接

在电信间内安装的计算机网络设备通过设备缆线（电缆或光缆）连接至配线设备（FD）以后，再经过跳线管理，将设备的端口经过水平缆线接至工作区的终端设备，这种是经跳线的连接方式，如图 2-27 所示。

图 2-27 经跳线连接的数据系统

2）经设备缆线连接

在此种连接方式中，利用网络设备端口连接模块（电或光）取代设备侧的配线模块，如图 2-28 所示，相当于网络设备的端口直接通过跳线连接至模块，既减少了线段和模块以降低工程造价，又提高了通路的整体传输性能，因此可以看做是一种简化的连接方式。

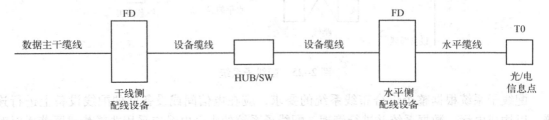

图 2-28 经设备缆线连接的数据系统

经设备缆线连接方式从配线子系统的组成内容看，更贴近于永久链路的连接模型，在工程实际中也较多采用，图 2-29 是一个实际接线示意图。这种连接方式虽然节省材料，但在日常管理过程中，会因经多次改接造成线路混乱，且不能使用目前新型的电子配线架。

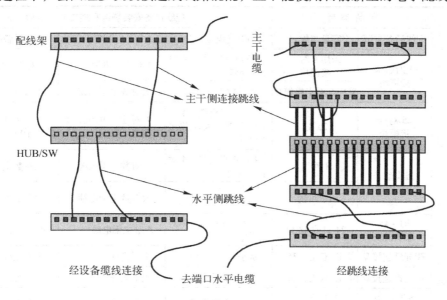

图 2-29　经设备缆线连接的工程示意图

3. 水平缆线配置数量

水平缆线配置数量要求各工作区信息点一致，工作区每个信息插座模块应连接 1 根 4 对双绞电缆。每一个双工或两个单工光纤连接器件及适配器连接 1 根 2 芯光缆。光纤信息插座模块安装的底盒大小应充分考虑到水平光缆（2 芯或 4 芯）终接处的光缆盘留空间和满足光缆对弯曲半径的要求。

从楼层设备间至每一个工作区水平光缆宜按 2 芯光缆配置。光纤至工作区域满足用户群或大客户使用时，光纤芯数至少应有 2 芯备份，即按不少于 4 芯水平光缆配置。

连接至楼层设备间的每一根水平电缆/光缆应终接于相应的配线模块，配线模块与缆线容量相适应。

楼层设备间主干侧各类配线模块应按电话交换机、计算机网络的构成及主干电缆/光缆的所需容量要求及模块类型和规格的选用进行配置。采用的设备缆线和各类跳线宜按计算机网络设备的使用端口容量和电话交换机的实装容量、业务的实际需求或信息点总数的比例进行配置，比例范围为 25%～50%。

4. 配线模块选择

配线子系统中涉及的模块主要有工作区方向的信息插座模块和设备间的插接模块，配线模块产品的选用要根据配线设备类型、容量、连接方式和安装场地综合考虑。表 2-13 列出了常见的配线设备，可参照选择。

表2-13 配线模块产品的选用

类别	产品类型		配线设备安装场地和连接电缆类型		
	配线设备类型	容量与规格	FD（电信间）	BD（设备间）	CD（设备间/进线间）
电缆配线设备	大对数卡接模块	采用4对卡接模块	4对水平电缆，4对主干电缆	4对主干电缆	4对主干电缆
		采用5对卡接模块	大对数主干电缆	大对数主干电缆	大对数主干电缆
	25对卡接模块	25对	4对水平电缆，4对主干电缆，大对数主干电缆	4对主干电缆，大对数主干电缆	4对主干电缆，大对数主干电缆
	回线型卡接模块	8回线	4对水平电缆，4对主干电缆	大对数主干电缆	大对数主干电缆
		10回线	大对数主干电缆	大对数主干电缆	大对数主干电缆
	RJ-45配线模块	24口或48口	4对水平电缆，4对主干电缆	4对主干电缆	4对主干电缆
光缆配线设备	ST光纤连接盘	单工/双工，24口	水平/主干光纤	主干光纤	主干光纤
	SC光纤连接盘	单工/双工，24口	水平/主干光纤	主干光纤	主干光纤
	SFF小型光纤连接盘	单工/双工，24口或48口	水平/主干光纤	主干光纤	主干光纤

注：表中SFF小型光纤连接盘主要有LC、MJ-RJ、VF-45、MU和FJ。

多线对端子配线模块可以选用4对或5对卡接模块，每个卡接模块应卡接1根4对对绞电缆。一般100对卡接端子容量的模块可卡接24根（采用4对卡接模块）或卡接20根（采用5对卡接模块）4对对绞电缆。25对端子配线模块可卡接1根25对大对数电缆或6根4对对绞电缆，如图2-30所示。

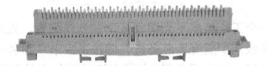

图2-30 卡接模块（110型25对接线模块）

回线式配线模块的每1回线可以卡接1对入线和1对出线，回线式配线模块（8回线或10回线）可卡接2根4对对绞电缆或8/10回线。回线式配线模块的卡接端子可以为连通型和断开型。一般在CP处可选用连通型，在需要加装过压过流保护器时采用断开型。图2-31为回线式端接模块，图2-32为由回线式端接模块组成的配线架。

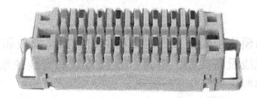

图2-31 回线式（8回线）端接模块

每个RJ-45配线模块可卡接1根4对对绞电缆，在设备间通常由24或48个RJ-45模块构成配线架，端接接入的电缆。由于RJ-45模块在使用过程中调整方便，整齐美观，目

项目 2 综合布线系统设计

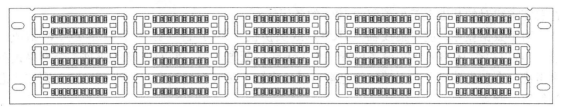

图 2-32 全正面操作 8 对模块（120 回线）配线架

前在一般企事业单位的布线工程中普遍采用。卡接式和回线式由于成本较低，在大型通信机房中普遍采用。由 RJ-45 模块构成的配线架如图 2-33 所示。

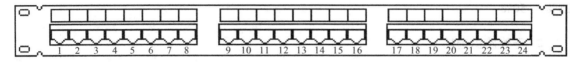

图 2-33 RJ-45 配线架（24 口）

光纤连接器件每个单工端口应支持 1 芯光纤的连接，双工端口则支持 2 芯光纤的连接。光纤连接器件目前更趋向于选用 SFF 小型光纤连接器件。

2.3.3 干线子系统

干线子系统应由设备间的建筑物配线设备（BD）、设备缆线和跳线、设备间至各楼层设备间、设备间与设备间的主干缆线组成。干线子系统的连接方式如图 2-34 所示。

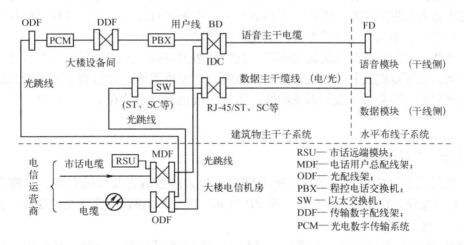

图 2-34 干线子系统的连接方式

1. 干线缆线容量配置

干线子系统所需要的电缆总对数和光纤总芯数，应满足工程的实际需求，并留有适当的备份容量。主干缆线宜设置电缆与光缆，并互相作为备份路由。所需要的电缆总对数和光纤芯数，其容量可按水平布线子系统中的内容要求确定。

对语音业务，大对数主干电缆的对数应按每一个电话 8 位模块通用插座配置 1 对线，并

在总需求线对的基础上至少预留约10%的备用线对。

对于数据业务,应以集线器(HUB)或交换机(SW)群(按4个HUB或SW组成一群),或以每个HUB或SW设备设置一个主干端口配置。每一群网络设备或每4个网络设备宜考虑一个备份端口。主干端口为电端口时,应按4对线容量配置;为光端口时,则按2芯光纤容量配置。

当工作区至电信间的水平光缆延伸至设备间的光配线设备(BD/CD)时,主干光缆的容量应包括所延伸的水平光缆光纤的容量在内。

建筑物与建筑群配线设备处各类设备缆线和跳线的配备宜按计算机网络设备的使用端口容量和电话交换机的实装容量、业务的实际需求或信息点总数的比例进行配置,比例范围为25%~50%。

2. 干线路由选择

干线子系统主干缆线应选择较短的安全的路由,在同一层若干楼层设备间之间宜设置干线路由。主干电缆宜采用点对点端接,也可采用分支递减端接。

点对点端接是最简单、最直接的接合方法,大楼与配线间的每根干线电缆直接延伸到指定的楼层和楼层设备间。分支递减端接是指有1根大对数干线电缆足以支持若干个交接间或若干楼层的通信容量,经过电缆接头保护箱分出若干根小电缆,它们分别延伸到每个楼层设备间或每个楼层,并端接于目的地的连接硬件,这种方式只在语音系统中采用。

如果电话交换机和计算机主机设置在建筑物内不同的设备间,宜采用不同的主干缆线来分别满足语音和数据的需要。语音主干和数据主干在采用对绞电缆时,其线对同样不能合在一根主干电缆中,而应分别设置在各自的主干电缆中。

主干缆线应在建筑物封闭的通道布放。封闭型通道是指一连串上下对齐的设备间,每层楼都有一间,利用电缆竖井、电缆孔、管道电缆、电缆桥架等穿过这些房间的地板层。通风通道或电梯通道不能敷设干线子系统电缆。干线缆线也不应布放在供水、供气、供暖、强电等竖井中。

3. 模块、缆线及跳线选择

主干缆线属于建筑物干线子系统的范畴,包括大对数语音及数据电缆、多模和单模光缆、4对对绞电缆。它们的二端分别连至FD与BD干线侧的模块。缆线与模块的配置等级和容量要保持一致。

BD模块在设备侧应与设备的端口容量相等,也可考虑少量冗余量,并可根据支持的业务种类选择相应连接方式的配线模块(可以为IDC或RJ-45模块)。数据和语音模块应分别设定配置方案。

BD在与电信运营商之间互联互通时应注意相互间界面的划分,以避免造成漏项和重复配置的现象出现。

干线部分的缆线,对于数据应用应采用光缆或6类对绞电缆,对绞电缆的长度不应超过90m,电话应用可采用3类对绞电缆。

跳线和设备缆线应考虑设备端口的形式、缆线的类型及长度和配置数量。设备间连线设备的跳线应选用综合布线专用的插接软跳线，在电话应用时也可选用双芯跳线或3类1对电缆。

2.3.4 建筑群子系统

建筑群主干子系统由连接各建筑物之间的综合布线缆线、建筑群配线设备（CD）和设备缆线及跳线等组成。

1. 系统配置

建筑物之间的缆线宜采用地下管道或电缆沟的敷设方式。建筑群主干电缆、光缆、公用网和专用网电缆、光缆（包括天线馈线）进入建筑物时，都应设置引入设备，并在适当位置终端转换为室内电缆、光缆。引入设备还应包括必要的保护装置。引入设备宜单独设置房间，若条件合适也可与BD或CD合设。

建筑群和建筑物的主干电缆、主干光缆布线的交接不应多于两次。从楼层配线设备（FD）到建筑群配线设备（CD）之间只应通过一个建筑物配线设备（BD）。CD宜安装在进线间或设备间，并可与入口设施或BD合用场地。CD配线设备内、外侧的容量应与建筑物内连接BD配线设备的建筑群主干缆线容量及建筑物外部引入的建筑群主干缆线容量相一致。建筑群主干缆线连接方式如图2-35所示。

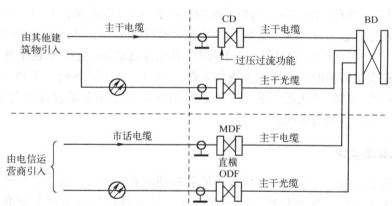

图2-35 建筑群主干缆线连接方式

2. 连接保护

建筑群主干缆线连接楼与楼之间BD和BD及BD和CD配线设备，建筑群配线设备CD在引入楼外电缆的配线模块时应具有加装过压过流保护装置的功能，即只能采用8回线、10回线的断开型IDC连接模块。

当语音主干电缆采用电信运营商市话入对数室外电缆从市话端局引入大楼设备间时，需经过电信运营商所提供的总配线设备（MDF）转接，此时过压过流保护装置安装在MDF的直列模块中。所有引入楼内的电缆和光缆的金属部件在入口处应就近接地。

2.3.5 设备间

设备间是大楼的电话交换机设备和计算机网络设备及建筑物配线设备（BD）安装的地

点，也是进行网络管理的场所。对综合布线工程设计而言，设备间主要安装总配线设备。设备间内的所有总配线设备应采用色标区别各类用途的配线区。

1. 设备间位置和面积

当信息通信设施与配线设备分别设置时，考虑到设备电缆有长度限制的要求，安装总配线架的设备间与安装电话交换机及计算机主机的设备间之间的距离不宜太远。并要考虑在该场地设置缆线竖井、等电位接地体、电源插座、UPS 配电箱等设施。

在设备间内安装的 BD 配线设备干线侧容量应与主干缆线的容量相一致。设备侧的容量应与设备端口容量相一致或与干线侧配线设备容量相同。设备间的数量应从所服务的楼层范围来考虑。如果配线电缆长度都在 90m 范围以内，覆盖的信息插座为 200 个时，宜设置一个电信间，当超出这一范围时，可设两个或多个电信间并相应地在电信间内或紧邻处设置干线通道。

一般情况下，综合布线系统的配线设备和计算机网络设备采用 19 英寸标准机柜安装。机柜宽度通常为 600mm，深和高有多种规格，一般 2000mm 高机柜有 42U 的安装空间。机柜内可安装光纤连接盘、RJ-45（24 口）配线模块、多线对卡接模块（100 对）、理线架、计算机 HUB/SW 设备等。

如果按建筑物每层电话和数据信息点各为 200 个考虑配置上述设备，大约需要 2 个 19 英寸（42U）的机柜空间，以此测算楼层设备间（FD）的面积至少应为 $5m^2$。若采用墙挂机柜安装或信息点较少时也可减小面积，反之应适当增加面积。对于涉及布线系统设置内、外网或专用网时，19 英寸机柜应分别设置，并在保持一定间距的情况下预测设备间的面积。建筑物设备间（BD）一般不应小于楼层设备间（FD）的面积，具体面积要依据计划安装的设备/设施估算。

在场地面积满足的情况下，也可设置如安防、消防、建筑设备监控系统、无线信号覆盖等系统的布缆线槽和功能模块的安装。如果综合布线系统与弱电系统设备合设于同一场地，从建筑的角度出发，称为弱电间。

2. 设备间环境要求

设备间安装工艺要求，均以总配线设备所需的环境要求为主，适当考虑安装少量计算机网络等设备制定的规定，如果与程控电话交换机、计算机网络等主机和配套设备合装在一起，则安装工艺要求应执行相关规范的规定。

在设备间应设置等电位的接地装置。设备间的温、湿度按配线设备要求提供，如在机柜中安装计算机网络设备（HUB/SW）时的环境应满足设备提出的要求，温、湿度的保证措施由空调专业负责解决。

2.3.6 进线间

进线间是建筑物外部通信和信息管线的入口部位，并可作为入口设施和建筑群配线设备的安装场地。

1. 进线间设计

进线间设计首先是就近原则，在外部通信和信息管线的入口部位，就近安装保护设备，防止在建筑物内由于外线路由过长使雷击和过电压对其他部位造成不必要的危害。

项目较大的系统应在每幢大楼设置独立的进线间，点位数量较少的系统可以与 CD、BD 配线间合用，但是建议配线架应单独设置，以便于安全、管理和维护。住宅小区建议安装在楼道内。

进线间一个建筑物宜设置一个，一般位于地下层，外线最好从两个不同的路由引入进线间，有利于与外部管道沟通。进线间与建筑物红外线范围内的人孔或手孔采用管道或通道的方式互连，并应留有 2～4 孔的余量。

进线间因涉及因素较多，难以统一提出具体所需面积，可根据建筑物实际情况，并参照通信行业和国家的现行标准要求进行设计，并预留安装相应接入设备的位置。

建筑群主干电缆和光缆、公用网和专用网电缆、光缆及天线馈线等室外缆线进入建筑物时，应在进线间终端转换成室内电缆、光缆，并在缆线的终端处由多家电信业务经营者设置入口设施，入口设施中的配线设备应按引入的电缆、光缆容量配置。

电信业务经营者在进线间设置安装的入口配线设备应与 BD 或 CD 之间敷设相应的连接电缆、光缆，实现路由互通，缆线类型与容量应与配线设备相一致。

2. 引入缆线防护

由建筑物外引入的缆线会在以下几个方面给建筑物内部的设备和人员带来危害隐患，应做好相应的防护：

- 外线上或外线附近雷击造成的电涌；
- 外线附近的电力线或电力装置和铁路电气化系统发生故障时，在外线上感应出的短时交流电压；
- 外线与 220V 电力线直接相碰；
- 雷电、感应电压和电力电压通过缆线的导电部分引入室内，将造成网络设备击毁、人员的意外伤害和火灾等重大事故。

3. 等电位接地点的设计

综合布线系统应采用共用接地的接地系统，若单独设置接地体时，接地电阻不应大于 4Ω。若布线系统的接地系统中存在两个不同的接地体时，其接地电位差不应大于 1Vr.m.s。

在楼层安装的各个配线柜（架、箱）应采用适当截面积的绝缘铜导线单独布线至就近的等电位接地装置，也可采用竖井内等电位接地铜排引到建筑物共用接地装置，铜导线的截面积应符合设计要求。

综合布线接地体与防雷接地体、供电接地体的平行、交叉距离也应符合安全距离规范要求。考虑到供电系统对综合布线的影响，建议供电系统采用"TN-S"方式，即三相五线制和单相三线制，"PE"保护地线与"N"零线单独设置。

2.3.7 管理

管理是针对设备间和工作区的配线设备、缆线、信息插座等设施，按一定的模式进行标识和记录的规定。在管理点，宜根据应用环境标识出各个端接点。管理的内容包括管理方式、标识符号、交叉连接等。

浅析有效的标识，有利于提高管理水平，提高工作效率。特别是规模大和复杂的综合布线系统，若采用计算机进行管理，其效果将十分明显，目前，市场上已有现成的管理软件可供选用。有的布线产品利用布线模块和跳线设置电子的接点和网络设备,并经过专用的软件实现管理。这对于较大的布线工程管理有一定的优势,但也会提高工程的整体造价。

1. 标识设置

综合布线的各种配线设备,应采用色标区分干线电缆、配线电缆或设备端接点,同时,还应用标记条表明端接区域、物理位置、编号、容量、规格等特点,以便维护人员在现场一目了然地识别。

综合布线系统使用三种标记:电缆标记、区域标记和接插件标记。其中接插件标记最常用,可分为平面标识或缠绕式标识两种,供选择使用。电缆和光缆的两端应采用不易脱落和磨损的标识标明相同的编号。目前,市场上已有配套的打印机和标识系统供应。

2. 管理要求

规模较大的综合布线系统宜采用计算机进行管理,简单的综合布线系统宜按图纸资料进行管理,应做到记录准确、及时更新、便于查阅,文档资料应实现汉化。

综合布线的每条电缆、光缆、配线设备、端接点、安装通道和安装空间均应给定唯一的标志,并设置标签。标识符应采用相同数量的字母和数字等标明,标识符中可包括名称、颜色、编号、字符串或其他组合。

配线设备、缆线、信息插座等硬件均应设置不易脱落和磨损的标识,并应有详细的书面记录和图纸资料;电缆和光缆的两端均应标明相同的编号。设备间的配线设备宜采用统一的色标区别各类用途的配线区。所有标签应保持清晰、完整,并满足使用环境要求。

3. 记录工作状态信息

管理资料应包括工作状态信息,综合布线系统相关设施的工作状态信息应包括:设备和缆线的用途、使用部门、终端设备配置状况、占用器件的编号、色标、链路与信道的功能和各项主要指标参数及完好状况(如组成局域网的拓扑结构、传输信息速率)、故障记录等,还应包括设备位置和缆线走向等内容。

任务2.4 电气防护系统设计

在综合布线设计时应对布线环境进行电气防护设计,以保证综合布线系统对环境的要求。在进行电气防护系统的设计时应从电气防护、与其他设施的关系和防火等几个方面考虑。

2.4.1 电气防护措施

1. 防雷

当线路处在有感应电的危险中,如受到雷击、工作电压大于250V的电源碰地、电源感应电势或地电势上升电压大于250V时,要对其进行过压过流保护。综合布线系统的过压保护宜采用放电保护器,过流保护宜采用能够自复的保护器。

综合布线系统的配线架、线缆等接地点在任何层次上都不能与避雷系统相连,与强电接地系统的连接只能在两个接地系统的最底层。墙上敷设的综合布线缆线和管线与其他管线的间距应符合表2-15的规定。当墙壁电缆敷设高度超过6 000mm时,与避雷引下线的交叉间

距应按下式计算：

$$S \geqslant 0.05L$$

式中　S——交叉间距（mm）；

　　　L——交叉处避雷引下线距地面的高度（mm）。

2. 防电磁干扰

综合布线系统应根据环境条件选用相应的缆线和配线设备，或采取防护措施。当综合布线区域内存在的电磁干扰场强低于3V/m时，宜采用非屏蔽电缆和非屏蔽配线设备。当综合布线区域内存在的电磁干扰场强高于3V/m，或用户对电磁兼容性有较高要求时，可采用屏蔽布线系统和光缆布线系统。

当综合布线路由上存在干扰源，且不能满足最小净距要求时，宜采用金属管线进行屏蔽，或采用屏蔽布线系统及光缆布线系统。使用钢管或金属线槽敷设非屏蔽双绞线时，各段钢管或金属线槽应保持电气连接并接地，当使用屏蔽电缆时，从配线架到工作区设备的整条通道都应有可靠的屏蔽措施。

若综合布线系统采用电缆屏蔽层组成接地网时，各段的屏蔽层必须保持可靠连通并接地，任意两点的接地电压不应超过1V，不能满足接地条件时宜采用光纤。

在建筑物内，可能的干扰源主要有：配电箱和配电网产生的高频干扰；大功率电动机电火花产生的谐波干扰；荧光灯管，电子启动器；电源开关；电话网的振铃电流；信息处理设备产生的周期性脉冲。当综合布线路由上有上述干扰源时应进行监测。

在建筑物外，主要的干扰源有：雷达；无线电发射设备；移动电话基站；高压电线；电气化铁路；雷击区。当具有上述干扰源时应采取防护措施。

3. 接地

在GB 50311—2007规范中，要求在电信间、设备间及进线间应设置楼层或局部等电位接地端子板。综合布线系统要求采用共用接地的接地系统，当单独设置接地体时，接地电阻不应大于4Ω。当布线系统的接地系统中存在两个不同的接地体时，其接地电位差不应大于1Vr.m.s。

对楼层安装的各个配线柜（架、箱）要求采用适当截面积的绝缘铜导线单独布线至就近的等电位接地装置，也可采用竖井内等电位接地铜排引到建筑物共用接地装置，铜导线的截面积应符合设计要求。

综合布线的电缆采用金属线槽或钢管敷设时，线槽或钢管应保持连续的电气连接，并应有不少于两点的良好接地。电缆和光缆的金属护套或金属件应在入口处就近与等电位接地端子板连接。

当电缆从建筑物外面进入建筑物时，应选用适配的信号线路浪涌保护器，信号线路浪涌保护器应符合设计要求。缆线在雷电防护区交界处，屏蔽电缆屏蔽层的两端应做等电位连接并接地。

2.4.2　与建筑中其他管线的间距

1. 与电力电缆的间距

综合布线电缆与附近可能产生高电平电磁干扰的电动机、电力变压器、射频应用设备等电器设备之间应保持必要的间距。综合布线电缆与电力电缆的间距应符合表2-14的规定。

表2-14　综合布线电缆与电力电缆的间距

类　别	与综合布线接近状况	最小间距（mm）
380V 电力电缆 0～2kV·A	与缆线平行敷设	130
	有一方在接地的金属线槽或钢管中	70
	双方都在接地的金属线槽或钢管中①	10①
380V 电力电缆 2～5kV·A	与缆线平行敷设	300
	有一方在接地的金属线槽或钢管中	150
	双方都在接地的金属线槽或钢管中②	80
380V 电力电缆 >5kV·A	与缆线平行敷设	600
	有一方在接地的金属线槽或钢管中	300
	双方都在接地的金属线槽或钢管中②	150

注：①当380V 电力电缆 <2kV·A，双方都在接地的线槽中，且平行长度≤10m 时，最小间距可为10mm；②双方都在接地的线槽中，系指两个不同的线槽，也可在同一线槽中用金属板隔开。

2. 与其他管线的间距

综合布线缆线宜单独敷设，与其他弱电系统各子系统缆线间距应符合设计要求。对于有安全保密要求的工程，综合布线缆线与信号线、电力线、接地线的间距应符合相应的保密规定。对于具有安全保密要求的缆线应采取独立的金属管或金属线槽敷设。综合布线缆线及管线与其他管线的间距如表2-15 所示。

表2-15　综合布线缆线及管线与其他管线的间距

管　线　种　类	平行净距（mm）	垂直交叉净距（mm）
避雷引下线	1 000	300
保护地线	50	20
热力管（不包封）	500	500
热力管（包封）	300	300
给水管	150	20
煤气管	300	20
压缩空气管	150	20

2.4.3　防火设计措施

根据建筑物的防火等级和对材料的耐火要求，综合布线应采取相应的措施或使用相关产品。首先强调应按照建筑物的防火等级和对材料的耐火要求进行考虑。同时建议在隐蔽空间、易燃的区域，以及人群密集的区域布放 CMP 高阻燃等级通信电缆或光缆或难燃 FHC25/50 电缆，并可以不敷设金属线管保护；在大楼竖井内布放主干电缆或光缆，应至少采用 CMR 竖井级阻燃电缆，相邻的设备间应采用阻燃型配线设备；对于非易燃区域或人群稀疏的区域，穿金属线槽的电缆或光缆可采用普通阻燃 CM 等级的电缆或低烟无卤电缆。

练一练2

考查所在学校的网络综合布线系统，画出学校网络综合布线系统图，并在图中标出 BD、FD 和自己方便接触的信息点（TO）的位置。描述从该信息点到校园网中心交换机所经过的物理链路（光缆或电缆）。

项目 3
商务楼综合布线设计

在各类工程案例中,有大量的商住/办公楼,楼中的部分层面由投资者自用,部分出租或销售,本项目通过一个商务楼综合布线案例介绍综合布线设计过程。

任务3.1 项目需求分析

3.1.1 工程项目概况

1. 建筑物概况

×××商务办公楼为某公司建设的商务办公楼,部分楼层用于公司内部办公,其余部分用于出租及出售。该楼为地下2层、地面29层,高度为98.6m,面积为40 200m²。一层大厅层高为4.8m,地下1、2层为4.8m,其余各层均为3.35m,地上各层均设有吊顶。

2. 机房及弱电间位置

该项目网络机房和电话机房设置在2层C~D轴线与1~3轴线间。楼层弱电间设置在每层C~D轴线与4~5轴线间的核心筒内。室外光缆和市话电缆通过设置在地下1层C~E轴线与1~2轴线间的进线室进入本建筑。各层建筑平面图见本项目后附图(图3-14~图2-23)。

3.1.2 用户需求

综合布线系统工程设计的范围就是用户信息需求分析的范围。这个范围包括信息覆盖的区域和该区域有什么信息两层含义,因此要从工程地理区域和信息业务种类两方面来考虑这个范围。

1. 项目设计范围

该工程业主要求综合布线系统能支持千兆以太网,在有装修的场所,要根据各层的不同需要预留CP箱或地面线槽,或者吊顶内管、槽,信息插座待装修时安装。

从智能建筑的"3A"功能来说,综合布线系统应当满足语音、数据、图像通信系统,安防监控系统和楼宇自控系统等多个子系统的信息传输要求。本例从学习角度考虑只设置数据和语音信息点,本书中不考虑监控、视频等其他子系统的布线设计。

2. 用户信息需求量估算

经过与业主沟通洽谈,该建筑为商务办公用楼,各层的具体用途和信息点数量要求如表3-1所示。

表3-1 商务办公楼各层用途及信息点数量

楼 层	用 途	语 音 点	数 据 点	说 明
负2层	车库、变配电站、空调机房	4	4	负1层与负2层共用配线间,负2层从负1层配线间直接敷设到工作区
负1层	进线室、物业办公室、车库	10	10	
1层	大堂管理、商店、餐厅	31	25	
2层	公司内部办公区	280	280	东侧大开间办公室设置过路箱
3~10层	出租、出售区	137×8	137×8	最终用户不明,设置集合点
11~18层	公司内部办公区	120×8	120×8	

续表

楼　　层	用　　途	语音点	数据点	说　　明
19～24层	出租、出售区	130×6	130×6	最终用户不明，设置集合点
25～27层	公司内部办公区	124×3	124×3	
28层	公司高管区	36	36	

3.1.3　项目设计要求

1. 系统设计要求

依据业主要求，该建筑的综合布线系统要求支持数据和语音传输。系统等级为 E 级，最高传输频率为 250MHz。办公用房/写字间每个工作区约 5m^2，每个工作区提供两个信息点，其中一个数据点，一个语音点。工作区语音点要能转变为数据点。

2. 电气防护与接地要求

综合布线系统电缆与附近可能产生高电平电磁干扰的电气设备之间应保持必要的间距。电缆、光缆进户时，电缆、光缆金属护套和金属构件应通过良好的接地端子接地。室外电缆、光缆在进线间转换成室内电缆、光缆。

3. 线路敷设要求

在本设计案例中，主干（垂直）电缆、光缆采用弱电井中桥架敷设，水平电缆敷设根据各楼层情况分别采用吊顶内桥架、钢管、地板下线槽的方式敷设。

4. 设计依据

➢《建筑及建筑群综合布线系统工程设计规范》GB 50311；
➢《建筑及建筑群综合布线系统工程施工及验收规范》GB 50312。

5. 设备材料选型

依据系统设计要求，信息插座及数据和语音水平电缆均采用 6 类产品。语音主干采用 5 类 25 对电缆，数据主干采用 24 芯 50/125 室内多模光缆。CP 集合点选用 6 类 IDC 型卡接中间配线箱。

建筑物配线设备 BD，语音部分选用 5 类卡接配线架，数据部分选用 12/24 口光配线架。楼层配线设备 FD，语音部分选用 5 类卡接配线架，数据部分选用 12/24 口光配线架和 24 口 6 类配线架。

任务3.2　布线系统设计

系统设计工作目标是完成综合布线系统图。系统图要求把综合布线系统中要连接的各个主要元素，按施工要求的方式连接起来，图中要明确综合布线中的几大系统，明确线缆线路使用的类型等。

通过本任务的学习,要求掌握综合布线系统图的制作方法,并了解相关知识。

3.2.1 信息点统计

统计建筑物内信息点的总数和各楼层的数量是设计系统的基础工作,本节要求通过阅读建筑图纸(主要是建筑平面图)统计信息点的数量和分布状况,形成信息点统计表,并对信息点进行编号。

在实际工程中,统计信息点要求业主提供标有信息点的建筑物平面图,或在业主提供的平面图上与业主共同标注信息点的位置。本书附图中将给出标有信息点的商务楼建筑平面图,供读者学习。

1. 阅读图纸

阅读业主提供的标有信息点位置的建筑平面图。将各楼层信息点标记在图纸上,并对信息点和电缆进行编号。各层建筑平面图见书后附图。

对于业主只提供文字描述的,要将标记出信息点的图纸交业主验看签字,作为统计信息点的依据。

2. 制作信息点统计表

本工程项目地下部分作停车和物业办公使用,一层为大堂和餐厅,其他各层为办公室或作为写字间出租,各层信息点统计如表3-2~表3-9所示。信息点和电缆编号命名规则为:房间号+房间内电缆序号。

表3-2 地下1、2层信息点统计表

房间号	房间名称	语音点	数据点	RJ-45插座模块	单位面板	双位面板	CP箱	备注
B01	值班室1	2	2	4	0	2	0	
B02	值班室2	2	2	4	0	2	0	
A01	物业办公室	10	10	20	0	10	0	
	合计	14	14	28	0	14	0	

表3-3 第1层信息点统计表

房间号	房间名称	语音点	数据点	RJ-45插座模块	单位面板	双位面板	CP箱	备注
0101	总服务台	4	4	8	0	2	0	
0102	大厦管理室	15	15	30	0	0	1	
0103	商店	2	2	4	0	2	0	
0104	西餐厅	2	2	4	0	2	0	
0105	中餐厅	2	2	4	0	2	0	
0106	大堂	4	4	8	0	4	0	
	合计	29	29	58	0	10	1	

项目3 商务楼综合布线设计

表3-4 第2层信息点统计表

房间号	房间名称	语音点	数据点	RJ-45插座模块	单位面板	双位面板	CP箱	备 注
	电话机房							
	网络机房							
0201	办公室A	24	24	48	0	24	0	
0202	办公室B	16	16	32	0	16	0	
0203	办公室C	16	16	32	0	16	0	
0204	办公室D	16	16	32	0	16	0	
0205	办公室E	128	128	256	0	128	3	
0206	办公室F	16	16	32	0	16	0	
0207	办公室G	16	16	32	0	16	0	
0208	办公室H	16	16	32	0	16	0	
0209	办公室I	24	24	48	0	24	0	
	合计	272	272	544	0	272	3	

表3-5 第3～10层信息点统计表

房间号	房间名称	语音点	数据点	RJ-45插座模块	单位面板	双位面板	CP箱	备 注
0301	办公室A	23	23	46	0	23	1	
0302	办公室B	15	15	30	0	15	1	
0303	办公室C	23	23	46	0	15	1	
0304	办公室D	23	23	46	0	15	1	
0305	办公室E	15	15	30	0	120	1	
0306	办公室F	23	23	46	0	15	1	
0307	办公室G	15	15	30	0	15	1	
	3层合计	137	137	274	0	218	7	
共8层	3～10层合计	1 096	1 096	2 192	0	1 744	56	

注：房间号和电缆编号仅以3层为例。

表3-6 第11～18层信息点统计表

房间号	房间名称	语音点	数据点	RJ-45插座模块	单位面板	双位面板	CP箱	备 注
1101	办公室A	8	8	16	0	8	0	
1102	办公室B	7	7	14	0	7	0	
1103	办公室C	6	6	12	0	6	0	
1104	办公室D	7	7	14	0	7	0	
1105	办公室E	8	8	16	0	8	0	
1106	办公室F	10	10	20	0	10	0	
1107	办公室G	8	8	16	0	8	0	
1108	办公室H	6	6	12	0	6	0	
1109	办公室I	6	6	12	0	6	0	
1110	办公室J	8	8	16	0	8	0	

续表

房间号	房间名称	语音点	数据点	RJ-45插座模块	单位面板	双位面板	CP箱	备注
1111	办公室 K	8	8	16	0	8	0	
1112	办公室 L	10	10	20	0	10	0	
1113	办公室 M	8	8	16	0	8	0	
1114	办公室 N	7	7	14	0	7	0	
1115	办公室 O	6	6	12	0	6	0	
1116	办公室 P	7	7	14	0	7	0	
	11层合计	120	120	240	0	120	0	
共8层	11～18层合计	960	960	1 920	0	960	0	

注：房间号和电缆编号仅以11层为例。

表3-7 第19～24层信息点统计表

房间号	房间名称	语音点	数据点	RJ-45插座模块	单位面板	双位面板	CP箱	备注
1901	经理室 A	2	2	4	0	2	0	
1902	秘书室 A	2	2	4	0	2	0	
1903	会客室 A	1	1	2	0	1	0	
1904	19CP-A1	30	30	60	0		1	
1905	19CP-A2	30	30	60	0		1	
1906	经理室 B	2	2	4	0	2	0	
1907	秘书室 B	2	2	4	0	2	0	
1908	会客室 B	1	1	2	0	1	0	
1909	19CP-B1	30	30	60	0		1	
1910	19CP-B2	30	30	60	0		1	
	19层合计	130	130	260	0	10	4	
共6层	19～24层合计	780	780	1 560	0	60	24	

注：房间号和电缆编号仅以19层为例。

表3-8 第25～27层信息点统计表

房间号	房间名称	语音点	数据点	RJ-45插座模块	单位面板	双位面板	CP箱	备注
2501	经理室 A	2	2	4	0	2	0	
2502	秘书室 A	2	2	4	0	2	0	
2503	会客室 A	1	1	2	0	1	0	
2504	办公室 A	62	62	124	0	62	0	
2505	经理室 B	2	2	4	0	2	0	
2506	秘书室 B	2	2	4	0	2	0	
2507	会客室 B	1	1	2	0	1	0	
2508	办公室 B	62	62	124	0	62	0	
	25层合计	134	134	268	0	134	0	
共3层	25～27层合计	402	402	804	0	402	0	

注：房间号和电缆编号仅以25层为例。

表3-9 第28层信息点统计表

房间号	房间名称	语音点	数据点	RJ-45插座模块	单位面板	双位面板	CP箱	备注
2801	总经理室	2	2	4	0	2	0	
2802	秘书室1	2	2	4	0	2	0	
2803	会客室1	1	1	2	0	1	0	
2804	休息室1	1	1	2	0	1	0	
2805	副总经理1	2	2	4	0	2	0	
2806	秘书室2	2	2	4	0	2	0	
2807	会客室2	1	1	2	0	1	0	
2808	副总经理2	2	2	4	0	2	0	
2809	秘书室3	2	2	4	0	2	0	
2810	会客室3	1	1	2	0	1	0	
2811	休息室2	1	1	2	0	1	0	
2812	副董事长	2	2	4	0	2	0	
2813	秘书室4	2	2	4	0	2	0	
2814	会客室4	1	1	2	0	1	0	
2815	休息室3	1	1	2	0	1	0	
2816	董事	2	2	4	0	2	0	
2817	秘书室5	2	2	4	0	2	0	
2818	会客室5	1	1	2	0	1	0	
2819	董事长	2	2	4	0	2	0	
2820	秘书室6	2	2	4	0	2	0	
2821	会客室6	1	1	2	0	1	0	
2822	休息室4	1	1	2	0	1	0	
2823	会议室1	1	1	2	0	1	0	
2824	会议室2	1	1	2	0	1	0	
	28层合计	36	36	72	0	36	0	

3.2.2 系统图设计

综合布线系统图可以用各种方式表达，但要能表现信息点的数量、位置、路由和连接设备等信息。综合布线系统图可以使用 Microsoft Visio，也可以使用 AutoCAD 绘制。Microsoft Visio 采用模块化构图方式，使用起来方便快捷，易于上手。但由于一般工程图纸不采用Visio而是使用 AutoCAD，所以许多采用 Visio 绘制的系统图需要重新绘制全部图纸，而使用 AutoCAD 绘制的则可以利用原有的大量图纸，一般只需在原图上添加信息点、路由和少量内容即可。本书采用 AutoCAD 绘制系统图。

1. 图标含义

在系统图中，主要由各个图标和简短的文字来说明整个系统线路连接的具体含义。在设计系统图的过程中，既要简明扼要又要精确细致，尽量做到充分反映整体构建状况。由于系统图中的图标各自代表不同的含义，所以要明确每一个图标及其作用。本任务系统图中图标的含义如表 3-10 所示。

表 3-10 系统图中使用的图标含义

英文缩写	中文名称	解释	图标
BD	建筑物配线设备	为建筑物主干缆线或建筑群主干缆线终接的配线设备	⧖ 或 ⧖
FD	楼层配线设备	终接水平电缆、水平光缆和其他布线子系统缆线的配线设备	⧖ 或 ⧖
TO	信息点	各类电缆或光缆终接的信息插座模块	□ 或 TO
CP	集合点	楼层配线设备与工作区信息点之间水平缆线路由中的连接点	○ 或 CP

2. 绘制系统图

本书限于篇幅，将系统图按楼层分解为多个图，教学过程中建议参照分区系统，绘制完成一张完整统一的商务楼综合布线系统图。

1）机房系统图

依据项目要求，主机机房设置在 2 层 C～D 轴线与 1～3 轴线间的位置，从主机房分至各楼层。主机房综合布线系统图如图 3-1 所示。

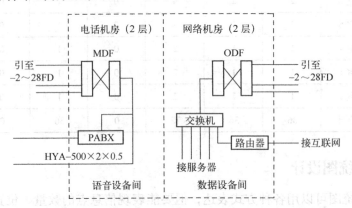

注：PABX 为自动用户小交换机；MDF 为主配线架；ODF 为光纤配线架；
HYA 为市内通信电缆，HYA-500×2×0.5 为 500 对两芯 0.5mm 通信电缆。

图 3-1 主机房综合布线系统图

2)地下 2 层至地下 1 层系统图

地下 2 层和地下 1 层的各信息点接入位于地下 1 层的楼层设备间,地下 2 层不设置独立的设备间。地下 2 层至地下 1 层系统图如图 3-2 所示。

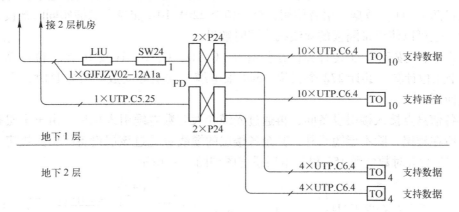

图 3-2 地下 2 层至地下 1 层系统图

在地下 1 层楼层配线间,数据电缆水平布线侧接入 24 口模块式配线架,垂直布线侧经过 1 个 24 口交换机和 1 个 12 芯光缆分纤盒(LIU),再通过 1 根 12 芯多模光缆接入 2 层网络机房。语音电缆水平布线侧接入 24 口模块式配线架,模块选用 RJ-11 模块,垂直布线侧也采用 24 口模块式配线架,通过 1 根 25 对 5 类双绞线接入 2 层电话机房,这样可以在使用中灵活方便地跳接。

3)首层系统图

首层信息点接入 1 层设备间,其中大厦经理室 30 个信息点通过 CP 点接入楼层设备间,本次布线工程只敷设 CP 点至设备间部分,CP 点至信息点缆线敷设待二次装修时进行。其余各信息点直接接入楼层设备间。首层系统图如图 3-3 所示。

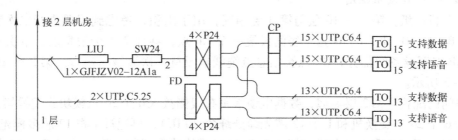

图 3-3 首层系统图

在设备间,数据电缆水平布线侧接入 2 个 24 口模块式配线架,垂直布线侧经过 2 个 24 口交换机和 1 个 12 芯光缆分纤盒(LIU),再通过 1 根 12 芯多模光缆接入 2 层网络机房。语音电缆水平布线侧接入 2 个 24 口模块式配线架,模块选用 RJ-11 模块,垂直布线侧也采用 24 口模块式配线架,通过 2 根 25 对 5 类双绞线接入 2 层电话机房,这样可以在使用中灵活方便地跳接。

4) 第2层系统图

本商务楼2层为办公区域，各办公室内采用地板线槽，缆线由地板线槽引至地板信息插座。走廊中吊顶内敷设的桥架通过各办公室内沿墙敷设的线槽与地板线槽连接。各办公室每个工位配置两个TO供数据、语音使用，至少两个220V 10A交流电源插座同时敷设，线槽须单独敷设，也可以使用带隔板的双线线槽同时敷设。

办公室A、I按24个工位计算，办公室B、C、D、F、G、H按16个工位计算，办公室E按128个工位计算，共计272个工位，544根电缆。在实际安放办公家具时，多出的线可做备用线使用。

本层各信息点接入楼层设备间，再通过光缆和大对数电缆引入机房。由于本层是网络和电话机房所在楼层，除本层缆线外，其余各楼层的缆线也通过该层设备间引入机房，共计光缆29根，25对大对数电缆158根，本层系统图如图3-4所示。

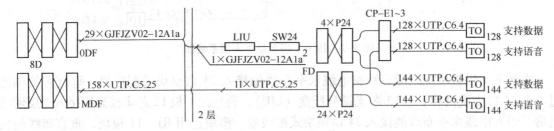

图3-4 第2层系统图

在设备间，数据电缆水平布线侧接入12个24口模块式配线架，垂直布线侧经过12个24口交换机和1个12芯光缆分纤盒（LIU），再通过1根12芯多模光缆接入2层网络机房。语音电缆水平布线侧接入12个24口模块式配线架，模块选用RJ－11模块，垂直布线侧也采用24口模块式配线架，通过11根25对5类双绞线接入电话机房。

5) 第3～10层系统图

依据项目图纸，第4～10层与第3层相同，用于出租，考虑到需要进行二次装修，办公室A、B、C、D、E、F、G每个房间设置一个CP点，共计274个信息点。本次布线工程只敷设CP点至设备间部分，CP点至信息点缆线敷设待二次装修时进行。第3～10层系统图如图3-5所示。

设备间的配置与第2层类似，数据电缆水平布线侧接入6个24口模块式配线架，垂直布线侧经过6个24口交换机和1个12芯光缆分纤盒（LIU），再通过1根12芯多模光缆接入2层网络机房。语音电缆水平布线侧接入6个24口模块式配线架，模块选用RJ－11模块，垂直布线侧也采用24口模块式配线架，通过6根25对5类双绞线接入电话机房。

6) 第11～18层系统图

依据项目图纸，第11～18层与第11层相同，均用于办公，每层信息点共计240个，各办公室信息点直接接至楼层设备间，第11～18层系统图如图3-6所示。设备间的配置与第3层类似，最后通过1根12芯多模光缆和5根25对5类双绞线接入2层机房。

7) 第19～24层系统图

第19～24层也用于出租，但房间设置与第3～10层不同，各层经理办公室等小房间信息

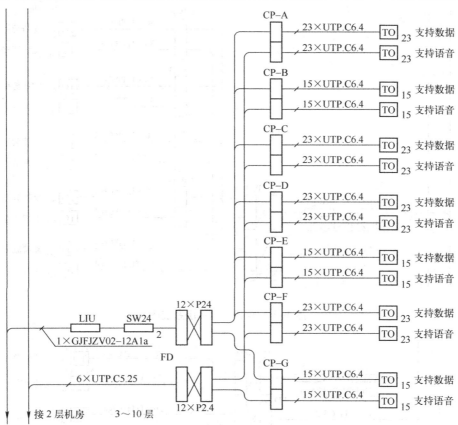

图 3-5 第 3～10 层系统图

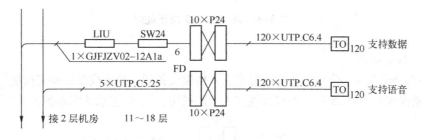

图 3-6 第 11～18 层系统图

点直接接入楼层设备间,每层共计 20 个信息点。办公室 A 和办公室 B 由于房间面积较大,每个房间设置 2 个 CP 点,由 CP 点引入楼层设备间,每层共计 240 个信息点。采用与第 3 层相似的连接,通过 1 根 12 芯多模光缆和 6 根 25 对 5 类双绞线接入 2 层机房。系统图如图 3-7 所示。

8)第 25～27 层系统图

依据用户需求,第 25～27 层用于公司内部办公,除每层经理办公室等区域直接接入楼层设备间外,其余各层办公室通过多用户插座 MUTO 接入楼层设备间,系统图如图 3-8 所示。在楼层设备间,采用与第 3 层相似的连接,通过 1 根 12 芯多模光缆和 6 根 25 对 5 类双绞线接入 2 层机房。

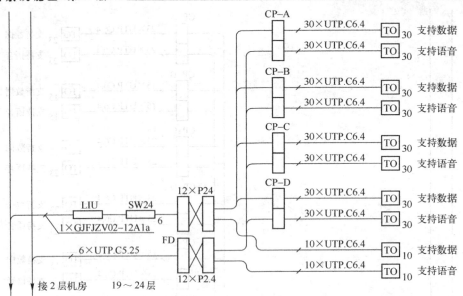

图 3-7 第 19～24 层系统图

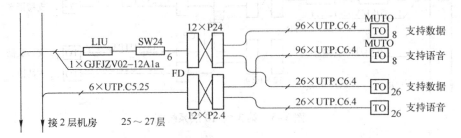

图 3-8 第 25～27 层系统图

9）第 28 层系统图

第 28 层为公司领导办公场所，各信息点引入楼层设备间，经配线设备和交换机等设备、通过 1 根 12 芯多模光缆和 6 根 25 对 5 类双绞线接入 2 层机房。第 28 层系统图如图 3-9 所示。

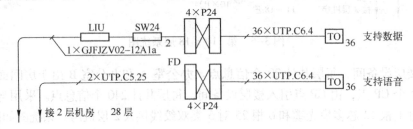

图 3-9 第 28 层系统图

任务 3.3 管线设计

设计完成系统图后，需要进行管线设计。管线设计主要是明确各段的配管数量和规格尺寸，并标注在图纸上，同时还需要汇总成材料表。

项目3 商务楼综合布线设计

3.3.1 管道材料

布线系统中除了线缆外,槽管也是一个重要的组成部分。塑料槽、管和金属管、槽,金属桥架等是综合布线系统中最常用的材料。

1. 塑料管槽

塑料管产品分为两大类:PE 阻燃导管和 PVC 阻燃导管。

1)PE 阻燃导管

PE 阻燃导管是一种塑制半硬导管,按外径分有 D16、D20、D25、D32 四种规格。外观为白色,具有强度高、耐腐蚀、挠性好、内壁光滑等优点,明、暗装穿线兼用,它以盘为单位,每盘重为 25kg。

2)PVC 阻燃导管

PVC 阻燃导管是以聚氯乙稀树脂为主要原料,经加工设备挤压成型的刚性导管。PVC 管也可用于墙、柱、楼板内的暗管敷设。小管径 PVC 阻燃导管可在常温下进行弯曲,便于用户使用。其按外径分有 D16、D20、D25、D32、D40、D45、D63、D110 等规格。

PVC 穿线管的规格按"φ外直径×壁厚"标识,单位是 mm,通常只说直径。常用的穿线管规格如表 311 所示。

表 3-11 常用 PVC 穿线管规格(国标)

规格		φ16	φ20	φ25	φ32	φ40	φ50	φ63
外径公差		±0.3	±0.3	±0.4	±0.4	±0.4	±0.5	±0.6
最小内径 (mm)	轻型管	13.7	17.4	22.1	28.6	35.8	45.1	57.0
	中型管	13.0	16.9	21.4	27.8	35.4	44.3	
	重型管	12.2	15.8	20.6	26.6	34.4	43.2	
外径极限 (mm)	轻型管	0~0.2	0~0.2	0~0.3	0~0.3	0~0.3	0~0.4	0~0.5
	中型管	0~0.2	0~0.2	0~0.2	0~0.3	0~0.3	0~0.4	0~0.5
	重型管	0~0.2	0~0.2	0~0.2	0~0.3	0~0.3	0~0.4	0~0.5
壁厚 (mm)	轻型管	1.1	1.2	1.4	1.6	1.8	2.0	2.3
	中型管	1.4	1.5	1.7	2.0	2.0	2.3	2.5
	重型管	1.7	1.8	1.9	2.5	2.5	3.0	3.2
管长 (m)	轻型管	3.03	3.03	3.03	3.03	4.00	4.00	4.00
	中型管	3.03	3.03	3.03	3.03	4.00	4.00	4.00
	重型管	3.03	3.03	3.03	3.03	4.00	4.00	4.00

与 PVC 管安装配套的附件有:接头、螺圈、弯头、弯管弹簧;一通接线盒、二通接线盒、三通接线盒、四通接线盒、开口管卡、专用截管器、PVC 黏合剂等。

3)PVC 线槽

线槽一般是室内布线用,用于较小线径的室内布线,根据线路走线按水平或垂直固定在墙上。多见于改造工程,或用于暗管不到位的补充。

PVC 塑料线槽的结构如图 3-10 所示，它的品种规格很多，从型号上分有 PVC-20 系列、PVC-25 系列、PVC-25F 系列、PVC-30 系列、PVC-40 系列、PVC-40Q 系列等。PVC 线槽的规格按"宽×高"标识，单位是 mm，常见的规格有 20×15、25×25、30×30、35×20、40×25、40×40、50×25、50×50、60×40、75×50、75×75、80×40、100×50、100×75、100×100、150×75、150×100、150×150 等。长度通常是 4m，也有 3m、2.5m、2m 的，槽板厚度一般为 1.0～1.2mm。

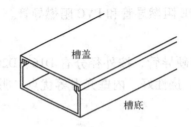

图 3-10 PVC 塑料线槽结构示意图

与 PVC 线槽配套的附件有阳角、阴角、直转角、平三通、左三通、右三通、连接头、终端头、接线盒（暗盒、明盒）等，如图 3-11 所示。

图 3-11 PVC 线槽安装配套附件

2. 金属槽管

金属槽管一般由镀锌板制成，具有强度高、寿命长、耐高温、有屏蔽作用等特点，通常用于墙内暗管敷设。

1）金属槽

金属槽由槽底和槽盖组成，每根槽一般长度为 2m，槽与槽连接时使用相应尺寸的铁板和螺钉固定。槽的外形与图 3-10 所示相似。在综合布线系统中一般使用的金属槽的规格有（单位为 mm）50×100、100×100、100×200、100×300、200×400 等多种。

金属槽一般由电镀彩锌或镀锌板制成，用于敷设线径较大、承重较大，室内、室外的导线和通信线缆。金属线槽布线适用于正常环境下干燥的室内和不易受机械损伤的场所明敷，但不适用于金属线槽有严重腐蚀的场所。金属线槽应与干扰源（线）保持必要的距离。缆线的总截面积不应超过线槽内截面的 50%。

金属线槽倾斜或垂直安装时，应采取措施防止电线或电缆在线槽内移动。线槽要平整、无扭曲或变形，内壁光滑无毛刺。由金属线槽引出的线路，可采用金属管、硬质塑料管、半硬塑料管、金属软管等布线方式。电线或电缆在引出部分不得有损伤。

金属线槽应接地或接零,但不应作为设备的接地导体来使用。

2) 金属管

金属管用于分支结构或暗埋的线路,一般由电镀彩锌或镀锌板制成,其规格按"φ 直径×壁厚"标识,单位是 mm,通常只说直径。常见的有 φ16、φ20、φ25、φ32、φ40、φ50 等规格。

在金属管内穿线比线槽布线难度更大一些,在选择金属管时要注意管径应选择大一点,一般管内填充物占 30% 左右,以便于穿线。金属管还有一种是软管(俗称蛇皮管),供弯曲的地方使用。

管线材料在 CAD 图纸中用引线 + 代号表示。PVC 管用"PC"表示,金属管按材质分别用"SC"(焊接钢管)、"MT"(电线管)、"G"(水煤气管)表示,线槽用"MR"表示,桥架用"CT"表示。

3. 金属桥架

电缆桥架是使电线、电缆、管缆铺设达到标准化、系列化、通用化的电缆铺设装置,是由托盘、梯架的直线段、弯通、附件及支架、吊架等构成,用以支承电缆的具有连续的刚性结构系统的总称。是应用在水平布线和垂直布线系统的安装通道,是建筑物内布线不可缺少的一个部分。

桥架一般由电镀彩锌或镀锌板制成,具有强度高、寿命长、耐高温、有屏蔽作用等特点,适用于敷设数量较大的电力电缆和通信电缆。

1) 桥架分类

桥架有槽式电缆桥架、托盘式电缆桥架、梯级式电缆桥架等多种。槽式电缆桥架、是一种全封闭型电缆桥架,它最适用于敷设计算机电缆、通信电缆及其他高灵敏系统的控制电缆,其屏蔽干扰和在重腐蚀环境中对电缆的防护都有较好的效果。托盘式电缆桥架具有重量轻、载荷大、造型美观、结构简单、安装方便等优点,它既适用于动力电缆的安装,也适用于控制电缆的敷设。梯级式电缆桥架一般适用于大直径电缆的敷设,通常用于动力电缆的敷设,有时也用于通信缆线的敷设。

桥架与线槽存在很大的区别,相对于线槽,桥架一般比较大(200×100 到 600×200);由于桥架内的电缆通常较多、较粗,桥架的转弯半径相对比较大,而线槽大部分拐直角弯;另外,桥架跨距比较大,固定、安装方式不同。图 3-12 为封闭式金属桥架示意图。

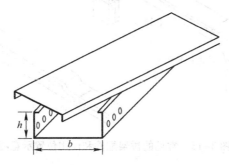

图 3-12 封闭式金属桥架

2）桥架配件

在桥架中，有以下主要配件供组合：梯架、弯通、三通、四通、多节二通、凸弯通、凹弯通、调高板、端向连接板、调宽板、垂直转角连接件、连接板、小平转角连接板、隔离板、端头挡板等。常见的桥架配件和使用位置如图3-13所示，有些配件的定义也有分歧。

3）桥架规格

桥架在设计安装时，可依据工程需要选择不同的规格，轻型桥架常见的规格如表3-12所示，长度规格有2m、3m、4m等。

表3-12 轻型桥架常见规格

规格 $b \times h$（mm×mm）	槽体板厚（mm）	盖板板厚（mm）	重量（kg/m）
50×25	1.5	1.5	3.2
75×30	1.5	1.5	4.5
100×50	1.5	1.5	5.2
150×75	1.5	1.5	7.2
200×50	2	1.5	10
200×100	2	1.5	12
250×125	2	1.5	14.5
300×150	2	1.5	17

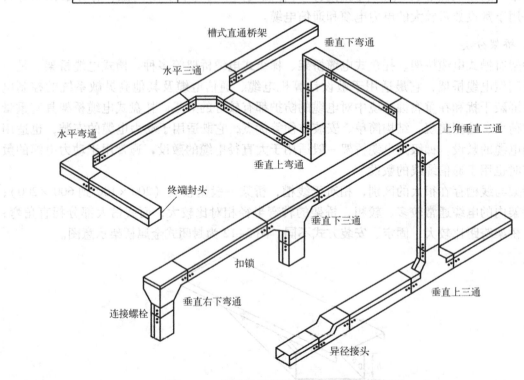

图3-13 常见的桥架配件和使用位置示意图

3.3.2 常用缆线规格

常用的电缆和光缆，5类、6类UTP、FTP，这其中又有室内、室外之分。光缆也有室内、室外之分，还有铠装电缆和光缆，由于设计使用环境不同，构造会有一些差异，线径也有不同，了解各种缆线的参数对在进行管线设计时计算管槽占空比是必要的。下面一系列表格给出了常用缆线的参数，供设计时参考（表中数据为普天天纪产品数据，其他品牌请查阅产品资料）。

1. 常用电缆规格（见表3-13）

表3-13 常用电缆规格

缆 线 规 格	电缆直径（mm）	电缆截面积（m²）
5类1对UTP电缆	3.1	7.5
5类2对UTP电缆	4.8	18.1
5类4对UTP电缆	5.2	21.3
5类25对UTP电缆	13	132.7
5类25对FTP电缆	14.6	167.4
5类25对室外阻水UTP	14.5	165.1
5类25对室外阻水FTP	15	176.7
超5类4对UTP电缆	5.5	23.8
超5类4对FTP电缆	6.2	30.2
超5类4对室外阻水UTP	5.5	23.8
6类4对UTP电缆	6.5	33.2
6类4对FTP电缆	7.5	44.2

2. 多用途室内光缆规格（见表3-14和表3-15）

表3-14 室内多模布线光缆规格

产品名称	产品型号	纤芯数	外径（mm）	重量（kg/km）
2芯室内多模布线光缆	DSB-V-O-02-Xn	2	4.8	18.4
4芯室内多模布线光缆	DSB-V-O-04-Xn	4	4.8	18.4
6芯室内多模布线光缆	DSB-V-O-06-Xn	6	5.1	22
8芯室内多模布线光缆	DSB-V-O-08-Xn	8	5.6	24
10芯室内多模布线光缆	DSB-V-O-10-Xn	10	5.8	27
12芯室内多模布线光缆	DSB-V-O-12-Xn	12	6.2	31

表 3-15 室内多模分支光缆规格

产品名称	产品型号	纤芯数	外径（mm）	重量（kg/km）
2 芯室内多模分支光缆	DSF-Z-O-02-Xn	2	7.0	52
4 芯室内多模分支光缆	DSF-Z-O-04-Xn	4	7.0	52
6 芯室内多模分支光缆	DSF-Z-O-06-Xn	6	8.3	58
8 芯室内多模分支光缆	DSF-Z-O-08-Xn	8	9.5	90
12 芯室内多模分支光缆	DSF-Z-O-12-Xn	12	12.2	110

注：表中光缆为低烟无卤阻燃型。

3. 双芯室内光缆规格（见表 3-16）

表 3-16 双芯室内光缆规格

产品名称	产品型号	纤芯数	外径（mm）	重量（kg/km）
2 芯室内多模光缆	DSF-V-O-02-Xn	2	2.8×5.6	13.8
低烟无卤阻燃 2 芯室内多模光缆	DSF-Z-O-02-Xn	2	2.8×5.6	13.8

4. 普天室外光缆规格（见表 3-17 ～ 表 3-19）

表 3-17 室外松套管式非铠装光缆（层绞式）

光缆型号 （以 2 芯递增）	纤芯数量	光缆直径（mm）	光缆重量（kg/km）	允许拉伸力 长期/短期（N）	允许压偏力 （N/100mm）
GYTA-4-30Xn	4～30	10.2	95	600/1 500	1 000
GYTA-32-36Xn	32～36	11.6	139	1 000/3 000	1 000
GYTA-38-72Xn	38～72	12.8	164	1 000/3 000	1 000
GYTA-74-96Xn	74～96	14.6	214	1 000/3 000	1 000

注：适用于架空、管道。

表 3-18 室外中心管式 S 护套光缆

光缆型号 （以 2 芯递增）	纤芯数量	光缆直径（mm）	光缆重量（kg/km）	允许拉伸力 长期/短期（N）	允许压偏力 （N/100mm）
GYTAW-2-12Xn	2～12	10.6	148	1 500/3 000	3 000
GYTAW-14-24Xn	14～24	12.5	170	1 500/3 000	3 000
GYTAW-26-36Xn	26～36	14.0	185	1 500/3 000	3 000
GYTAW-38-48Xn	38～48	15.0	200	1 500/3 000	3 000

注：适用于架空。

表 3-19　标准松套管式加强铠装光缆（层绞式）

光缆型号（以2芯递增）	纤芯数量	光缆直径（mm）	光缆重量（kg/km）	允许拉伸力 长期/短期（N）	允许压偏力（N/100mm）
GYTA53-4-36Xn	4～36	14.8	256	1 000/3 000	3 000
GYTA53-38-72Xn	38～72	16.8	304	1 000/3 000	3 000
GYTA53-74-96Xn	74～96	18.9	366	1 000/3 000	3 000
GYTA53-98-120Xn	98～120	21.5	429	1 000/3 000	3 000
GYTA53-122-144Xn	122～144	22.3	488	1 000/3 000	3 000

注：适用于管道、架空、直埋。

3.3.3　管线配线标准

综合布线设计施工标准规定，管内放置大对数电缆时，直线管路的管径利用率应为50%～60%，弯路的管径利用率为40%～50%。管内放置4对双绞线电缆时，截面利用率应为25%～30%。线槽的截面利用率不应超过50%。

线管、线槽、桥架的直径、截面规格应严格按照线缆占空比要求选择，下面的一组表格可在设计时参考。

以下表格中给出了管槽（桥架）内的最多穿线数量，供设计时参考。

1. PVC管径配线表（见表3-20）

表 3-20　PVC管径配线表（最多穿线根数）

线管规格	5类UTP	超5类UTP	超5类FTP	6类UTP	6类FTP	5类UTP 25对
φ20	3	3	2	2	2	—
φ25	5	5	4	3	3	1
φ32	9	8	7	5	4	2
φ40	13	12	11	8	7	3
φ50	22	19	16	13	10	3
φ63	33	29	24	20	16	5

2. 线槽配线表（见表3-21）

表 3-21　地板线槽配线表（最多穿线根数）

线槽规格（mm×mm×mm）	5类UTP	超5类UTP	超5类FTP	6类UTP	6类FTP	5类UTP 25对
50×25×1.2	20	19	16	12	11	3
75×25×1.2	31	29	25	18	17	4
100×25×1.2	42	39	33	25	22	6
150×25×1.5	61	57	49	36	33	9
200×25×1.5	82	76	65	49	44	12

3. 轻型桥架配线表（见表 3-22）

表 3-22 轻型桥架配线表（最多放线根数）

桥架规格（mm⁴） 宽×高×长×厚	5 类 UTP	超 5 类 UTP	超 5 类 FTP	6 类 UTP	6 类 FTP	5 类 UTP 25 对
50×25×2 000×1.5	21	20	16	13	11	3
50×50×2 000×1.5	43	39	31	28	21	6
100×50×2 000×1.5	90	81	64	58	44	12
100×100×2 000×1.5	192	172	136	123	93	25
150×75×2 000×1.5	184	171	146	110	99	27
200×50×2 000×1.5	188	168	132	120	90	24
200×100×2 000×2	394	353	278	253	190	51
250×125×2 000×2	540	504	430	323	291	80
300×50×2 000×2	282	252	199	181	136	36
300×100×2 000×2	606	542	427	389	292	78
300×150×2 000×2	785	732	624	469	423	117
400×100×2 000×2.5	1 403	1 309	1 116	838	756	210
400×150×2 000×2.5	1 556	1 419	1 160	967	790	215
400×200×2 000×2.5	1 709	1 529	1 205	1 096	824	220
500×200×2 000×2.5	1 763	1 645	1 402	1 053	950	263
600×200×2 000×2.5	2 123	1 980	1 688	1 268	1 144	317
800×200×2 000×3	2 973	2 774	2 364	1 766	1 602	444

　　干线子系统水平信道一般采用预埋管或电缆桥架方式，电缆桥架指钢制带盖线槽，槽内底部有电缆支架（也可不要支架），线槽不打孔，具有屏蔽作用。

　　水平轻型桥架规格的选择可按上面表格（表 3-22）中的数据选择，如果有线电视和广播等其他弱电系统在桥架中走线应按照标准加大。对桥架的不同区段，也可在规格相差不大的情况下，选择同一规格桥架，这样便于采购。干线通道间应沟通。

　　垂直桥架的选择应该按照电缆绑扎布置计算考虑桥架规格，必须考虑接地汇流排和接地汇流导体的位置，便于今后应用中的接地使用与连接。

3.3.4 管线设计要求

1. 管线敷设最小弯曲半径

　　在设计管线时，除要考虑管道、线槽、桥架的容量外，还要考虑敷设的转弯半径，国标中对不同缆线的最小弯曲半径做了明确的规定，如表 3-23 所示。当缆线采用电缆桥架布放时，桥架内侧的弯曲半径应不小于 300mm。

项目 3　商务楼综合布线设计

表 3-23　管线敷设的弯曲半径

缆线类型	最小弯曲半径	参考值
2 芯或 4 芯水平光缆	25mm	25mm
其他芯数和主干光缆	光缆外径的 10 倍	—
4 对非屏蔽电缆	电缆外径的 4 倍	超 5 类 22mm，6 类 26mm
4 对屏蔽电缆	电缆外径的 8 倍	超 5 类 50mm，6 类 60mm
大对数主干电缆	电缆外径的 10 倍	—
在工作区信息盒内	25mm	25mm
室外光缆、电缆	光缆、电缆外径的 10 倍	

2. 工作区布线

工作区布线除信息插座至用户设备的线路（不属于综合布线设计内容）外，主要是信息插座和 CP 箱（点）。由于信息点在布线工程中一次安装到工作位，因此，要依据业主所提供的信息，尽可能安装在今后方便使用的位置，若暂不能确定位置，也要根据其他工程的经验尽量选择一个方便使用的位置。表 3-24 给出了工作区信息点在设计安装时的常见做法，可供设计时参考。

表 3-24　工作区信息点设计安装方式

模式	RJ-45 信息插座安装方式	特点和适用范围	可选用产品
1	沿墙布管，墙面暗盒安装	多数办公环境安装，简洁方便	6 类 RJ-45 插座屏蔽、非屏蔽模块，超 5 类 RJ-45 插座屏蔽、非屏蔽模块，各系列单、双位面板，单、双位斜角面板，地板插座，非屏蔽（屏蔽）RJ-45-RJ-45 跳线，光纤跳线参看产品样本
2	地面线管、地板线槽地面插座安装	适用于大开间办公人员密集的场所、会议室、演播厅、商场等应用位置和数量确定的场所	
3	中间配线架、多用户插座（集合点）二次装修后安装在新的隔断或地面	未知将来用途的出租场所，经常变更、用途不确定的场所	明装、安装中间配线箱
4	垂直管槽暗装、隔断安装方式	大开间办公室，二次装修，欠美观，较少选用	

3. 水平布线

水平布线指楼层配线架（FD）至信息点（TO）之间的布线，这部分布线用线量大，工程量大，一般采用桥架加管槽方式。表 3-25 给出了常用的布线模式，供设计时参考。

表 3-25　水平布线设计模式

模式	水平光/电缆安装模式	特点和适用范围	可选用产品
1	带盖桥架、沿墙布管	多数办公环境安装，简洁方便	万兆单、多模室内光缆室，内 4 对 6 类、超 5 类屏蔽（FTP）、非屏蔽（UTP）电缆（低烟无卤）
2	桥架、沿墙面地板线管、线槽	适用于大开间办公人员密集的场所、会议室、演播厅、商场等应用位置和数量确定的场所	
3	地板下线槽	计算机机房等特殊场所	
4	地板布管	独立小系统、家居布线	

4. 垂直布线

垂直布线部分是指楼层配线架（FD）至建筑物配线架（BD）之间的布线，一般采用光缆系统。若在信息点不多的工程中不设置楼层配线架（FD），则可将缆线从建筑物配线架（BD）直接连接至信息点（TO），此时垂直布线通常是4对双绞线电缆。垂直布线一般设置在弱电井中，若没有弱电井，则需要在通过楼层处加装防护设施。表3-26给出了常用的垂直布线模式，供设计时参考。

表3-26 垂直布线设计模式

模 式	水平光/电缆安装模式	特点和适用范围	可选用产品
1	垂直桥架、带盖桥架	多数工程选用，简洁方便，便于施工和运行管理	语音部分采用室内电话电缆，大对数3类、5类数据电缆；数据部分采用万兆单模、多模室内光缆（参见产品样本）
2	垂直线管	主干线缆较少，楼层数较少	
3	封闭竖井+裸梯架	带门独立竖井、独立机房内	

3.3.5 楼内水平和垂直管线设计

依据项目需求，本项目的设计原则是将楼内水平布线分为房间内和走廊两部分，走廊部分采用金属桥架，房间内部采用在墙、柱、楼板内布设金属暗管或地板线槽的敷设方式。需要进行二次装修的房间桥架引至CP点。除地下2层将缆线引入负1层电信间外，各层水平电缆引入位于电梯井边的弱电间，垂直管线采用在弱电井中安装垂直桥架的方式。

1. 水平管线设计

水平管线和桥架依据缆线数量确定规格和数量，并表示在图纸上。本项目附图中给出了部分楼层的综合布线平面图（图3-14～图3-23），其余图纸由老师组织学生分组完成。

2. 垂直管线设计

垂直管线是将各层连接起来的通道，在该项目中，从各层设备间引出的光缆和大对数通信电缆，通过位于楼层设备间的弱电井连接到2层机房。各层垂直部分缆线数量和桥架规格如表3-27所示。

表3-27 各层垂直部分缆线数量和桥架规格

楼层	光缆（根）	5对5类UTP（根）	桥架	层高（m）
28层	1	2	200×100*	3.35
27层	2	8	200×100*	3.35
26层	3	14	200×100*	3.35
25层	4	20	200×100	3.35
24层	5	26	200×100	3.35
23层	6	32	200×100	3.35
22层	7	38	200×100	3.35

续表

楼层	光缆（根）	5对5类UTP（根）	桥架	层高（m）
21层	8	44	300×100	3.35
20层	9	50	300×100	3.35
19层	10	56	300×100	3.35
18层	11	61	300×100	3.35
17层	12	66	400×200	3.35
16层	13	71	400×200	3.35
15层	14	76	400×200	3.35
14层	15	81	400×200	3.35
13层	16	86	400×200	3.35
12层	17	91	400×200	3.35
11层	18	96	400×200	3.35
10层	19	102	400×200	3.35
9层	20	108	400×200	3.35
8层	21	114	400×200	3.35
7层	22	120	400×200	3.35
6层	23	126	400×200	3.35
5层	24	132	400×200	3.35
4层	25	138	400×200	3.35
3层	26	144	400×200	3.35
2层	27	158+2×HYA500	400×200	3.35
1层	3	3+2×HYA500	200×100	4.8
地下1层	2+8根UTP.C6	1+2×HYA500	200×100	2.4
地下2层	8根UTP.C6	0	50×50	2.4

注：为减少采购型号，采用较大规格桥架。

实训1 某商务楼布线设计

参照本项目中前面已经完成的设计，按照下列要求完成本项目商务楼综合布线设计的其余部分。

（1）完成商务楼各层信息点统计表。
（2）将本商务楼各层系统图组合成全楼完整的系统图（AutoCAD图）。
（3）完成本商务楼第11～28层的管线设计图。

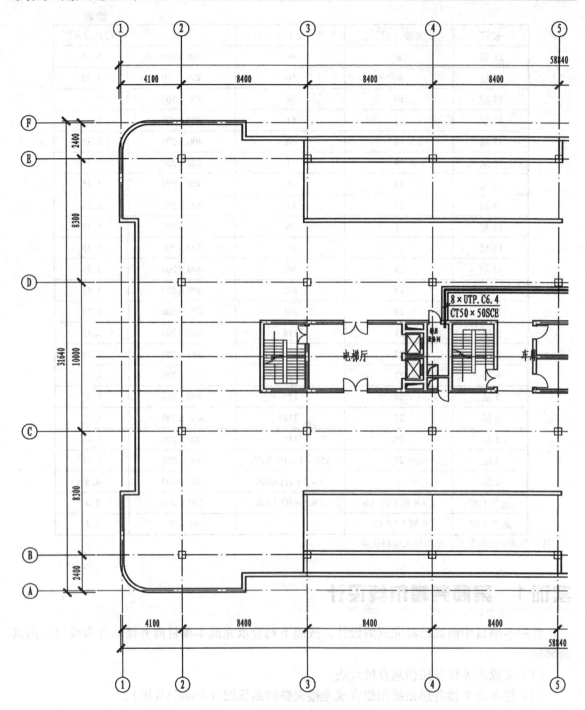

图 3-14 商务办公楼地下 2 层

项目 3 商务楼综合布线设计

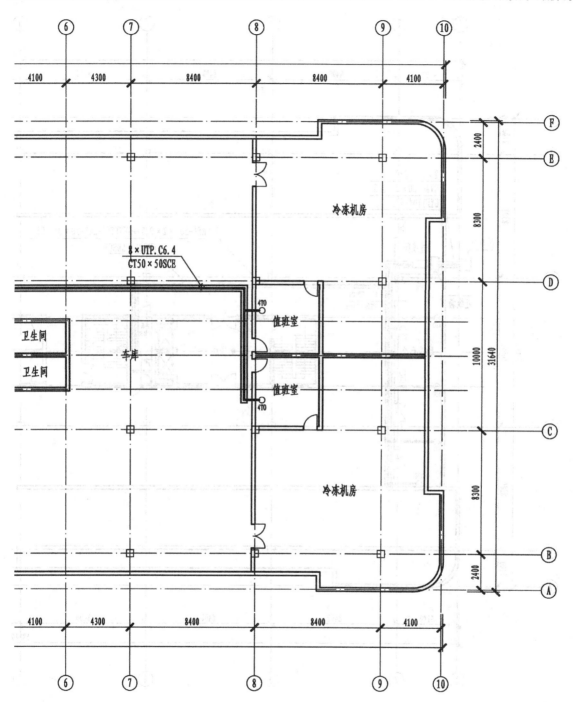

综合布线平面图（1:100）

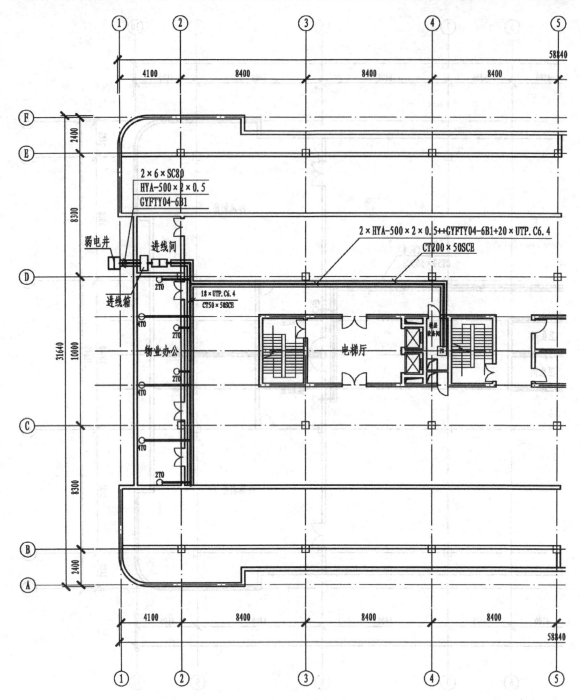

图 3-15 商务办公楼地下 1 层

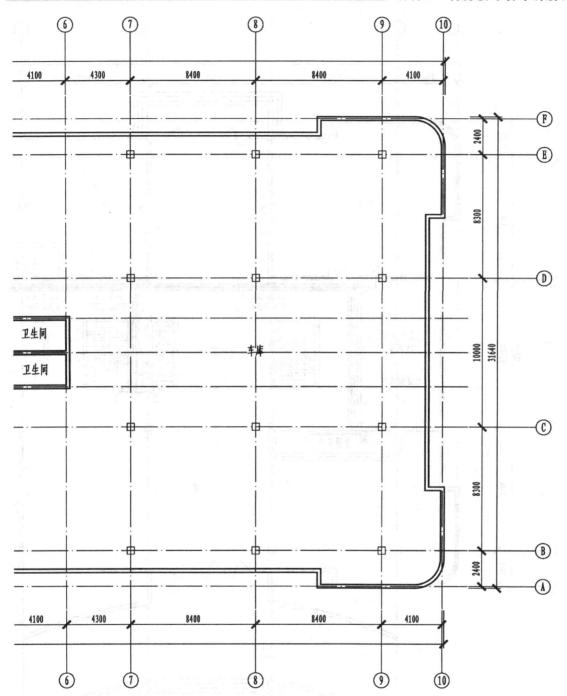

综合布线平面图（1:100）

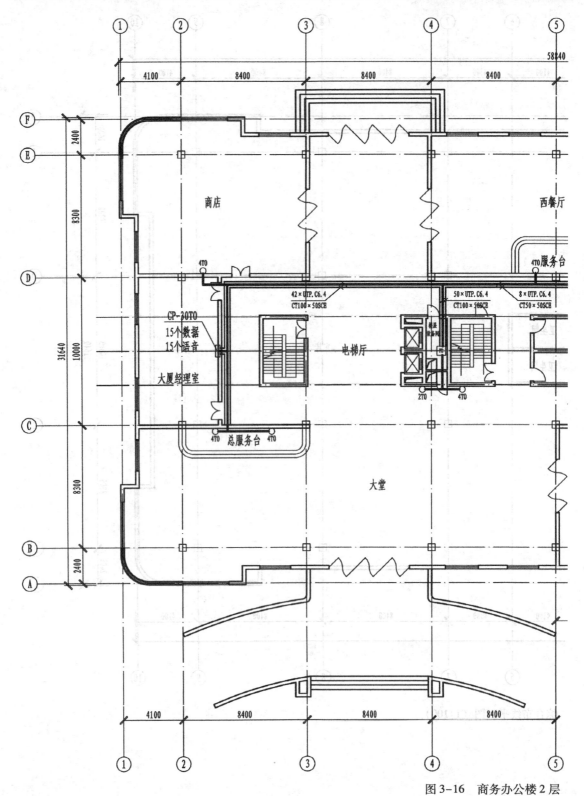

图 3-16 商务办公楼 2 层

项目3 商务楼综合布线设计

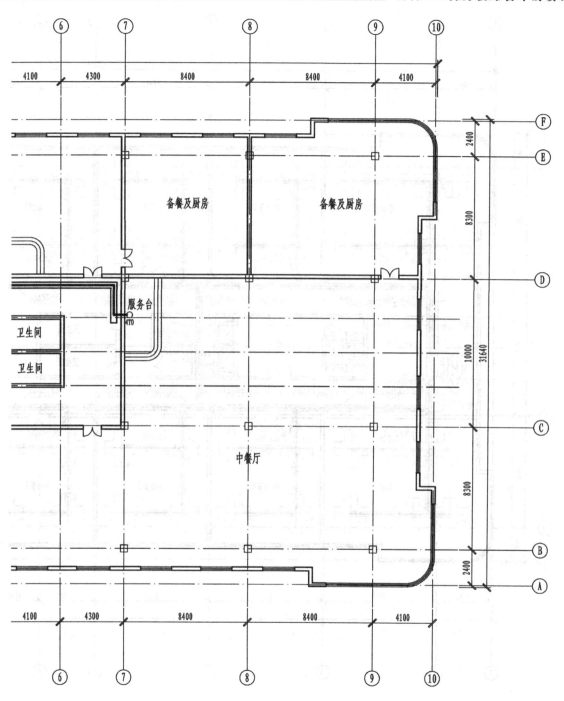

综合布线平面图（1:100）

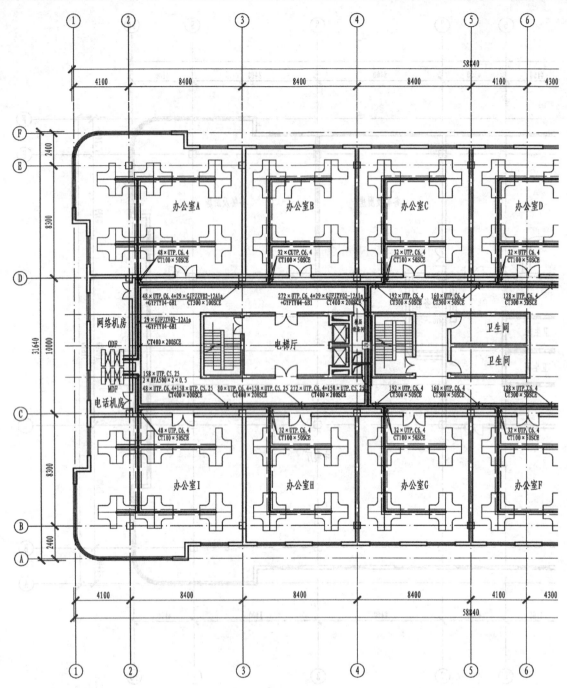

图 3-17 商务办公楼 2 层

项目3 商务楼综合布线设计

办公室信息插座一览表

办公室编号	信息插座数量（个）	
	支持语音	支持数据
A, I	24×2	24×2
B, C, D, F, G, H	16×6	16×6
E	128	128
合计	272	272

说 明

1. 办公室内采用地板线槽，缆线由地板线槽引至地板信息插座。
2. 走廊中吊顶内敷设的桥架通过各办公室内沿墙敷设的线槽与地板线槽连接。
3. 各办公室每个工位配置2TO供数据、语音使用，至少两个220V10A交流电源插座同时敷设，线槽须要单独敷设，也可以使用带隔板的双线线槽同时敷设。
4. 办公室A, I按24个工位计算，办公室B, C, D, F, G, H按16个工位计算，办公室E按128工位计算。在实际安放办公家具时，多出的线可做备用线使用。

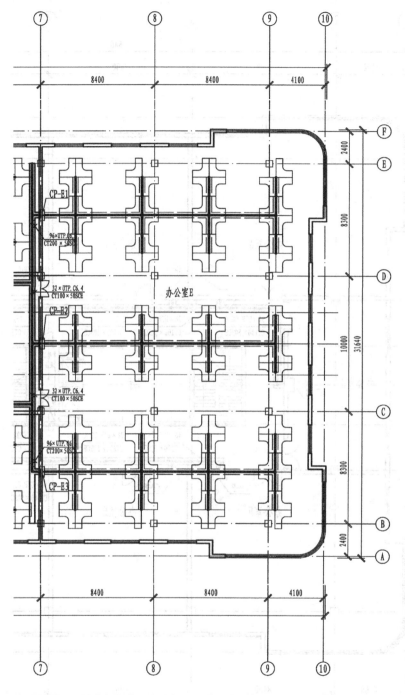

综合布线平面图（1∶100）

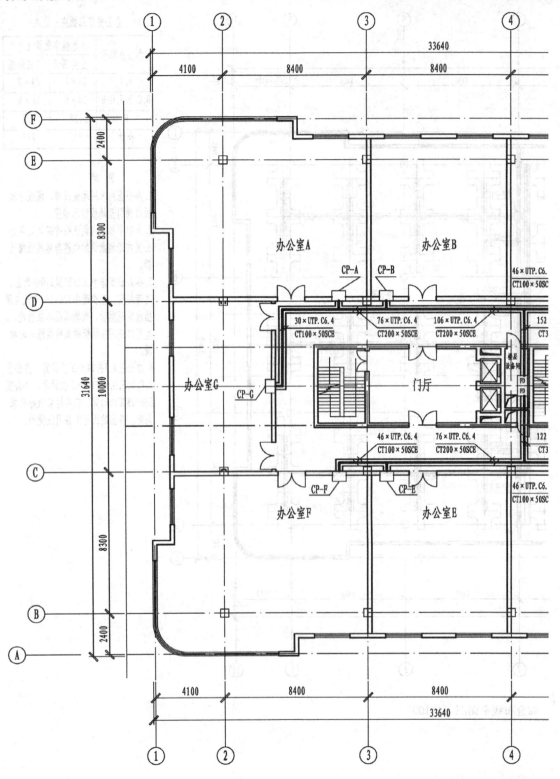

图 3-18 商务办公楼 3～10 层

项目3 商务楼综合布线设计

办公室信息插座一览表

办公室编号	信息插座数量（个）	
	支持语音	支持数据
A	23	23
B	15	15
C	23	23
D	23	23
E	15	15
F	23	23
G	15	15
合计	137	137

说 明

1. 本层办公室需进行二次装修。
2. 各CP箱安装在墙上，其底部离地面的高度不宜小于300mm。
3. 办公室C、D距层配线间距离如小于15m时，FD至CP-C、D间的电缆在布放时应在路由器中加以盘留，以保证不小于15m。

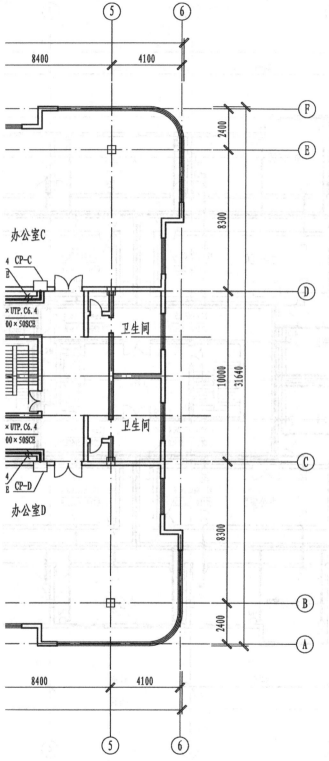

综合布线平面图（1:100）

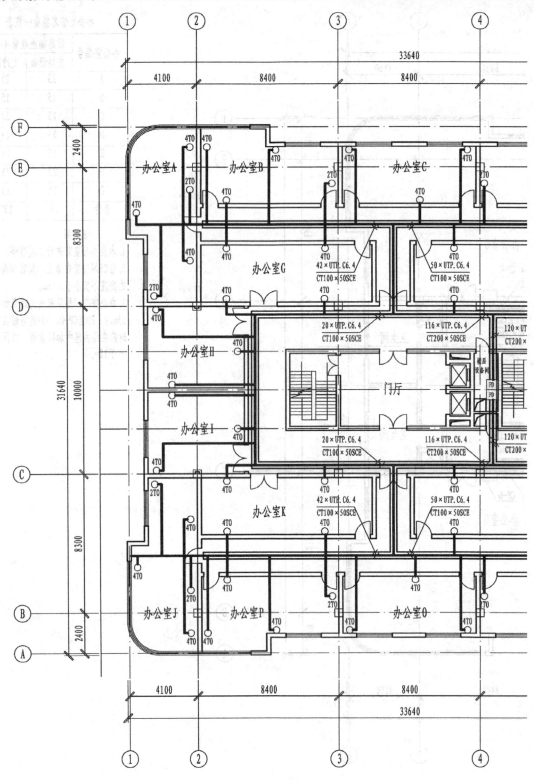

图3-19 商务办公楼11～18层

项目3 商务楼综合布线设计

办公室信息插座一览表

办公室编号	信息插座数量（个）	
	支持语音	支持数据
A	8	8
B	7	7
C	6	6
D	7	7
E	8	8
F	10	10
G	8	8
H	6	6
I	6	6
J	8	8
K	8	8
L	10	10
M	8	8
N	7	7
O	6	6
P	7	7
合计	120	120

说 明

(1) 2根4对双绞线穿SC20钢管暗敷在墙内或吊顶内。

(2) 4根4对双绞线穿SC25钢管暗敷在墙内或吊顶内。

综合布线平面图（1:100）

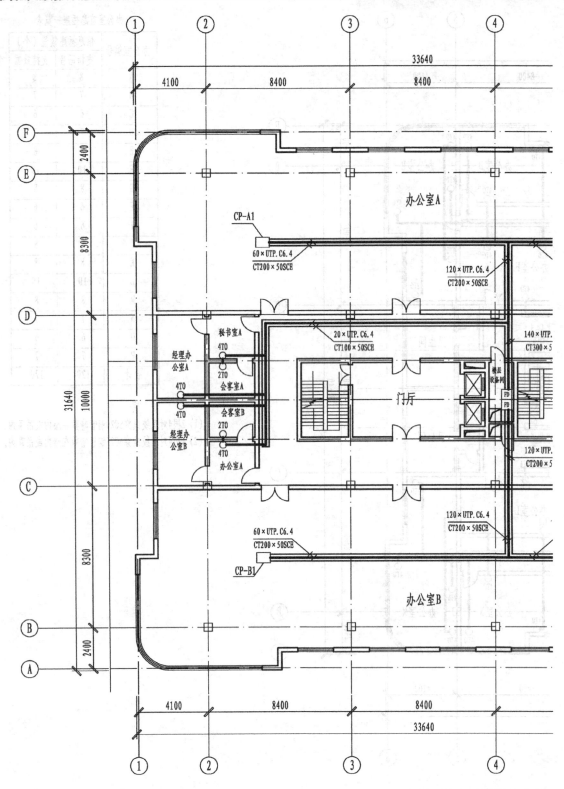

图 3-20 商务办公楼 19～24 层

项目 3　商务楼综合布线设计

办公室信息插座一览表

办公室编号	信息插座数量（个）	
	支持语音	支持数据
A	60	60
B	60	60
经理办公室A	2	2
经理办公室B	2	2
秘书室A	2	2
秘书室B	2	2
会客室A	1	1
会客室B	1	1
合计	130	130

说　明

1. 本层办公室需进行二次装修。
2. 各CP箱安装在吊顶内，在CP箱吊顶附近需留检修孔。
3. 各CP箱距层配线箱不应小于15m。
4. 每个CP点配置60个信息点，其中30个数据点，30个语音点。

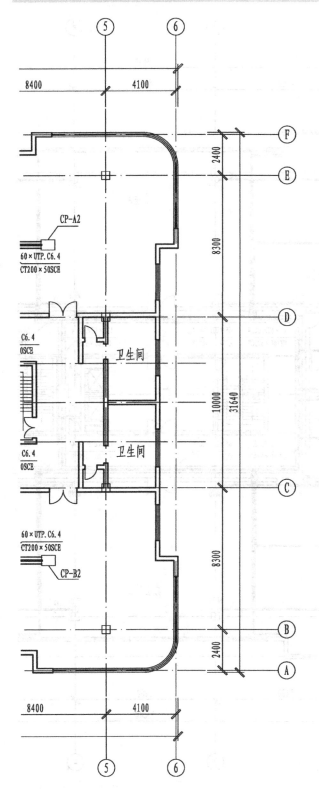

综合布线平面图（1:100）

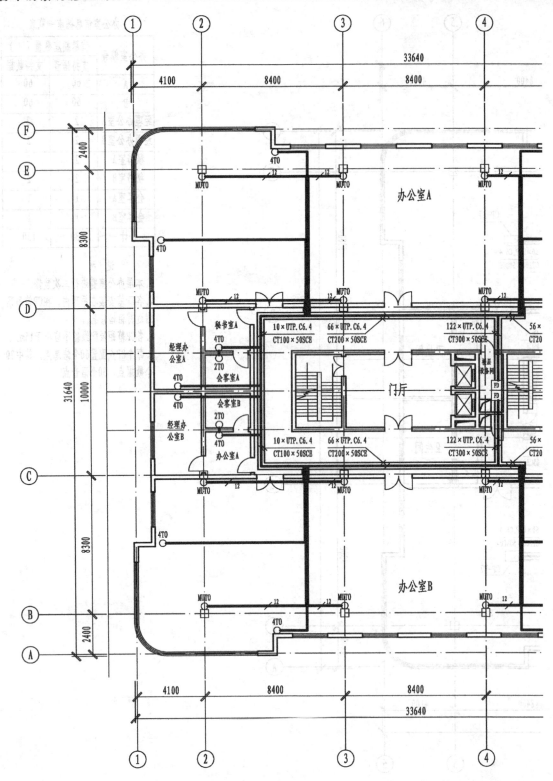

图3-21 商务办公楼25～27层

项目3 商务楼综合布线设计

办公室信息插座一览表

办公室编号	信息插座数量（个）	
	支持语音	支持数据
办公室A	56	56
办公室B	56	56
经理办公室A	2	2
经理办公室B	2	2
秘书室A	2	2
秘书室B	2	2
会客室A	1	1
会客室B	1	1
合计	122	122

说 明

1. 本层使用12孔多用户插座。
2. ─╱¹² 表示12根4对双绞线穿管暗敷在墙、柱或吊顶内。
3. 12孔多用户插座暗装在柱上预留处有困难时可移至墙面。

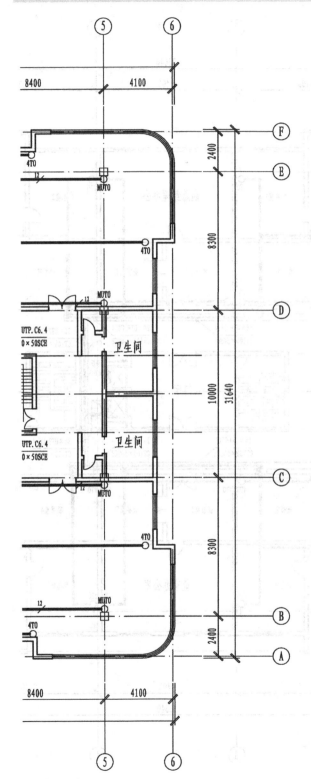

综合布线平面图（1:100）

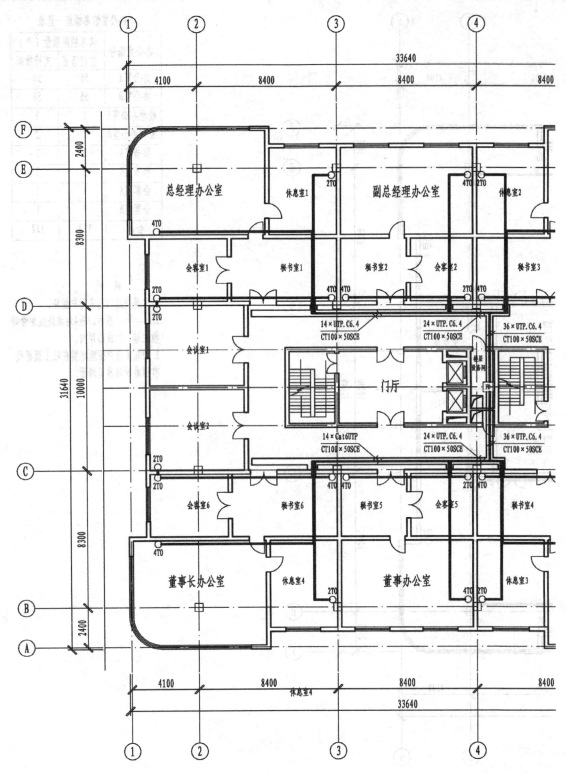

图 3-22 商务办公楼 28 层

项目3 商务楼综合布线设计

办公室信息插座一览表

办公室编号	数量	信息插座数量（个）	
		支持语音	支持数据
办公室	6	12	12
秘书室	6	12	12
休息室	4	4	4
会客室	6	6	6
会议室	2	2	2
合计		36	36

说　明
1. 本层信息点按业主要求配置。
2. 为董事长办公室、副董事长办公室、总经理办公室、副总经理办公室提供四个信息插座，其中两个信息插座提供语音。
3. 为秘书室提供四个插座。
4. 为会客室、休息室会议室提供两个信息插座。
5. 缆线穿管沿吊顶、墙引至信息插座。

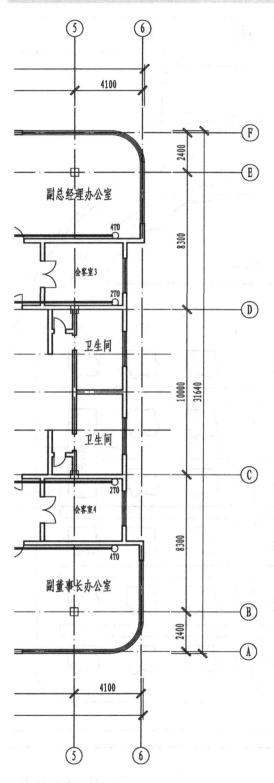

综合布线平面图（1:100）

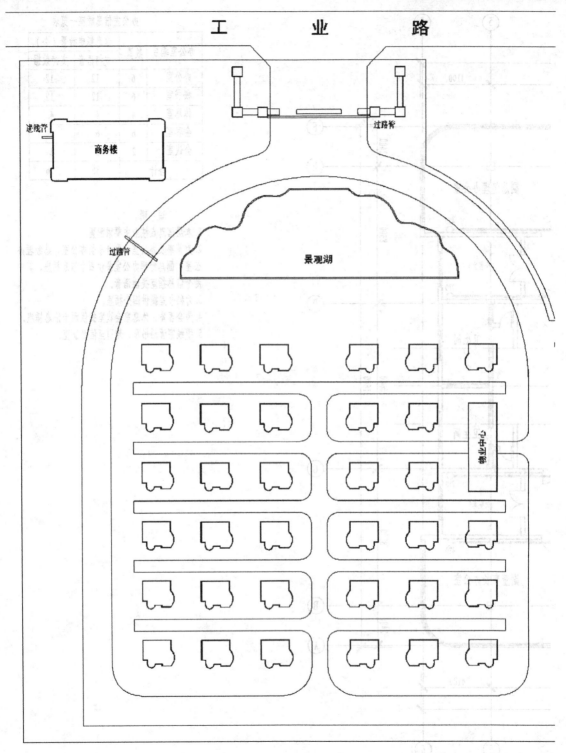

图 3-23 ×××园区

项目3 商务楼综合布线设计

商业区（园区外部）

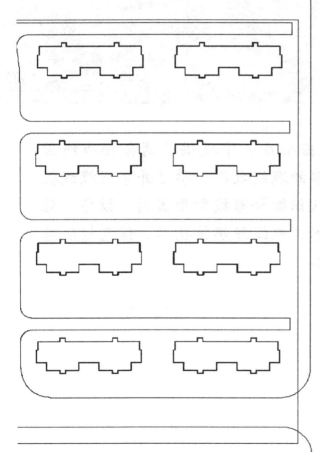

规划说明

1. 通信中心及主要弱电设备设置在物业中心一层。电话电缆结合实际情况选择电缆线对。

2. 在东大门入口处引入电话及宽带等弱电主干线入物业楼一层。

3. 规划室外各种弱电线路为同一管位，选用7孔PVC梅花管（孔径为32mm）直埋敷设，并排敷设100mm波纹管一根，穿越道路处需加钢套管。正常路段最小覆上不小于0.8m，特殊地段无法满足时应采取必要的保护措施。

4. 光缆、电缆通过进线管进入室内，室内桥架、管道由建设单位施工。

规划图-通信（1∶1 000）

项目 4
室内缆线的敷设

　　本项目学习内容是依据项目 3 中提供的商务楼布线设计，学习建筑物内通信线路的缆线敷设。学习并掌握缆线敷设质量要求与施工方法，认识综合布线所用器材、设备、施工器具；学习缆线敷设技术、配线架端接技术、信息模块端接技术，了解光纤熔接技术。

项目4 室内缆线的敷设

任务4.1 施工准备

施工准备工作是保证综合布线工程顺利进行,全面完成各项技术指标的重要前提,是一项有计划、有步骤、分阶段的工作。准备工作不仅在施工前,而且贯穿于施工全过程。

施工准备的内容较多,但就其工作范围而言,一般可分为阶段性施工准备和作业条件的施工准备。所谓阶段性施工准备,是指工程施工之前针对工程所做的准备工作,包括组织准备和技术准备两方面的内容;组织准备涉及管理队伍组成、各项管理措施和监理措施等内容。技术措施包括熟悉工程资料、编制施工方案、检查施工环境和准备施工器材等内容。所谓作业条件的施工准备,是为某一施工阶段、某一部分工程或某个施工环节所做的准备工作,它是局部性的、经常性的施工准备工作。

4.1.1 组建施工团队

综合布线系统的工程组织和工程实施时间性很强,要求施工单位具有工程组织能力、工程实施能力和工程管理能力,在施工中能控制和解决管理、技术和质量中出现的各种问题。建立规范的组织机构是保证工程顺利进行的重要条件,这一点通常在业主的招标文件中会专门提出。

工程管理需完成从技术与施工设计、设备供货、安装调试验收至交付的全方位服务,并能在进度、投资上进行有效监管。工程实践证明,组织好布线系统工程的施工,不仅要对弱电系统和技术了如指掌,熟悉与建筑物相关的各种规范,还要加强与工程设计部门的联系。在施工过程中还要与建设项目的其他承建单位部门(如机电、土建、装修等)协调工作。

1. 施工管理机构

综合布线系统工程的施工及管理工作,具有任务细节繁杂、技术性强的特点,其设计与施工的相互融合相比其他工程更为紧密,施工方同时也是设计方的情况较为普遍,因此,工程管理多采用设计管理和现场施工管理相结合的模式。

针对综合布线工程的施工特点,施工单位要制订一整套规范的人员配备计划。在工程施工进度确定之后,按进度要求投入人员配备。通常实行项目经理责任制管理模式,配备必要数量的技术经理、物料(施工材料与器材)员、施工经理,担任管理监督职能,在具体施工中可分为若干职能小组并行施工。图4-1所示的项目施工组织机构可供参考。

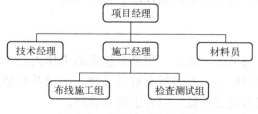

图4-1 项目施工组织机构

2. 管理人员组成

施工团队通常由工程项目经理负责，配备技术人员、物料管理人员、施工负责人、安全负责人等分项负责的工程管理团队。为了加强工程领导力量，工程应由具备较丰富工程管理经验的工程师任项目负责人，同时配备有现场施工经验和管理能力的工程师担任现场施工负责人。表4-1是一个参考性人事安排，实际的工程项目施工组织由施工单位根据自己的情况组建。

表4-1 项目施工人员组成

项目经理部		
项目管理人员组成	所在部门	联系电话
工程主管		
项目经理		
技术负责人		
质量安全负责人		
材料供应负责人		
施工负责人		
动力维修负责人		
工程资料员		
布线组人员组成		
测试组人员组成		
设备调试组人员组成		

4.1.2 制定管理措施

现场施工主要有施工管理、技术管理、质量管理、安全管理等内容。施工管理包括施工进度管理和施工组织管理，相应地应该做好以下几方面的工作。

1. 现场人员管理

制定施工人员档案。每名施工人员，包括分包商的工作人员，均须经项目经理审定具有合适的身份证明文件和相关经验，并将所有资料整理、记录及归档。所有施工人员在施工场地内，均须携带现场施工有效工作证，以备识别和管理。

所有需进入施工场地的员工，必须参加由工地安全负责人安排的安全守则课程。所有施工人员均须遵守制定的安全规定，若有违规者可给予相应处理。当有关员工离职时，即时回

项目 4　室内缆线的敷设

收其工作证，更新人员档案并上报建设方相关人员。

2. 安全保障措施

为了确保安全，施工人员进入施工现场必须严格遵守安全生产纪律，严格执行安全生产规程。施工作业时必须正确穿戴个人防护用品（如安全帽等），严禁私自用火，严禁酒后操作。施工人员到现场施工，应采取必要的防盗措施。

现场的临时用电，要遵循有关安全用电规定，服从现场建设单位代表的管理。脚手架搭设要有严格的交接和验收制度，未经验收的不得使用。在高空、钢筋、结构上作业时，一定要穿防滑鞋。使用电动机具时应穿绝缘鞋，戴绝缘手套。

施工班组要认真做好安全上岗组织活动及记录。严格执行操作规程，对违章作业指令予以拒绝，并制止他人违章作业。

3. 组织管理措施

进场施工前，施工方案要经项目技术组组长审核，经建设方和监理负责人复审，建设方技术监管认可后才能生效并执行。施工前应由施工方案编制人向全体施工人员、质检人员和安全人员进行交底（讲解）。按施工进度计划设计安排工期，明确委派每一位人员的责任，做到无施工方案不施工、有方案工作任务未交底不施工。

项目经理负责方案的贯彻，各级技术人员应严格执行方案的各项要求，在方案下达后，各级技术人员必须严肃认真地贯彻执行，未经批准的方案不得执行。若因施工条件变化，方案难以执行，或方案内容不切合实际之处，应逐级上报，经变更签证后，方准执行新规定。工程竣工后，应认真进行总结，向公司提交方案实施的书面文件。

施工组主管应每日巡查施工场地，检查施工人员的工作操守，记录当天施工进度并及时归档，以确保工程的正常运行及进度。

4. 文档管理措施

现场施工管理文件对工程验收、履行合同、追加投资都具有重要意义，对涉及的文档要注意收集保存。现场施工管理文件主要有工程概况资料、工程图纸、施工方案与安全措施等。

工程概况资料主要包括：工程的名称、范围、地点、规模、特点、主要技术参数，工期要求及投资等。工程图纸主要包括：信息点平面布置图、弱电管道、施工准备及其技术要求等。

施工方案资料主要有：施工方法图、工序图、施工计划网络图；施工技术要求与技术措施；现场技术安全交底会议记录，现场协调、现场变更文件、现场材料质量签证、现场工程验收单等。

4.1.3　施工技术准备

由于综合布线施工一般工期较短，为保障工程进展顺利，施工技术准备应从熟悉工程资料、编制施工方案、检查施工环境、施工器材准备几个方面入手。

1. 熟悉工程设计资料

施工技术准备的第一项工作是熟悉、会审图纸。图纸是工程的语言、施工的依据。开工前，施工人员首先应熟悉施工图纸，了解设计内容及设计意图，明确工程所采用的设备和材料，明确图纸所提出的施工要求，明确综合布线工程和主体工程及其他安装工程的交叉配合，以便及早采取措施，确保在施工过程中不破坏建筑物的强度，不破坏建筑物的美观，不与其他工程发生位置冲突。

其次是熟悉与工程相关的其他技术资料，如施工及验收报告、技术规程、质量检验评定标准及制造厂商提供的资料，即安装使用说明书、产品合格证、实验记录数据等。

1）图纸会审

图纸会审是指工程各参建单位（建设单位、监理单位、施工单位）在收到设计院的施工图设计文件后，对图纸进行全面细致的熟悉，审查出施工图中存在的问题及不合理情况，并提交设计院进行处理的一项重要活动。图纸会审由建设单位组织并记录。通过图纸会审可以使各参建单位特别是施工单位熟悉设计图纸、领会设计意图、掌握工程特点及难点，找出需要解决的技术难题并拟订解决方案，从而将因设计缺陷而存在的问题消灭在施工之前。

图纸会审是一项极其严肃和重要的技术工作，应有组织、有领导、有步骤地进行，并按照工程进展，定期分级组织会审工作。综合布线图纸会审涉及的主要内容有：

（1）图纸是否经设计单位正式签署；

（2）设计图纸与说明是否齐全，有无分期供图的时间表；

（3）几个设计单位共同设计的图纸相互间有无矛盾，专业图纸之间有无矛盾，施工图的几何尺寸、平面位置、标高等是否一致；

（4）材料来源有无保证，能否代换，新材料、新技术的应用有无问题；

（5）建筑结构是否存在不能施工、不便于施工的技术问题，或容易导致质量、安全、工程费用增加等方面的问题；

（6）工艺管道、电气线路、设备装置布置是否合理，是否满足设计功能要求，预埋管、件是否表示清楚；

（7）施工安全、环境卫生有无保证。

图纸会审工作应由建设方和施工方提出问题，设计人员解答。对于涉及面广、设计人员一方不能定案的问题，应由建设单位和施工单位共同协商解决办法。会审结果应形成纪要，由建设单位、施工单位、监理单位三方共同签字，并分发下去，作为施工技术存档。

2）技术交底

技术交底包括各分系统承包商、机电设备供应及安装商、监理公司之间，以及综合布线项目组内部到施工班组的交底工作，它们应分级、分层次进行。

综合布线项目组内部的技术交底工作，其目的一是为了明确所承担施工任务的特点、技术质量要求、系统的划分、施工工艺、施工要点和注意事项等，做到心中有数，以利于有计划、有组织、多快好省地完成任务，项目组长可以进一步帮助技术员理解消化图纸；二是对工程技术的具体要求、安全措施、施工程序、配制的工机具等进行详细的说明，使责任明

项目 4 室内缆线的敷设

确,各负其责;三是对施工中采用的新技术、新工艺、新设备、新材料的性能和操作使用方法进行说明。

2. 编制施工方案

为了保质、保量、保工期、安全地完成工程任务,根据总工期要求,制订施工总进度控制计划,并在总进度计划的前提下制订出月计划、旬计划、周计划及每天的施工计划,目标层层分解,责任到人。

施工方案要按照工程进度充分备足每一阶段的物料,制订施工时间表,安排好库存及运输,以保证施工工程中的物料供应。综合布线工程有时会与土建工程在时间进度上交叉,要关注土建工程、机电安装、装饰装修的时间进度,协调进度,避免返工和重复施工。

1)制订施工进度计划

施工进度计划是施工方案的核心内容之一,制订合理可行的进度计划是保障工程如期完成的必要条件。制订合理的施工计划既需要有一定的工程经验,又需要在执行过程中依据现场条件适当做出调整或增减人员。表 4-2 所示为某项目的施工进度计划表,可供参考。

表 4-2 施工进度计划表

	项 目	时间(天/周)									
		1	2	3	4	5	6	7	8	9	10
1	合同签订										
2	图纸会审										
3	设备订购与检验										
4	主干线槽管架设及光缆敷设										
5	水平线槽管架设及线缆敷设										
6	机柜安装										
7	光缆端接及配线架安装										
8	内部测试及调整										
9	组织验收										
	说明										

接下来是编制施工方案。在全面熟悉施工图纸的基础上,依据图纸并根据施工现场情况、技术力量及技术装备情况,综合编制出合理的施工方案。

2)制定保证措施

针对施工方案的各个环节,应从工程质量、成本控制和文档资料收集整理等方面制定保障措施。为确保施工质量,在施工过程中,项目经理、技术主管、质检师、建设单位代表、监理工程师要共同按照施工设计规定、设计图纸要求对施工质量进行检查。

在严把质量检验关的同时,还要在施工队伍中开展全面质量管理基础知识教育,努力提高职工的质量意识,实行质量目标管理。在施工过程中,要认真落实技术岗位责任制和技术交底制度,每道工序在施工前进行技术、工序、质量交底。认真做好施工记录,定期检查质

量和相应的资料，保证资料的鉴定、收集、整理、审核与工程同步。

施工方应根据工程合同承诺为建设单位提供维修、维护服务。保修期为一年，由竣工验收之日起计，签发"综合布线系统工程保修书"和"安装工程质量维修通知书"。质保期满后，施工单位提交一式三份年鉴报告，建设单位签字后，证明质保期满。

3. 检查施工环境

在综合布线施工过程中，既要注意安全，又要保质保量。各工种之间的紧密配合对综合布线工程进度、工程造价和工程质量等都有直接影响。因此，在施工前应对工地现场进行认真检查，了解施工进度，与建设方协商进场时间，确保工程顺利进行。

1）检查主体工程

综合布线施工前，要对施工楼宇进行施工环境检查，了解施工现场情况。如各暗配管工程、线盒、孔洞是否预留到位，了解桥架安装情况，摸清线路路由走向和管线施工质量，为计算线路长度和穿线施工做好准备，必要时要与建设方协商增加或调整桥架或管槽。

在需要穿墙或打洞的位置，以及固定件的安装，要与装修施工协调进度，这样，不但能提高安装质量，保证美观，而且能加快施工进度，提高工作效率，保证施工过程的安全。

2）水电设备安装工程

综合布线的施工时期，一般也是水电设备的安装阶段，与综合布线工程交叉作业较多的包括给排水、采暖通风和电气安装、装修等专业。在施工中，如果某一专业的施工只考虑本专业或工种的进度，势必影响综合布线的施工，有时虽然受其他工种的影响不大而能完成任务，但会造成经济或质量上的损失。所以在施工准备阶段要就可能的影响向建设方提出，请示其他工种配合。

对户外光纤敷设工程，开工前应会同土建施工技术人员共同核对土建、燃气系统、给排水系统、消防系统和综合布线施工图纸，了解有关管线槽的埋设位置和数量，在不影响使用的条件下准确地定位，合理地排出施工位置，以防遗漏和发生差错。

3）检查设备间和配线间

在设备间、配线间施工前要检查房间的面积是否符合设计要求；门的高度和宽度应不防碍设备和器材搬运，房间门应向走道开启；预留地槽、暗管、孔洞的位置、数量、尺寸是否符合设计要求；电源是否到位、合规。

设备间墙面应使用浅色不易起灰的涂料或无光油漆，地面应平整、光洁，满足防尘、绝缘、耐磨、防火、防静电、防酸等要求。如果安装活动地板，则应符合 GB6650—1986《计算机机房用活动地板技术条件》，地板板块敷设应严密牢固，每平方米水平允许偏差小于 2mm，地板支柱牢固，活动地板防静电措施的接地应符合设计和产品说明要求。

4. 施工器材准备

在综合布线工程中，材料成本占整个工程成本的比重最大，一般可达 70% 左右。组成工程成本的材料包括主要材料和辅助材料，主要材料是指构成工程的主要材料，如光缆、UTP 线缆、接插件等，辅助材料如 PVC 线槽/线管、水泥等。

1）检查双绞电缆

在布线施工前，对购进的双绞电缆、光缆的检验应从以下几个方面进行。

第一是外观检查，外观检查要查看标识文字，确认生产厂商、产品型号规格、认证、长度、生产日期等。双绞线通常以305m为单位包装成箱（线轴），也有按1 500m长度包装成箱的。正品印刷的字符非常清晰、圆滑，基本上没有锯齿状。

第二是内部检查，内部检查要查看线对色标、绕度。线对中白色的那条不应是纯白的，而是带有与之成对的那条芯线颜色的花白，这主要是为了方便用户使用时区别线对。双绞线的每对线都绞合在一起，正品线缆绕线密度适中均匀，方向是沿逆时针，且各线对绕线密度不一。检查双绞电缆的另一种方法是与招标投标阶段的厂商样品对比，检查样品与批量产品品质是否一致。

第三是材质检查，双绞线电缆使用铜线做导线芯，线缆质地比较软，便于施工中的小角度弯曲。合格的双绞线，在35℃～40℃时塑料包皮不会变软。如果订购的是低烟无卤型（LSOH）或低烟无卤阻燃型（LSHF - FR）双绞线，在燃烧过程中，合格品双绞线释放的烟雾低，阻燃型火焰会自动熄灭，并且有毒卤素也低。有条件的要抽测线缆的性能指标。

2）辅助材料准备

辅助材料往往种类繁多，所以合理安排材料进出场的时间会减小资金压力，降低二次搬运费的产生概率。各种金属材料如钢材和铁件的材质、规格应符合设计文件的规定；表面所做防锈处理应光洁良好，无脱落和气泡现象；不得有歪斜、扭曲、飞刺、断裂和破损等缺陷。

各种管材的管身和管口不得变形，接续配件齐全有效。各种管材（如钢管、硬质PVC管等）内壁应光滑、无节疤、无裂缝；材质、规格、型号及孔径壁厚应符合设计文件的规定和质量标准。

材料到货后要开箱抽检，将已到施工现场的设备、材料做直观上的外观检查，保证无外伤损坏、无缺件。清点备件，核对设备、材料、电缆、电线、备件的型号规格和数量是否符合施工设计文件及清单的要求，并及时如实填写开箱检查报告。材料管理员应填写材料库存统计表和材料入库登记表，表4-3和表4-4所示的格式可供参考。

表4-3 材料库存统计表

序号	材料名称	型 号	单 位	数 量	备 注
1					
2					
审核：		统计：			日期：

表4-4 材料入库登记表

序号	材料名称	型 号	单 位	数 量	备 注
1					
2					
审核：		统计：			日期：

工程领用材料需要填写材料领用表，如表4-5所示，经项目经理审批后仓管方可发货，并填写领料表。

表 4-5 工程材料领用表

序号	材料名称	型号	单位	数量	备注
1					
2					
审核：		领用人：		日期：	

3）施工仪器准备

由于工程施工需要，施工时会有许多施工机具、测试仪器等设备或工具，这些机具仪器也是提高工程效率、降低成本的有效措施，在准备阶段应落实仪器设备的采购和租借工作，并建立相应的使用管理制度，减少故障与损坏，保障工程顺利进行。表 4-6 所示是一份仪器设备使用登记表，可供参考。

表 4-6 仪器设备使用登记表

借用人		部门					
序号	设备名称	规格型号		单位	数量	借用时间	归还时间
1							
2							
3							
4							
5							
6							
审批人		借用人签字					

任务4.2 管线施工

对于新建建筑，管线工程一般是在土建工程和设备安装工程中由建设方完成的，综合布线施工通常在设备安装工程之后进行，也有与设备安装工程并行施工的；对于改造建筑，通常管线工程也由布线施工方承担。不论哪种情况，布线施工方都要对管线系统进行了解，评判是否符合布线要求，一般还会进行一些补充施工。因此对于管线工程的施工要求与施工方法也有必要掌握，本任务将介绍管线施工的要求与方法。

4.2.1 桥架安装施工

桥架的安装主要分为以下几种：沿顶板安装、沿墙水平和垂直安装、沿竖井安装、沿地面安装、沿电缆沟及管道支架安装等。安装所用支（吊）架可选用成品或自制。支（吊）架的固定方式主要有在预埋铁件上焊接、采用膨胀螺栓固定等。

1. 桥架安装要求

电缆桥架（托盘）水平安装时的距地高度一般要高于 2.50m，垂直安装时距地 2m 以下部分应加金属盖板保护，但敷设在电气专用房间（如配电室、电气竖井、技术层等）内时除外，如图4-2所示。

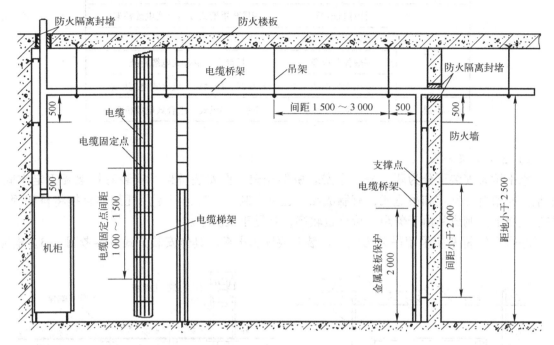

图4-2 桥架安装示意图

桥架应可靠地紧固在支架上，不得有明显的扭曲或向一边倾斜。严禁将桥架直接点焊在金属结构上。

弱电桥架有防磁干扰要求，全线内的盖板覆盖应保持畅通，不得在转弯或立上、立下处中断。盖板应卡接严密，不得有虚盖或扭曲、变形现象，卡锁可靠。全封闭式桥架的终端应配用相应断面尺寸的封堵。

金属电缆桥架及其支架和引入或引出的金属电缆导管必须可靠接地（PN）或接零（PEN）。金属电缆桥架及其支架全长应不少于2处与接地（PE）或接零（PEN）干线相连接。接地线过伸缩缝应留有余量（作Ω形），每隔30～50m作一次电气连接。

2. 电缆桥架安装

电缆桥架由托盘和支架两部分组成。支架是支撑托盘的主要部件，它由立柱、立柱底座、吊杆、托臂等组成。电缆桥架在建筑物内安装，可水平、垂直敷设；可转角、以T字形分支；可调宽、调高、变径。

安装形式可采用悬吊式、直立式、侧壁式，也可安装成单边、双边和多层等。大型多层桥架吊装或立装时，要尽量采取双边敷设，避免偏载过大。

电缆桥架上的敷设层次应是弱电流控制电缆在最上层，接着是一般控制电缆，低压动力电缆、高压动力电缆依次往下排，如表4-7所示。这种排列有利于屏蔽干扰、使电力电缆冷却，方便施工。

表 4-7 电缆桥架的排列顺序及所采用的桥架形式

层次	电缆用途	采用的电缆桥架形式
上层	计算机电缆	带屏蔽罩槽式或组合式电缆桥架
	屏蔽控制电缆	同上
	一般控制电缆	托盘式、组合式电缆桥架
	低压动力电缆	梯级式、托盘式、组合式电缆桥架
下层	高压动力电缆	带护罩梯级式、组合式电缆桥架

1) 水平桥架安装

水平桥架安装可分为两部分,先安装桥架托架,再安装桥架。安装时托架要固定牢固、平整。托架有托臂式和吊篮式,有制成品,也可自制。有时也可不用托架而直接将桥架固定在建筑物上。制成品由于美观,价格也较高,常见于机房中。

综合布线桥架多采用吊装方法,吊装时要锚固牢靠。具体安装方式可参考图 4-3。电缆

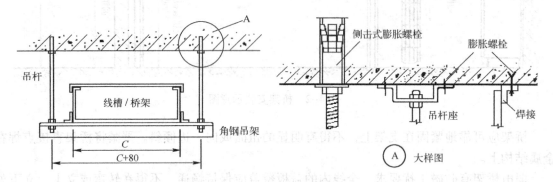

图 4-3 桥架吊装示意图

桥架多层敷设时,其层间距应为:控制电缆不应小于 0.2m;弱电与电力电缆间不应小于 0.5m,若有屏蔽盖板可减少到 0.3m;电力电缆间不应小于 0.3m。桥架上部距顶棚或其他障碍物不应小于 0.3m,支撑间距一般为 1~1.5m。

电缆桥架也可依据条件采用落地安装方法,具体安装方式可参考图 4-4。

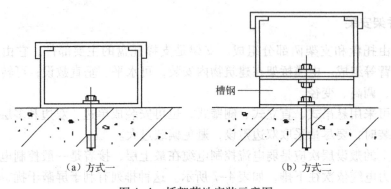

(a) 方式一　　　　(b) 方式二

图 4-4 桥架落地安装示意图

项目4 室内缆线的敷设

2)垂直桥架安装

垂直桥架一般安装于竖井内或沿墙安装,但缆线敷设不得布放在电梯或管道竖井中。缆线穿过每层楼板孔洞宜为矩形或圆形,矩形孔洞尺寸不宜小于300mm×100mm;圆形孔洞处至少应安装3根圆形钢管,管径不宜小于100mm。由于缆线在梯架上比在槽型桥架内固定方便,一般垂直桥架多使用梯架。梯架的安装位置可参考图4-5,安装方式可参考图4-6。垂直敷设时固定在建筑物上的支撑间距宜小于1.5m。

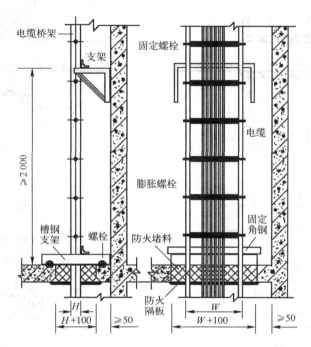

图4-5 垂直梯架安装位置示意图

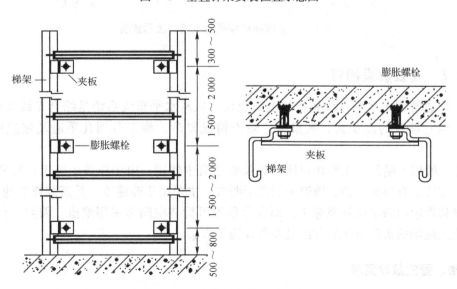

图4-6 垂直梯架安装方式示意图

3)穿越防火墙方法

电缆桥架在穿过防火墙及防火楼板时,应喷防火漆并采取隔离措施,穿越方法可参考图4-7。

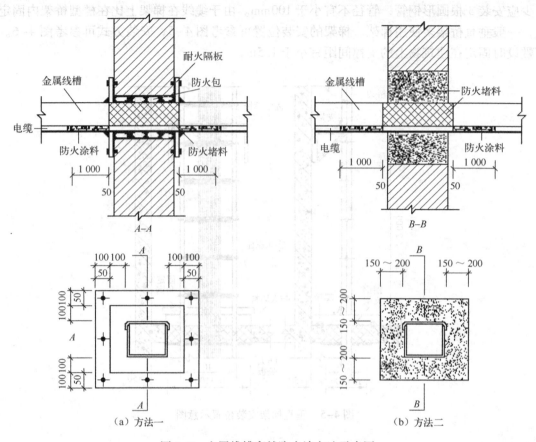

图4-7 金属线槽穿越防火墙方法示意图

4.2.2 安装敷设槽管

槽、管通常用于水平布线系统的电缆敷设,虽然水平布线系统是综合布线系统中的分支部分,但它涉及的面积大、数量多,敷设情况复杂,施工范围几乎遍及建筑中的所有角落。

管道一般用于暗敷,主要在新建或新装修建筑中使用,由于建筑中施工环境各不相同,其敷设的方法也有很大差别。槽道一般用于明敷,主要用于改建等不重新装修的建筑中,或用于对暗敷管理的修正或补充施工。而在吊顶等可拆装空间多采用槽道,因此,在敷设时,要结合施工现场的实际条件来考虑电缆敷设施工方法。

1. 槽、管的敷设要求

线槽敷设位置宜高出地面2.2m。在吊顶内设置时,为方便操作槽盖开启面应保持80mm的垂直净空。金属线槽敷设时,支撑间距宜在1~1.5m之间;在线槽接头处、离开线槽两端口 0.5m 处、拐弯转角处应设置支架或吊架。塑料线槽槽底固定点间距一般为 0.8～1m。预埋管敷设方式如图 4-8 所示。

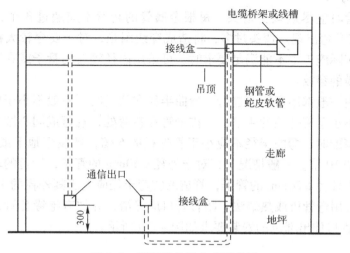

图 4-8　预埋管敷设方式示意图

2. 预埋金属线槽敷设方式

在建筑物中预埋线槽可视不同尺寸按一层或两层设置，应至少预埋两根以上，线槽截面高度不宜超过 25mm。线槽直埋长度超过 6m 或在线槽路由交叉、转弯时宜设置拉线盒，以便于布放缆线和维修。拉线盒盖应能开启，并与地面齐平，盒盖处应采取防水措施。线槽宜采用金属管引入分线盒内，预埋金属线槽敷设方式如图 4-9 所示。

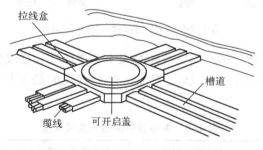

图 4-9　预埋金属线槽敷设方式

3. 预埋暗管敷设

1）金属管的加工要求

综合布线工程使用的金属管应符合设计文件的规定，表面不应有穿孔、裂缝和明显的凹凸不平，内壁应光滑，不允许有锈蚀。为了防止在穿电缆时划伤电缆，宜做成喇叭形，且应无毛刺和尖锐棱角。

金属管在弯制后，不应有裂缝和明显的凹瘪现象，金属管的弯曲半径不允许小于所穿入电缆的最小允许弯曲半径。本项目设备楼采用 6 类非屏蔽 4 对双绞线，因此，弯曲半径不应小于 6 类线直径的 4 倍，即 26mm。弯曲程度过大，将减少金属管的有效管径，造成穿设电缆困难。

2）金属管的弯曲

在敷设金属管时应尽量减少弯头。每根金属管的转弯不应超过 3 个，直角弯不应超过 2 个，并且不应有 S 弯出现。弯头过多，将造成穿线困难，对于要穿较大截面电缆的管子不允许有弯头。当实际施工中不能满足要求时，可采用内径较大的管子或在适当的部位设置拉线盒，以利于线缆的穿放。

金属管的弯曲一般都用弯管器进行。弯曲半径在明配时，一般不小于管外径的 6 倍；只有一个弯时，可不小于管外径的 4 倍；整排钢管在转弯处，宜弯成同心圆的弯儿，由内至外半径逐步增大。暗配时，弯曲半径不应小于管外径的 6 倍，敷设于地下或混凝土楼板内时，不应小于管外径的 10 倍。一般情况下，对于外径≤50mm 的管子，管道的转弯半径应大于其外径的 6 倍；对于外径≥50mm 的管子，管道的转弯半径应大于其外径的 10 倍。当管子直径超过 50mm 时，可用弯管机或热煨法。暗管管口应光滑，并加有绝缘套管，管口伸出部位应为 25～50mm。管口伸出部位的安装要求如图 4-10 所示。

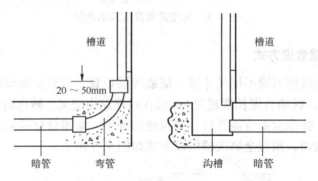

图 4-10　暗管出口部位安装示意图

为了穿线方便，水平敷设的金属管路超过表 4-8 中所列长度或弯曲过多时，中间应增设拉线盒或接线盒，否则应选择大一级的管径。管子直线的最大长度可参照表 4-8 的数据确定。

表 4-8　有弯管子的最大直线长度

管子弯头数量	最大直线长度（m）
管子无弯曲	45
管子有 1 个弯	30
管子有 2 个弯	20
管子有 3 个弯	12

3）金属管的连接

管子的切割可以用钢锯、切割刀或电动机切割机，但是严禁用气割。管子和管子连接，管子和接线盒、配线箱连接，都需要在管子端部进行套丝。套接的短套管或带螺纹的管接头长度不应小于金属管外径的 2.2 倍。

金属管进入信息插座的接线盒后，暗埋管可用焊接固定，管口进入盒内的露出长度应小于 5mm。明设管应用锁紧螺母或管帽固定，露出锁紧螺母的丝扣为 2～4 扣，如图 4-11 所示。

如果采用杯臣与梳结（接头）来连接金属管和接线盒，工序比螺帽对口连接方式要简单得多，而且能保证管子进入接线盒顺直，紧丝牢固，在接线盒内露出的长度也可小于 5mm，连接方式如图 4-12 所示。

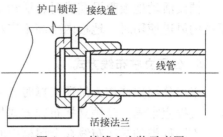

图 4-11 接线盒安装示意图

杯臣用黄铜或镀锌钢板制成，铜杯臣如图 4-13 所示，在端面与内径交切处加工成圆角，既可在管端起保护金属管替代护口的作用，又能锁紧金属管。

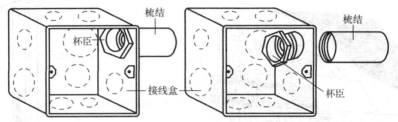

图 4-12 杯臣、梳结与接线盒安装示意图

图 4-13 铜杯臣

4）金属管的敷设

暗管宜采用金属管，预埋在墙体中间的暗管内径不宜超过 50mm，楼板中的暗管内径宜为 15～25mm。在直线布管 30m 处应设置暗箱等装置。暗管的转弯角度应大于 90°，在路径上每根暗管的转弯点不得多于两个，并且不应有"S"弯出现。在弯曲布管时，每间隔 15m 应设置暗线箱等装置。

敷设在混凝土、水泥里的金属管，其地基应坚实平整，不应有沉陷，以保证敷设后的线缆安全。金属管连接时，管孔应对准，接缝应严密，不得有水和泥浆渗入。管孔要对准无错位，以免影响管路的有效管理，保证敷设线缆时穿放顺利。金属管道应有不小于 0.1% 的排水坡度。

4. 格形线槽和沟槽结合的敷设方式

格形线槽和沟槽必须勾通。沟槽盖板可开启，并与地面齐平，盖板和插座出口处应采取防水措施。沟槽的宽度宜小于 600mm。格形线槽与沟槽的构成如图 4-14 所示。

铺设活动地板敷设缆线时，活动地板内净空不应小于150mm，活动地板内如果作为通风系统的风道使用时，地板内净高不应小于300mm。

5. 公用立柱布线方式

采用公用立柱作为吊顶支撑时，可在立柱中布放缆线，立柱支撑点宜避开沟槽和线槽位置，支撑应牢固。公用立柱布线方式如图4-15所示。

不同种类的缆线布线在金属槽内时，应同槽分隔（用金属板隔开）布放。金属线槽接地应符合设计要求。

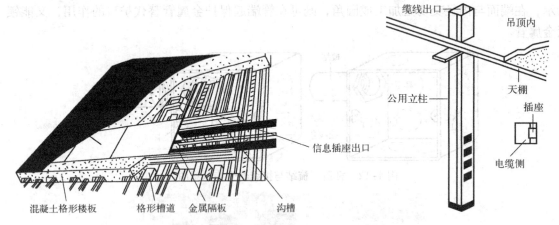

图4-14 格形线槽与沟槽构成示意图　　图4-15 公用立柱布线方式示意图

4.2.3 安装信息插座底盒

信息插座有地面型、墙面型和桌面型三种，地面型和墙面型的插座需要安装底座，信息插座底座安装的基本要求是平稳。

1. 墙面底座安装

安装在墙上的信息插座，其位置宜高出地面300mm左右。当房间地面采用活动地板时，信息插座应离活动地板地面为300mm。信息插座的具体数量和装设位置及规格型号应根据设计中的规定来配备和确定。

在新建的智能建筑中，信息插座盒体一般采用暗装方式，在墙壁上预留洞孔，将盒体埋设在墙内，与暗敷管路系统同步安装。综合布线施工时，只需加装接线模块和插座面板。安装在墙上的信息插座底盒如图4-16所示。

对于已建成的建筑，信息插座的安装方式可根据具体环境条件采取明装或暗装方式。明装时可用膨胀螺钉、射钉或一般螺钉等方法固定，安装必须牢固可靠，不应有松动现象。暗装时要在墙体凿洞、灌注水泥座盒，具体固定方法应根据

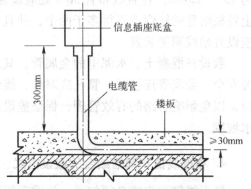

图4-16 墙面信息插座底盒安装示意图

现场施工的具体条件来定。

2. 地面底座安装

安装在地面或活动地板上的地面信息插座，由接线盒体和插座面板两部分组成。插座面板有直立式（面板与地面成45°角，可以倒下成平面）和水平式几种。缆线连接固定在接线盒体内的装置上，接线盒体均埋在地面下，盒盖面与地面平齐，可以开启，要求有严密的防水、防尘和抗压功能。在不使用时，插座面板与地面平齐，不得影响人们的日常行动。图4-17所示为地面信息插座底盒的安装方式。

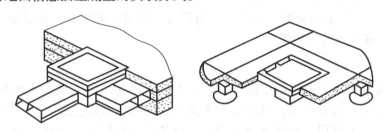

图4-17 地面信息插座底盒安装示意图

4.2.4 桥架管材料清单

依据前述布线系统图，计算各楼层采用桥架的规格和数量，按表4-9所示的内容填写材料使用（计划用）清单。

表4-9 材料使用清单

材　料	规格（mm×mm）	单　位	数　量	备　注
槽式电缆桥架	50×50			
槽式电缆桥架	200×100			
…				

任务4.3 建筑物布线施工

在建筑物内布线，实际上是指设备间至楼层配线间、楼层配线间至信息点（TO）之间的缆线布设。楼层配线间至信息点（TO）通常使用4对双绞线敷设，楼层配线间至建筑物设备间可以采用光缆敷设，也可以采用电缆敷设。若建筑面积不大、信息点数量不多，也可以不设置楼层配线间，使用双绞线从建筑物设备间直接到达工作区信息点（TO）敷设。设备间与配线间直接设置影响布线路由，与缆线用量和设备使用有直接的关系。

水平线缆敷设从楼层配线间向各房间信息点敷设，垂直线缆敷设由各层配线间连接至建筑物设备间。详细连接情况可参看第3章3.2.2节。

4.3.1 设备间与配线间设置

按照设计，本商务楼的布线，在楼层配线间水平布线侧至信息点出口采用4对6类双绞线敷设,楼层配线间垂直布线侧至建筑物设备间数据部分采用12芯多模光缆敷设,语音部分采用25对5类大对数电缆敷设。

1. 设备间选址

在设计设备间时,主要应从三个方面考虑,首先是设备间在建筑物中的安放位置,其次是要满足设备的安装要求,主要是要提供足够的面积,最后还要考虑设备间的高度、门的大小和楼板载荷等对建筑结构的要求。

设备间的位置和大小应根据建筑物的结构、综合布线规模和管理方式及应用系统设备的数量等进行综合考虑,择优选取。理论上设备间放在建筑物的中心,楼层配线间放在所在层的中心,可最大限度地节省线缆。

1)位置与面积要求

设备间宜处于干线子系统的中间位置,尽可能靠近建筑物电缆引入区和网络接口,位置应便于接地,靠近服务电梯,以便装运笨重设备。应尽量避免设在建筑物的高层或地下室,以及用水设备的下层。在高层建筑物内,设备间一般设在2层或3层。设备间应避开强振动源和强噪声源,避开强电磁场的干扰,尽量远离有害气体源,以及腐蚀、易燃、易爆物。

建筑物设备间的使用面积一般应按照下列要求配置:设备间使用面积为设备占用面积的$5 \sim 7$倍;面积不应小于$20m^2$;设备(配线)架距墙体不小于800mm。

2)结构与环境条件

设备间的净高按照设备实际使用和施工操作调试大小而定,一般为$2.5 \sim 3.2m$。门的大小至少为高2.1m,宽0.9m。设备间的楼板负荷载重参照设备重量而定,一般分为两级:A级,大于$500kg/m^2$;B级,大于$300kg/m^2$。

设备间室温应保持在$10 \sim 30℃$之间,相对湿度应保持为$20\% \sim 80\%$,并应有良好的通风。设备间应能防止有害气体(如SO_2、H_2S、NH_3、NO_2等)侵入,并应有良好的防尘措施。

3)商务楼设备间选址

依据建筑平面图,本楼的设备间设在2层,位置在水平轴线C、D之间,垂直轴线1、2之间的区域,长10m,宽2.9m,面积约$29m^2$。网络与电话机房共用。

2. 楼层配线间选址

楼层配线间的选址要求与设备间基本相同,由于楼层配线间设备较少,一般可不考虑楼板负荷问题,但要对配线间的设置数量统筹规划,可以每层设置也可以多层共用一个。

1)面积与环境

楼层配线间的面积不应小于$5m^2$,当覆盖的信息插座超过200个时,应适当增加面积,也可设置两个或多个配线间。楼层配线间应设置两个220V 10A、带接地端子的电源插座,如果为网络设备提供电源,也可考虑采用不间断电源插座或配电箱。楼层配线间应有良好的通风。安装有源设备时,室温保持在$10 \sim 30℃$,相对湿度保持在$20\% \sim 80\%$。

项目 4 室内缆线的敷设

2）楼层配线间的位置

本商务楼，除地下 1、2 层共用设于地下 1 层的配线间外，每层均设有楼层配线间，位于楼层中心区域（详见各层平面图），距最远信息点的距离都在 90m 之内，符合要求。本层桥架汇集于楼层配线间，各楼层配线间上下贯通，面积约为 $6.3m^2$。

3）机柜安放

在确认楼层配线间位置和建筑物设备间位置后，要在设备间或楼层配线间安放好机柜，机柜数量应满足信息点布放要求，安放位置符合要求（详见第 5 章 5.2.1 节）。由于主体施工中敷设的桥架通常只敷设至设备间，因此一般情况下需要补充必要的桥架至机柜。

4.3.2 双绞线敷设技术

1. 双绞电缆敷设要求

1）冗余长度

双绞线电缆在布放时两端应留有冗余。在交接间、设备间的电缆预留长度一般为 0.5～1m，工作区为 10～30mm。有特殊要求的应按设计要求预留长度。

2）弯曲半径

非屏蔽 4 对双绞线缆的弯曲半径应至少为电缆外径的 4 倍，在施工过程中应至少为 8 倍。屏蔽双绞线电缆的弯曲半径应至少为电缆外径的 6～10 倍。主干双绞线电缆的弯曲半径应至少为电缆外径的 10 倍。

3）牵引拉力

在布放电缆过程中，经常需要牵拉电缆。若是悬挂牵引，电缆的支点相隔间距不应大于 1.5m。牵拉时速度不宜过快，因为快速拉绳会造成线缆的缠绕或被绊住，拉力过大，线缆变形，会引起线缆传输性能下降。线缆最大允许拉力可按下列要求掌握：

(1) 1 根 4 对双绞线电缆，拉力为 10kg；

(2) 2 根 4 对双绞线电缆，拉力为 15kg；

(3) 3 根 4 对双绞线电缆，拉力为 20kg；

(4) n 根 4 对双绞线电缆，拉力为 $n \times 5 + 5$ kg；

(5) 25 对 5 类 UTP 电缆，最大拉力不能超过 40kg，速度不宜超过 15m/min。

2. 路由选择

两点间最短的距离是直线，但对于布放线缆来说，它不一定就是最好、最佳的路径。要选择最容易布放线缆的路径，即使浪费一些线缆也不要紧。对一个有经验的安装者来说，"宁可使用额外的 100m 线缆，而不使用额外的 100 个工时（通常线缆要比工时费用便宜）"。例如，要把"25 根"线缆从一个配线间牵引到设备间，采用直线路径，要经吊顶布线，路径中需要多次分割、钻孔才能使线缆穿过并吊起来；而另一条路径是将线缆通过一个配线间的地板，然后通过下一层的吊顶空间，再上到设备间的地板，这样就容易得多，如图 4-18 所示。

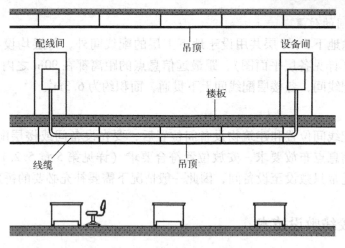

图 4-18 在下一层吊顶中穿线

有时，第一次所做的布线方案并不是很好，可以选择另一种布线方案。但在某些场合，又没有更多的选择余地。例如，一个潜在的路径可能被其他的线缆塞满了，第二路径要通过吊顶，也就是说，这两种路径都不是令人满意的。因此，考虑较好的方案是安装新的管道，但由于成本费用问题，用户又不同意，这时，只能采用布明线，将线缆固定在墙上和天花板上。总之，选择布线路由要根据建筑结构及用户的要求来决定。

对布线施工人员来说，彻底了解建筑物及其组成部分是如何建造的，会给施工带来很大的好处。由于绝大多数的线缆是采用隐蔽方式布线的，故对地板和吊顶内应了解得像用 X 光照射一样清楚。

在一个现存的建筑物中安装任何类型的线缆之前，必须检查有无管道或线槽。拉线是某种细绳或细钢丝，它布放在线缆管道中。绝大多数的管道安装工程要给后继的安装者留下一条拉线，使布放线缆容易进行。如果布线的环境是一座旧楼，则必须了解旧线缆是如何布放的，用的是什么管道（如果有的话），这些管道是如何走的。了解这些情况，有助于为新的线缆建立路由。在某些情况下能使用原来的路由，这时可利用旧线缆来帮助布放新线缆。例如，利用废弃了的线缆作为布放新线缆的拉线。

3. 放线方式

在布线作业中，放线是一个重要的工作环节，特别要避免缠绕、打结。根据线缆的包装方式，可采用不同的放线方法。

1）从纸板箱中拉线缆

线缆出厂时都包装在各种纸板箱中，在纸箱侧壁会有一个塑料管状物，双绞电缆由管状物中穿出。放线前将纸板箱放在地板上，不要开箱，将线缆从管中拉出，按所要求的长度将线缆割断，长度要留有供端接、扎捆及日后维护所需的余量（线缆上有长度刻度）。放完后，将线缆滑回到箱中，留数厘米在外，并在末端系一个环，以使末端不滑回到箱中去。

2）从卷轴或轮上放线缆

光缆或较重的线缆放线时必须绕在轮轴上，不能放在纸箱中。线缆轴要安装在千斤顶或合适的支架上，如图 4-19 所示，以便使它能转动并将线缆从轴顶部拉出。施工人员要保持平滑和均匀地放线。

同时布放走向同一区域的多条"4 对"线缆，可先将线缆安装在滚筒上，再将滚筒放在线缆轴车上，然后从滚筒上将它们拉出，如图 4-20 所示。

图 4-19 使用线缆轴放线

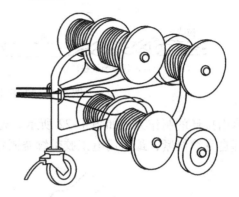

图 4-20 用线缆轴车布放多条线缆

4. 双绞线牵引

在管道中布线时，要采用线缆牵引。线缆牵引就是用一条拉绳或一条软钢丝绳将线缆牵引穿过墙壁管路、天花板和地板管路。其布放难度与管道的转弯和管道中要穿过的线缆数目有关。在已有线缆的管道中穿线比较困难，通常是将旧有的线缆作为牵引线拉入新的电缆。牵引时拉绳与线缆的连接点应尽量平滑，要使用电工胶带紧紧地缠绕在连接点外面，以保证平滑和牢固。

拉绳在电缆上固定的方法有拉环、牵引夹和直接将拉绳系在电缆上 3 种方式。拉环是将电缆的导线弯成一个环，导线通过带子束在一起然后束在电缆护套上，拉环可以使所有的电缆线对和电缆护套均匀受力。牵引夹是一个灵活的网夹设备，可以套在电缆护套上，网夹系在拉绳上然后用带子束住，牵引夹的另一端固定在电缆护套上，当在拉绳上加力时，牵引夹可以将力传到电缆护套上。在牵引大型电缆时，还有一种旋转拉环的方式，旋转拉环是一种用拉绳牵引时可以旋转的设备，在将干线电缆安装在电缆通道内时，旋转拉环可防止拉绳和干线电缆的扭绞。干线电缆的线对在受力时会导致电缆性能下降，干线电线如果扭绞，电缆线对可能会断裂。

1) 牵引单根 4 对线缆

标准的 4 对双绞线缆很轻，牵引前通常不需要做更多准备，只要将它们用电工胶带与拉绳捆扎在一起就可以了。若路径不易通过，直接绑扎容易脱落，可用电缆制作一个称为芯套（芯钩）的电缆拉环与牵引拉环连接。

芯套（芯钩）电缆拉环的制作方式如图 4-21 所示。先除去一些绝缘层以暴露出长 5～10cm 的裸线，再将裸线分成两条，将两条导线互相缠绕起来形成环，将拉绳穿过此环并打结，然后将电工带缠到连接点周围，要缠得结实和平滑。芯套（芯钩）电缆拉环非常牢固，可以牵引更多对电缆。

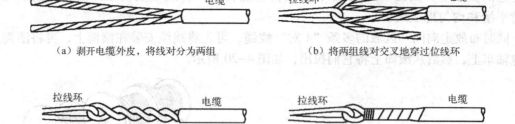

图4-21 芯套电缆拉环制作示意图

牵引拉环的制作方式如图4-22所示。先将牵引绳向后弯曲建立一个环,再将牵引绳末端与绳自身缠绕紧,最后用电工胶带缠绕固定。

图4-22 牵引拉环制作示意图

2）牵引多条4对电缆

如果牵引多条4对缆线穿过一段路由,可将多条线缆聚集成一束,并使它们的末端对齐,在末端用电工胶带或胶布缠绕线缆束50～100mm长的距离。将拉绳穿过用电工胶带缠好的线缆并打好结,如图4-23所示。

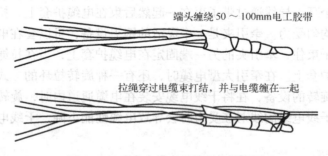

图4-23 多条电缆牵引结制作示意图

如果在牵拉过程中连接点散开了,要收回线缆和拉绳,在电缆端将线芯分为两组,参照单根电缆方式编织缠绕一个拉环,制作方式如图4-24所示,套上牵引拉环后用电工胶布缠绕,这样制作的拉环会更加牢固。

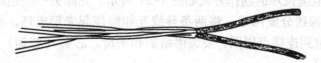

图4-24 多条电缆牵引拉环制作示意图

3) 牵引单根 25 对电缆

牵引 25 对电缆可按图 4-21 所示的方式制作芯套拉环。先剥除约 30cm 的电缆护套，包括导线上的绝缘层。使用斜口钳切去部分线芯，留下约 12 根。然后将导线分成两个绞线组，将两组绞线交叉地穿过拉绳的环，在电缆侧建立一个闭环，用电工胶带缠绕加固，覆盖长度约为 5cm，然后继续绕上一段。

4.3.3 配线子系统双绞线布线

配线子系统布线一般采用双绞线作为传输介质，缆线安装具有面广、量大，具体情况较多且环境复杂等特点，遍及智能化建筑的所有角落。

配线子系统缆线敷设方式有预埋、明敷管路和槽道等几种，安装方法又有在天花板（或吊顶）内、地板下和墙壁中及 3 种混合的方式。施工的基本原则为：

（1）选择的路径布线难度要小，即使是一条较长的路径，只要布线难度较小就可以采用。

（2）当一种布线方法不能很好地施工时，试着选用另外一种方法。在决定采用某种方法之前，可以先设计几种方案，到施工现场进行比较，从中选出一种最佳的施工方案。

（3）在布设多条线缆时，试着一次尽量布更多的线缆。一次布的线缆越多，则施工时间就越短。

1. 天花板/吊顶内敷设

在吊顶内敷设电缆，先索取施工图纸，确定布线路由。然后沿着所设计的路由，打开吊顶，用双手推开每块镶板，如图 4-25 所示。多条 4 对线缆很重，为了减轻压在吊顶上的重量，可使用 J 形钩、吊索及其他支撑物来支撑线缆。

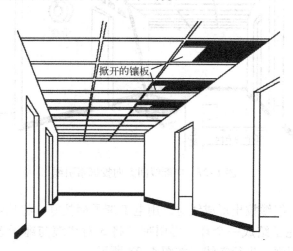

图 4-25　在有可移动镶板的吊顶内布线

假设要布放 24 条 4 对的线缆，每个信息插座安装孔布放两条线缆。可将线缆箱放在一起并使线缆箱接管嘴向上，24 个线缆箱按图 4-26 所示分组安放，每组 6 箱，共分 4 组。

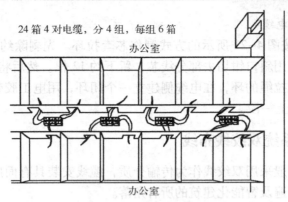

图4-26 线缆箱放置方式

接下来要为线缆粘贴标识，线缆头一端的标识用标签贴在线缆上，另一端由于不能确定线缆长度，可先将标识直接写在纸箱上，待截断时再将标识贴在线缆上。

然后将合适长度的牵引绳连接到一个带卷上，将它作为一种重锤（投掷用），在离配线间最远的一端开始，将索引绳的末端（有带卷的一端）掷入吊顶，并沿设定路由逐段传递至配线间位置，如图4-27所示。

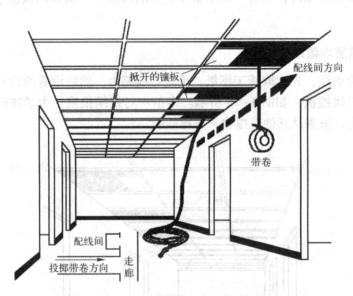

图4-27 向配线间方向投掷索引绳

将每两个箱子中的线缆拉出形成线对，用电工带子捆扎好。将拉绳穿过3个用带子捆扎好的线缆对，将牵引绳子结成一个环，再用带子将3对线缆与绳子缠紧，缠绕要牢固和平滑。在另一端拉动牵引绳，进行布线，如图4-28所示。

到达下一组线缆处，重复上述操作，将第二组线缆（6根）与第一组线缆和牵引绳用带子捆扎在一起（共12根线缆），并扎接牢固。继续将剩下的线缆组增加到拉绳上，再继续牵引这些线缆一直到达配线间连接处，如图4-29所示。

项目 4　室内缆线的敷设

图 4-28　将与牵引绳捆扎好的电缆拉过吊顶

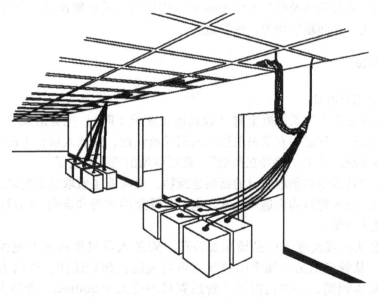

图 4-29　将第二组电缆扎接到牵引绳上

注意：先不要将吊顶内的线缆加以固定，因为以后还有可能移动它们。等确认已经不再移动时，再加以固定。如果工作区离配线间的距离比较短，可以一次布放 24 根水平线缆；如果距离比较长，最好一次布放 6 根或 12 根水平线缆。

2. 电缆桥架内敷设

在电缆桥架内敷设电缆与在吊顶内敷设方法基本相同，若桥架不在吊顶内，敷设要比在吊顶内布线方便一些。在桥架内敷设一般要注意两个问题：一是布放的方式，二是绑扎与固定。

127

1）电缆桥架布线

一般在电缆桥架中敷设电缆应在电缆桥架竣工验收后进行，不宜在电缆布线施工后合并检查。由于桥架内空间有限，电缆敷设时禁止有绞拧、铠装压扁、护层断裂和表面严重划伤等缺陷。在室内采用电缆桥架布线时，应采用阻燃型电缆。在有腐蚀或特别潮湿的场所采用电缆桥架布线时，应根据腐蚀介质的不同采取相应的防护措施。

几组电缆桥架在同一高度平行安装时，各相邻电缆桥架间应考虑干扰、维护、检修距离。弱电和强电电缆若受条件限制需安装在同一层桥架上时，应用隔板隔开，线与线间隔应大于200mm。电缆在桥架内横断面的填充率不应大于50%。

2）绑扎与固定

水平布线时，布放在线槽内的缆线可以不绑扎，槽内缆线应顺直，尽量不交叉，在缆线进出线槽部位、拐弯处应绑扎固定。垂直线槽布放缆线应每间隔1.5m固定在缆线支架上。

桥架倾斜大于45°时，倾斜敷设的电缆每隔2m处设固定点，敷设排列整齐。水平敷设的电缆，首尾两端、转弯两侧及每隔5～10m处设固定点。垂直敷设时，应每隔1.5m左右固定在桥架的支架上，扣间距应均匀，松紧适度。

3. 管槽内敷设

1）在预埋管道内敷设

预埋管道是在建筑物浇筑混凝土时（或其他土建施工时），把管道预埋进建筑物墙、柱和楼板内的预留管道，管道内有牵引电缆线的钢丝或铁丝，安装人员只需向业主索取管道图纸了解布线管道系统，确定"路径在何处"，就可以做出施工方案了。

对于老的建筑物或没有预埋管道的新的建筑物，要向业主索取建筑物的图纸，并到要布线的建筑物现场，查清建筑物内通风、水、电、气管路的布局和走向，然后详细绘制布线图纸，确定布线施工方案。

管道一般会从配线间埋到信息插座安装孔。安装人员只要将4对电缆线固定在信息插座的拉线端，从管道的另一端牵引拉线就可将缆线拉到配线间。牵引方法与在天花板内敷设的情况基本相同，一般情况下，管道直径不会大于500mm，管道内的线缆也不会太多。

2）在地板下敷设

缆线在地板下布线的方法较多，保护支撑装置也各有不同，应根据其特点和要求进行施工。常见的是在地板下先敷设线槽或线管，再在其中布线，选择路由应短捷平直、位置稳定和便于维护检修，缆线路由和位置应尽量远离电力、热力、给水和输气等管线。穿线方式与预埋管相同。

4. 墙壁上敷设

墙壁线槽布线是一种明敷方式，一般为短距离敷设。在已建成的建筑物中没有暗敷管槽时，只能采用明敷线槽敷设或将缆线直接用线卡钉在墙体上。在施工中应尽量将缆线固定在

项目4 室内缆线的敷设

隐蔽的装饰线下或不易被碰触的地方,以保证缆线安全。

在墙壁上布线槽一般遵循下列步骤:①确定布线路由;②沿着路由方向放线(讲究直线美观);③线槽每隔1m要安装固定螺钉;④布线(布线时线槽容量为70%);⑤盖塑料槽盖。注意,盖槽盖应与槽体错位盖。

5. 工作区电缆敷设

工作区电缆敷设是工作区信息出口至水平桥架段的电缆敷设工程,本商务楼工作区出口有三种方式,分别是穿管进入信息点、经线槽到多用户信息点、经桥架到CP点。

以从天花板至工作区侧的水平线缆布放为例,先将线缆从箱中抽出一定的长度(足够走支管,布放到信息出口)。将线缆剪断,并将准备布放的线缆用标签做好标记;将线缆抽回到吊顶上并与支管中的拉绳连接好;拉动牵引绳直到线缆从插座孔中露出来;将牵引绳解开,并将线缆末端结成环,等待安装信息插座。

当线缆在吊顶内布完后,还可通过地板将线缆引至上一层配线间或信息插座安装孔,路由如图4-30所示。线缆较少时,可将线缆用带子缠绕成紧密的一组,将其末端送入管道(洞)并把它向上推,直到在信息插座安装孔露出来为止。也可将牵引绳从上一层管道(洞)向下推,到下一层吊顶后与线缆捆在一起,再通过牵引绳沿线向上拉,直到线缆从管道(洞)中露出来,并将线缆末端结成环,等待往信息插座或配线架上端接。

图4-30 从吊顶穿过墙内管道进接线盒

4.3.4 建筑物干线线缆布线

干线线缆是建筑物的主要线缆,由于通常是垂直敷设的,所以也称为垂直线缆。它为从设备间到每层的配线间之间传输信号提供通路。

建筑物主干电缆主要是光纤或 4 对双绞线。对于语音系统,一般是 25 对、50 对或更大对数的双绞线,它的布线路由是从楼栋设备间到楼层管理间。在建筑物中,通常有弱电竖井通道,但对没有竖井的旧建筑进行综合布线通常是重新敷设金属线槽作为竖井。

在竖井中敷设干线电缆一般有两种方法:向下垂放电缆和向上牵引电缆。相比较而言,向下垂放比向上牵引容易。当电缆盘比较容易搬运上楼时,采用向下垂放电缆;当电缆盘过大、电梯装不进去或大楼走廊过窄等情况导致电缆不可能搬运至较高楼层时,只能采用向上牵引电缆。

在新的建筑物中,通常在垂直方向有一层层对准的封闭型的小房间,称为弱电间。在这些房间中有 15cm 长、10cm 宽的细长开口槽,或一系列具有 10～15cm 直径的套筒圆孔,见图 4-31。这些孔和槽在从楼顶到地下室每层的同一位置上都有。这样就解决了垂直方向通过各楼层敷设干线线缆的问题。

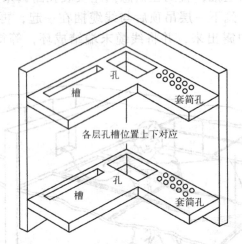

图 4-31　各层配线间孔槽位置上下对应

在弱电间敷设干线线缆有两种选择,分别是向下垂放和向上牵引。通常向下垂放比向上牵引容易。但如果将线缆卷轴抬到高层上去很困难,则只能由下向上牵引。

1. 向下垂放线缆

首先把线缆卷轴放到最顶层,在离配线间的开口(孔洞)3～4m 处安装线缆卷轴,并从卷轴顶部放线。在线缆卷轴处安排所需的布线施工人员(数目视卷轴尺寸及线缆重量而定),每层至少要有一个工人以便引导下垂的线缆。在孔洞中安放一个塑料的靴状保护物,以防止孔洞不光滑的边缘擦破线缆的外皮,如图 4-32 所示。旋转卷轴,将线缆从卷轴上拉出,引导线缆进弱电间中的孔洞。慢速地从卷轴上放缆并沿孔洞向下垂放。下一层布线工作人员将线缆引导到下一层孔洞,逐层放至设备间。当线缆到达目的地时,把每层上的线缆绕成卷放在架子上固定起来,等待以后的端接。对电缆的两端进行标记,如果没有标记,要对干线电缆通道进行标记。

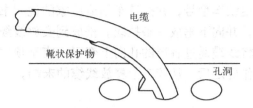

图 4-32　借助靴状保护物在孔洞中放线

如果配线间是一个大孔,敷设垂直干线线缆时,将无法使用塑料保护靴,此时最好使用一个滑轮向下垂线。在孔的中心处装上一个滑车轮,如图 4-33 所示,将线缆拉出绕在滑车轮上。按前面所介绍的方法牵引线缆穿过每层的孔,当线缆到达目的地时,把每层上的线缆绕成圈放在架子上固定起来,等待以后的端接。

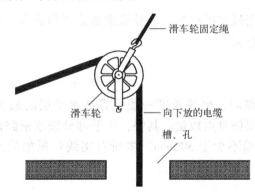

图 4-33　用滑车轮向下布放电缆

在布线时,若线缆要越过弯曲半径小于施工允许值的弯(双绞线弯曲半径为线缆直径的 8～10 倍,光缆为线缆直径的 20～30 倍),可以将线缆放在滑车轮上,以解决线缆的弯曲问题,如图 4-34 所示。

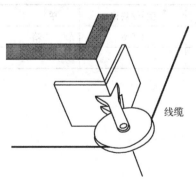

图 4-34　用滑车轮控制弯曲半径

2. 向上牵引线缆

当布放的线缆较少时,可采用人工向上牵引的方案。如果布放的线缆比较多,可以采用电动牵引工具向上牵引的方案。

按照线缆的重量，选定绞车型号，并按绞车制造厂家的说明书进行操作。一般先往绞车中穿一条绳子，启动绞车，并向下垂放一条拉线。垂放到安放线缆的底层，将绳子连接到拉眼上，启动绞车，慢速地将线缆通过各层的孔向上牵引，直至顶层。在地板孔边缘用夹具将线缆固定。当所有连接制作好之后，从绞车上释放线缆的末端。

3. 线缆的标识

在桥架内敷设电缆的首端、末端和分支处应设标志牌。电缆出入电缆沟、竖井、建筑物、柜（盘）、台及管子管口等处要进行密封处理，电缆桥架内的电缆应在首端、尾端、转弯及每隔50m处设有编号、型号及首、尾点等标记。

4.3.5 计算线缆使用数量

线缆是布线施工中使用最多的材料，也是最重要的工程成本，准确计算线缆用量对竞标成功和控制成本都有重大意义。

1. 线缆用量计算方式

室内综合布线计算电缆时，电缆长度一般计算某水平层的最大电缆长度和最小电缆长度、取平均值，再乘以该层信息点数量。其中，水平部分按水平路由计算，垂直部分按楼层高度计算，信息点预留电缆不少于300mm。将所有用线量累加后还应增加15%（经验值）作为工程用电缆数量。

2. 制作线缆用量表

按照布线设计要求，计算项目3中商务楼的线缆用量，并填写材料清单，如表4-10所示。

表4-10 工作区安装材料清单

序 号	产品名称	型号/规格	单 位	数 量	备 注
1	6类非屏蔽电缆	UTP6	箱		
2					

项目 5 布线设备安装

在综合布线工程中，完成了布线工作后的另一项重要工作就是安装布线工程设备，布线工程设备安装主要包括工作区中设备的安装、设备间与配线间设备的安装。本项目将介绍工作区信息点使用的模块、面板与水晶头的种类及安装和标识的方法，配线间、设备间配线架及模块的安装。

任务5.1 工作区模块安装

5.1.1 信息模块

信息模块是信息插座的主要组成部件,它提供了与各种终端设备连接的接口。连接终端设备类型不同,安装的信息模块类型也不同,根据作用来分有数据模块和语音模块。

1. 数据模块

根据传输性能的要求,常用的缆线有5类、超5类、6类电缆。5类电缆一般用于语音传输,用于数据传输的电缆通常为超5类或6类,因此,一般数据信息模块都采用超5类或6类,由于数据模块接口规格为RJ-45,数据模块也称为RJ-45模块。超5类与6类RJ-45非屏蔽数据模块如图5-1所示。

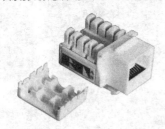
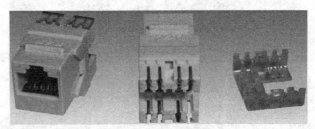

图5-1 超5类与6类RJ-45非屏蔽数据模块

根据抗干扰能力的要求,模块与电缆相同,也有屏蔽模块和非屏蔽模块之分,超5类与6类RJ-45屏蔽数据模块如图5-2所示,使用时要配套使用,即当使用屏蔽电缆时,也应该使用屏蔽模块,否则不能达到屏蔽要求。

图5-2 超5类与6类RJ-45屏蔽数据模块

2. 语音模块

语音模块的外形与数据模块相似,接口规格为RJ-11,通常称为RJ-11模块。RJ-11模块有4芯和2芯之分,如图5-3所示,对应于使用4芯电缆和2芯电缆。4芯模块和4芯电缆用于语音通信时只使用其中的2芯。

3. 信息插座

不同的信息模块与面板、底盒共同组成一个信息插座,使用对应的接头插入插座中即可实现信息传输,如图5-4所示。

图 5-3　4 芯和 2 芯语音插座模块

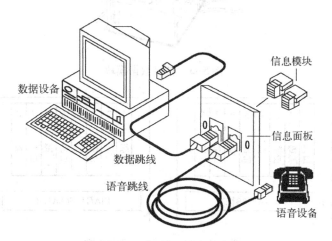

图 5-4　信息插座连接示意图

5.1.2　工作区数据模块安装

各厂家生产的数据模块的结构有一定的差异性，但功能相同，端接方法也是相类似的。电缆与模块的连接早期是通过打线方式安装的，如图 5-5 所示。这种方式费工费时，且容易出错。近来大部分厂商推出了各种形式的快接方式数据模块，省工省时、可靠性高，且大多不需要专用工具，使用方便。本书主要介绍快接方式数据模块的连接。

1. RJ-45 接口

RJ-45 接口是一种接口类型，分为接口模块与接头两部分，通常用于数据传输，最常见的网卡接口就是 RJ-45 接口。数据连接是一根两端拉有 RJ-45 接头的 4 对（8 芯）双绞线，8 根引线分别用于收发数据信号，根据线的排序不同有两种接法，一种是绿白、绿、橙白、蓝、蓝白、橙、棕白、棕，称为 EIA/TIA568A 标准；另一种是橙白、橙、绿白、蓝、蓝白、绿、棕白、棕，称为 EIA/TIA568B 标准，如图 5-6 所示。

对应于两个标准，数据连接的两端使用同一标准称为直通线，用于连接交换机与计算机，若两端使用不同的标准则称为交叉线，用于两台计算机直接相连。

RJ-45 接口的 8 根引脚分别用于收发信号，10/100base-TX RJ-45 接口引脚定义见表 5-1。

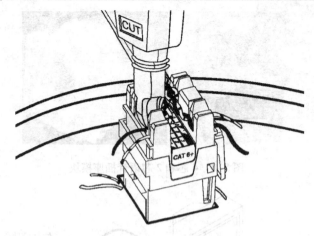

图 5-5 打接数据模块

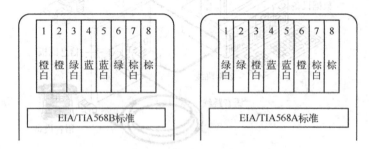

图 5-6 RJ-45 接头线序标准

表 5-1 10/100base-TX RJ-45 接口引脚定义

线号	名称	描述	线号	名称	描述
1	TX+	TranceiveData+（发信号+）	5	n/c	Notconnected（空脚）
2	TX-	TranceiveData-（发信号-）	6	RX-	ReceiveData-（收信号-）
3	RX+	ReceiveData+（收信号+）	7	n/c	Notconnected（空脚）
4	n/c	Notconnected（空脚）	8	n/c	Notconnected（空脚）

2. 超 5 类 RJ-45 非屏蔽模块安装

RJ-45 模块的安装也有 568A 和 568B 两种标准，无论采用哪种标准均在一个模块中实现，只是它们的线对分布位置有所不同。目前，信息模块的供应商有 AMP、西蒙等国外商家，国内有南京普天等公司，产品的结构都类似，只是线序排列位置有所不同。其面板注有双绞线颜色标号，与双绞线压接时，注意颜色标号配对就能够正确地压接。特别要注意的是，在一个工程系统中只能选择一种，即要么是 568A，要么是 568B，不可混用。一般选择 EIA/TIA568B 标准的较多。超 5 类 RJ-45 非屏蔽模块的安装步骤如下。

1) **工具准备**

安装模块的工具有多种，一般应包括剪刀、剥线钳、压线钳、打线钳等，如图 5-7 所示。本书将介绍免工具快接式模块，不需要使用打线钳。

图 5-7 模块安装工具

2）剥线

剥线是将电缆自端头 30mm 处剥去套管，露出里面的线对，如图 5-8 所示。将线对解扭，注意不得破坏导线未解扭部分的绞距。

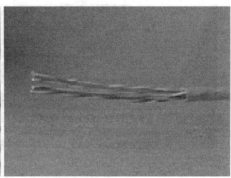

图 5-8 剥线

3）穿线

先将模块的穿线盖取出备用，再将解扭后的导线理直，留出适当的长度，用剪刀按约 45°斜角剪齐，如图 5-9 所示。

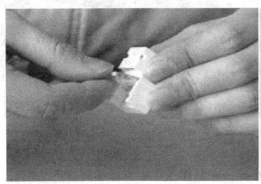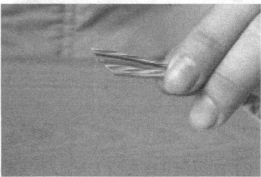

图 5-9 穿线准备

把导线按照穿线盖上568A或568B顺序对应的色标理顺，穿入模块的穿线盖，如图5-10所示。

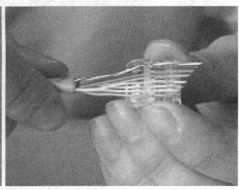

图5-10　将电缆穿进穿线盖

将穿过穿线盖的缆线抽出，并剪去多余部分，如图5-11所示。

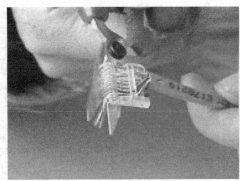

图5-11　修剪穿好的缆线

将穿好的穿线盖放入模块，压紧（至卡住位置），如图5-12所示。

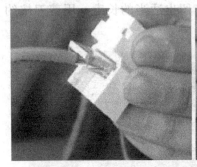
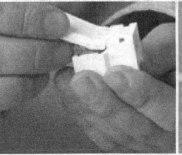

图5-12　压接模块

各厂商的模块压接方式不尽相同，但大同小异，在具体工作中应仔细阅读产品说明，或由厂商工程师进行指导。

3. 超 5 类 RJ–45 屏蔽模块安装

超 5 类 RJ–45 屏蔽插座模块要与 FTP 超 5 类屏蔽电缆配合使用，为保证超 5 类屏蔽系统的性能，需参照如下安装步骤进行施工。

1）穿线

将电缆的端部由屏蔽后壳的尾端穿入，再将需要端接 RJ–45 模块的线缆一端去除线缆外护套。从线缆末端算起，约 70mm 处确定去除点，沿线缆径向环切线缆并去除线缆外护套，注意尽可能不要割破线缆的屏蔽层，如图 5-13 所示。

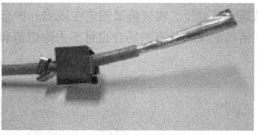

图 5-13 穿线准备

2）处理屏蔽层

将屏蔽层沿外护套末端翻折，使其紧贴护套，同时将汇流线翻折并紧贴屏蔽层。再去除暴露在外的透明薄膜、骨架和撕裂线，如图 5-14 所示。

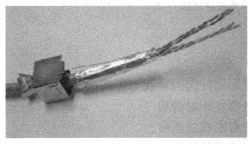

图 5-14 处理屏蔽层

3）端接模块

先将模块的穿线盖取出（穿线盖上有 TIA/EIA568A/B 标识），将电缆中的 4 对导线按穿线盖上的色标穿入穿线盖，穿线盖距套管端头约 3～4mm。再为绝缘导线解扭，注意不得破坏绞线未解扭部分的绞距。然后将解扭后的导线理直，并将蓝、白蓝，橙、白橙，绿、白绿，棕、白棕 4 对导线对应穿线盖上的色标压入穿线盖上的槽中。最后将穿上导线的穿线盖装入模块，并剪掉多余的导线头，如图 5-15 所示。

4）压接模块

把穿线盖压入模块基座中，在压入过程中不得伤及导线。然后将套在线缆上的屏蔽后壳沿线缆向模块滑动并将模块后部完全盖住，待屏蔽罩的下部卡舌及上部卡槽完全咬合后，说

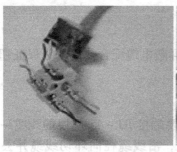

图 5-15　端接屏蔽模块

明屏蔽罩安装到位。将屏蔽罩锁定在线缆外护套上，确定屏蔽罩与线缆屏蔽层导通，去除多余的铝箔和汇流线（有些场合也可不去除铝箔和汇流线）。安装完成，如图 5-16 所示。

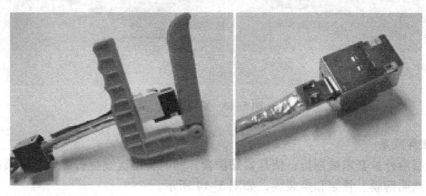

图 5-16　完成屏蔽模块压接

5）压接注意要点

在压接模块时要注意以下几点。

（1）双绞线是成对相互拧在一处的，按一定距离拧起的导线可提高抗干扰的能力，减小信号的衰减，压接时一对一对拧开、放入与信息模块相对的端口。

（2）在双绞线压接处不能拧、撕开，并防止有断线的伤痕。

（3）使用压线工具压接时，要压实，不能有松动的地方。

（4）双绞线开绞要适当，不能超过要求。

4. 语音模块安装

语音模块安装可使用数据模块代替，也可使用 4 芯或 2 芯语音模块，操作方法与数据模块相同。若使用数据模块代替，需要注意，在语音通话时只使用了 4、5 号线的蓝/蓝白线对，其他线芯没有使用。若使用 4 芯语音模块，也只是使用了中间的一对线芯，另外 2 芯没有使用。

5.1.3　工作区面板安装

模块端接完成后，接下来就要将模块安装到面板上，组合成信息插座，以便工作区内终端设备的使用。各厂家信息插座的安装方法有相似性，本书以其中一种为例，具体工程中可以参考厂家说明资料。

项目 5　布线设备安装

1. 工作区面板种类

根据面板上的插座数量可将面板分为单位面板、双位面板、四位面板，如图 5-17 所示，分别是单位和双位面板，四位面板较少使用。

这种面板用于将做好的模块插入面板的卡槽中，从而组合成信息插座。使用数据模块即组合

图 5-17　单、双位面板

成数据插座，使用语音模块即组合成语音插座，使用 CATV 模块则组合成 CATV 插座，而面板是通用的。另一种是打线式的插座，即面板和模块是一体的。目前市场上除 CATV 插座外，数据和语音插座一般都是组合式的。

2. 组合式插座面板安装

先将已端接好的模块卡接在插座面板槽位内，再将已卡接好模块的面板放入墙内的底盒中，如图 5-18 所示。

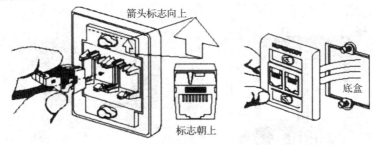

图 5-18　将模块卡接到面板卡槽内并放入底盒

用螺钉将插座面板固定在底盒上，并在插座面板上安装标签条，如图 5-19 所示。

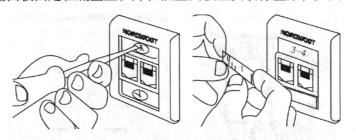

图 5-19　用螺钉固定插座面板并在插座面板上安装标签条

3. 打线式面板安装方法

准备好所需设备（剪刀、打线器、剥线刀），将电缆穿过明盒或暗盒，并预留 200mm 长，从端口剥开 100mm，如图 5-20 所示。

将导线按照模块上的色标排好，用卡接工具（XQ401-C）将导线卡接在模块上，目测导线是否卡接好，若没有则重新卡接一次，如图 5-21 所示。

按上述方法接好另外一个模块，扣上面板，贴上标签，如图 5-22 所示。

4. 制作双绞线跳线

准备好 6 类双绞线一根，RJ-45 接头一对，一把专用压线钳（见图 5-23），一把剥线钳（见图 5-24）等材料和工具。

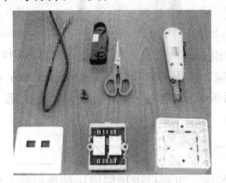
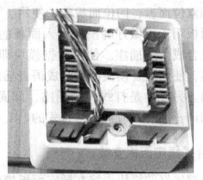

图 5-20　准备材料并将电缆穿过模块

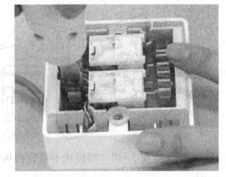

图 5-21　按色标排好电缆并卡接

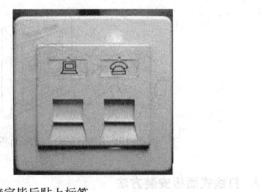

图 5-22　卡接完毕后贴上标签

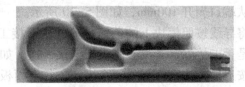

图 5-23　两种专用压线钳　　　　　　图 5-24　专用剥线钳

用剥线钳在距双绞线端头 2cm 处钳住，并旋转一圈，将双绞线外皮剥离，如图 5-25 所示，露出里面的 4 对绞线，如图 5-26 所示。也可使用压线钳的剥线刀口剥线。

双绞线电缆内含有一条柔软的尼龙绳，如果在剥除双绞线的外皮时，觉得裸露出的部分太短，而不利于制作 RJ-45 接头时，可以用尼龙绳将外皮撕开，得到更长的裸露线。将里面 4 对线蕊打开、抹直，按 EIA-T568B 标准排好，留下 15mm 左右线芯，将多余线芯剪去。以水晶头金属片面对自己为正面，将抹直的线缆（左边为橙白）插入水晶头（注意要插到底），电缆线的外保护层最后应能在 RJ-45 接头头内的凹陷处被压实，如图 5-27 所示。然后用压线钳压紧，如图 5-28 所示。完成后的接头如图 5-29 所示。用同样的方法制作好另一端的接头备用。

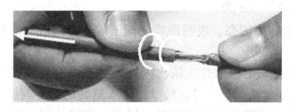

图 5-25　剥离双绞线外部保护层

图 5-26　剥开外皮的非屏蔽双绞线

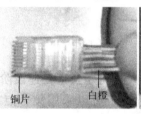

图 5-27　将按 T568B 标准排好的线插入水晶接头

图 5-28　压线

图 5-29　完成后的接头

5. 检测双绞线跳线

双绞线制作完成后，下一步需要检测它的连通性，以确定是否有连接故障。

通常使用电缆测试仪进行检测。有条件时可使用专门的测试工具（如 Fluke DSP 4000 等）进行测试。也可以购买廉价的网线测试仪，如常用的"能手"网络电缆测试仪，如图 5-30 所示。

测试时将双绞线两端的水晶头分别插入主测试仪和远程测试端的 RJ-45 端口，将开关旋至"ON"（S 为

图 5-30 "能手"网络电缆测试仪

慢速挡），主机与从机的指示灯从 1 至 8 逐个顺序闪亮，表明跳线测试正常。若网线有断路则对应指示灯不亮。

如果测试的线缆为直通线缆，测试仪上的 8 个指示灯应依次闪烁。如果线缆为交叉线缆，其中一侧同样是依次闪烁，而另一侧则会按 3、6、1、4、5、2、7、8 这样的顺序闪烁。

测试通过的双绞线跳线可以用来连接信息插座与计算机设备，但不一定能达到 6 类标准，手工制作的跳线达到 6 类标准的比例较低，若想全网达到 6 类标准，最好选择从厂商定制跳线。

5.1.4 集合点与多用户插座

大开间办公室在现代建筑中越来越多，而大开间办公室在建设阶段尚不能完全确定室内用途，致使布线工作实际无法开展，这种情况下，可以采用集合点或多用户信息插座来解决。采用集合点或多用户信息插座，系统设计者可以在水平路径靠近工作区的地方设置一个集合点或多用户插座，在布线阶段将缆线敷设至该处，工作区的缆线暂不敷设，待日后确定用处或装修时敷设。集合点并不局限于双绞线，使用光纤到桌面的客户也可采用这种设计。

1. 集合点

集合点（或称 CP 点）是楼层配线设备与工作区信息点之间水平缆线路由中的汇接点。集合点是水平电缆的转接点，不设跳线，也不接有源设备；同一个水平电缆路由不允许超过一个集合点（CP），从集合点引出的水平电缆必须终接于工作区的信息插座或多用户信息插座上。

使用集合点设计（也称为区域布线法）对使用目的尚未明确的工作区布线非常方便灵活。设置集合点可以满足日后工作区内工作位置的频繁移动、增加和变更，在工作区电缆变化时无须重新布设连至配线间的所有线缆。本书项目 3 中描述的商务楼有部分区域为大开间设计，房间中设置有集合点，在布线施工中，线缆从配线间敷设至集合点，对集合点后的设计施工不做讨论。

此外，对于写字楼中不同的房间可能会出租给不同的公司，且各个公司都需要自己的内部局域网，对集合点稍加改造就可以使之成为一个 IDF，公司内部无须另外布线即可实现内部局域网。

为了方便施工和维护，集合点应安装在技术人员容易触及的地方。由布线设备厂商为集

合点设计专用的封装盒（通常是带锁的），采用这些设备，会给施工带来许多方便，同时也美观耐用。如图 5-31 所示为一款西蒙的产品，由配线间过来的电缆端接在盒内的连接块（模块）上。

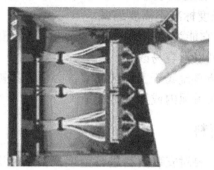

图 5-31　带 S210 块的西蒙 ZU-2 封装盒

2. 集合点安装

集合点要在配线子系统链路内，距离配线间在 15m 以上，通常在靠近办公区域附近，集合点的连接方式如图 5-32 所示。集合点可以是一组墙挂式的 110 配线架，也可以是多端口的墙面安装盒。在布线施工时，只将缆线由配线间敷设至 CP 点，当工作区室内装修好后再从集合点引线到各个工位。

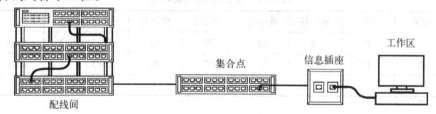

图 5-32　集合点连接示意图

按照 GB50311—2007 标准，配线子系统链路中允许有一个 CP 点，按照 TIA/EIA-568 标准，超 5 类系统和 6 类系统在整个链路中最多可支持 4 个连接，而在一般的工程中，不采用集合点只有 2 个连接（配线架、模块），增加一个集合点也就是 3 个连接，完全符合技术要求。因此，是否设计集合点主要考虑施工环境和用户需求。

在集合点和工作区插座之间使用双绞线连接，集合点端的线缆一般现场制作接头接到配线架上，而工作区端则直接端接在信息模块上，然后卡接到插座背面。

在某些时候，必须把集合点安装在吊顶内或架空地板下特殊设计的密闭箱体内，此时的安装空间往往比较局促，特别是在架空地板的环境下，因此，需要使用薄型箱体和模块化插座。连接集合点到工作区时，需要使用单端 RJ-45 接头的模块化跳线。模块化接头端插入集合点的插座/配线架，另一端卡接到工作区插座的背面。

3. 多用户信息插座盒

对于频繁更新工作站配置的用户，另一个选择是多用户信息插座（MUTOA）。MUTOA 是一个能为工作区的多个用户或多个工作区服务的封装盒。水平线缆被送进 MUTOA 并在工作区插座的背面终接。设备跳线被插入 MUTOA 插座,另一端延伸至桌面上的设备。

用于 MUTOA 的设备跳线可能比用于典型安装的最大长度 5m(16 英尺)更长。568B 标准规定设备间至 MUTOA 的设备跳线短于 90m。水平间距缩短,工作区跳线可相应延长。对于光纤,总长 100m 的信道长度标准不需要缩减。

MUTOA 的主要优点在于它能为工作区的变化提供完整的模块化解决方案。由于没有水平线缆被重设,办公室规划可以很容易改变。

要注意的是多用户信息插座盒属于工作区插座,必须容易被用户访问以管理工作站的设备连接,所以不应将它安装在吊顶内或架空地板下。

5.1.5 整理工作区资料

工作区模块安装完成后,要对安装资料进行整理,粘贴标识以方便使用与维护。工作区资料应包括:信息点编号表,链路标识和必要的方案说明材料,如安装工作人员信息等。

1. 信息点编号

信息点应按照设计内容和统一的命令方式进行标识,编码标识要简单明了,符合人们的日常习惯,因为越是简单的、易识别的编码越容易被用户接受。信息点的编码可以按信息点类别 + 楼栋号 + 楼层号 + 房间号 + 信息点位置编号构成,如表 5-2 所示。

表 5-2 信息点的编码样表

序号	类别	楼栋号	楼层号	房间号	位置号	信息点编号	备注
1	D	略	03	07	02	D-3-7-2	数据
2	P	略	03	07	03	P-3-7-3	语音

信息点编码标识应牢固地粘贴在信息面板上。制作信息模块时损坏的缆线标识也应重新粘贴牢固。所有信息点编号应整理成表制作成册,与工程资料一并移交业主方。

2. 制作工作区材料表

在工作区信息点安装过程中,还应把使用的模块、面板等材料进行制表汇总。从公司管理角度讲,还应包括完成量和消耗量。按所示内容根据项目 3 的设计列出工作区安装材料使用清单,如表 5-3 所示。

表 5-3 工作区安装材料使用清单

序号	产品名称	型号/规格	单位	数量	备注
1	RJ-45 插座模块	6 类	只		
2	信息点面板	单口	只		

3. 教学建议

建议教师在教学中组织学生分组完成信息编码表和工作区中的信息点安装材料清单。

任务5.2 机柜及配线设备安装

设备间布线设备的安装是布线工程中最重要的部分，技术难度相对较大，对工程质量的影响也较大。设备间设备安装主要包括机柜、各类配线架安装及模块打接，还涉及布线标识和设计。

5.2.1 安装机柜设备

机柜是设备间设备的载体，内部是各类配线架和缆线。机柜的摆放位置与稳固性关系到安装及维护的便利。当各种缆线在机柜中安装完成后，受缆线和数量的影响，机柜在使用中很难进行移动，因此，要求机柜的安装位置合理，既要考虑操作方便，还要尽量对房间中的其他使用影响最小。

1. 机柜设备

机柜有壁挂式和落地式，若在现场没有独立的设备间可采用壁挂式机柜，在设备间中一般都采用空间落地式机柜。由于网络设备的宽度标准是19英寸，高度是以"U"为高度单位计量的（1U大约为44mm），因此网络机柜一般称为19英寸标准机柜，即可放置19英寸标准网络设备，高度以"U"为单位。

常见的19英寸标准机柜有6U、9U、12U等，高的有42U。12U以下的机柜一般采用壁挂式安装，如图5-33所示，再大的为落地式安装，如图5-34所示。

图5-33 壁挂式机柜

图5-34 落地（立）式机柜

选择机柜时要考虑安放设备数量，即除要考虑机柜的高度外，还要考虑机柜的深度和载重量。机柜深度一般有600mm、700mm和1 000mm的，1 000mm深度机柜通常用于安装中心机房的服务器，在配线间或设备间安放交换机一般选择600mm或700mm的机柜。另外，机柜的宽度通常都是600mm，但也有加宽的机柜，多出的宽度是留给侧面布放缆线的，设备位置宽度都是19英寸。

壁挂式机柜一般是整机出厂，采购进来可直接安装使用，而落地式机柜由于体积较大为方便运输，出厂时通常是分解包装的，需要在现场组装，一般在包装中配有组装图，按照图示组装即可。组装时要注意组正装牢，不要有倾斜松动现象。机柜调整好位置后要支起支撑脚，而不要长期使用脚轮。

机柜是网络布线工程中各类缆线的交汇区和调度区，相当于交通枢纽，不仅有各类线缆端接设备、线缆管理设备等配线设施，还有网络交换机等交换设备，是布线工程中最重要的节点。

2. 配线架

配线架是管理子系统中最重要的组件，是实现垂直干线和水平布线两个子系统交叉连接的枢纽。配线架通常安装在机柜或墙上。通过安装附件，配线架可以全线满足UTP、STP、同轴电缆、光纤、音/视频的需要。在网络工程中常用的配线架有双绞线配线架和光纤配线架。

配线架根据安装方式又可分为墙装式和架装式。通常模块化配线架设计成架装安装，通过墙装支架等附件也可墙装；一般的IDC式配线架通常设计用于墙上安装，通过一些架装附件或专门的设计也可用于架装。

1) 双绞线配线架

双绞线配线架的作用是在管理子系统中将双绞线进行连接，用在主配线间和各分配线间。双绞线配线架的型号很多，每个厂商都有自己的产品系列，并且对应3类、5类、超5类、6类和7类线缆分别有不同的规格和型号，在具体项目中，应参阅产品手册，根据实际情况配置配线架。目前常用的双绞线配线架有RJ-45模块化配线架，如图5-35所示。

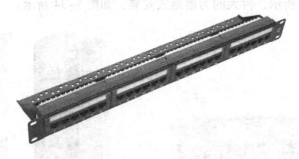

图5-35 RJ-45模块化双绞线配线架

双绞线铜缆配线架是影响布线质量的重要设备，且安装数量较大，在布线成本中占有较大的比例。选择配线架产品时还要从安装便利性和性价比等方面考虑。

高端配线架一般都有坚固的结构，性能可靠并且拥有独立的测试证书。它们通常配有内置的电缆管理器件来支持和保护电缆，从而很容易端接。同时也提供附属品，包括电缆管理用的线缆绑带、锁紧螺帽和标签设备。接触片上的镀金会更厚些，从而使跳线插入时能达到更可靠的接触。有些配线架还配有完整的插座盖，防止灰尘污染。它们也能与智能配线集成在一起。

2) 光纤分纤盒

光纤分纤盒的作用是在管理子系统中将光缆进行连接，通常安装在主配线间和各分配线间。光纤分纤盒（Optical Distribution Frame, ODF）如图5-36所示，用于光纤通信系统中局端主干光缆的成端和分配，可方便地实现光纤线路的连接、分配和调度，适用于光纤到小区、光纤到大楼、远端模块及无线基站的中小型配线系统。

图5-36 光纤分纤盒

光纤分纤盒有单元式、抽屉式和模块式。单元式的光纤分纤盒是在一个机架上安装多个单元，每一个单元就是一个独立的光纤分纤盒。这种配线架既保留了原有中小型光纤分纤盒的特点，又通过机架的结构变形，提供了空间利用率，是大容量光纤分纤盒早期常见的结构。但由于它在空间提供上的固有局限性，在操作和使用上有一定的不便。

抽屉式的光纤分纤盒也是将一个机架分为多个单元，每个单元由一至两个抽屉组成。当进行熔接和调线时，拉出相应的抽屉在架外进行操作，从而有较大的操作空间，使各单元之间互不影响。抽屉在拉出和推入状态均设有锁定装置，可保证操作使用的稳定、准确和单元内连接器件的安全、可靠。这种光纤分纤盒虽然巧妙地为光缆终端操作提供了较大的空间，但与单元式一样，在光连接线的存储和布放上仍不能提供最大的便利。这种机架是目前使用最多的一种形式。

模块式结构是把光纤分纤盒分成多种功能模块，光缆的熔接、调配线、连接线存储及其他功能操作分别在各模块中完成，这些模块可以根据需要组合安装到一个公用的机架内。这种结构可提供最大的灵活性，较好地满足通信网络的需要。目前推出的模块式大容量光纤分配架，利用面板和抽屉等独特结构，使光纤的熔接和调配线操作更方便；另外，采用垂直走线槽和中间配线架，有效地解决了尾纤的布放和存储问题。因此它是大容量光纤分纤盒中最受欢迎的一种，但它目前的造价相对较高。

3. 理线架

理线架可安装于机架的前端，提供配线或设备用跳线的水平方向线缆管理，简单来说，就是理清网线，别搞得太乱，使以后好管理。如图5-37所示为两种形式的理线架。

图5-37 两种形式的理线架

理线架分为两个部分：理线板和盖板。理线板的主要作用是梳理线序、固定缆类，将所使用的各种线缆固定、收集于内；盖板的作用是将梳理完毕的线缆扣盖于理线板之内，从外表上看不到理线架内部穿插的线缆，使外观整洁有序。

4. 其他辅助设备

为配合机柜内设备、缆线的安放和固定，机柜中还有一些辅助设备/设施，常用的有托架（如图5-38所示）、线缆固定架（如图5-39所示）、空面板（如图5-40所示）等。

5. 接线工具

若使用打线式配线架，则需要使用专用的打线工具。如110式接线工具是专为110配线架接线设计的，如图5-41所示。

图5-38 托架

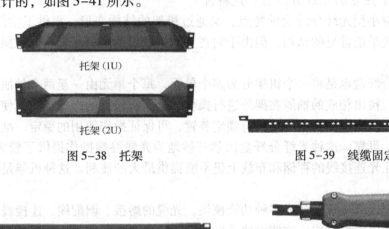

图5-39 线缆固定架

图5-40 空面板

图5-41 单线和5对110接线工具

6. 机柜安装规划

在楼层配线间和设备间内，模块化配线架和网络交换机一般安装在19英寸的机柜内。为了使安装在机柜内的模块化配线架和网络交换机美观大方且方便管理，必须对机柜内设备的安装进行规划，具体应遵循以下原则。

- ➢ 一般模块化配线架安装在机柜下部，交换机安装在其上方。
- ➢ 每个模块化配线架之间安装有一个理线架，每个交换机之间也要安装理线架。
- ➢ 正面的跳线从配线架中出来全部要放入理线架内，然后从机柜侧面绕到上部交换机间的理线架中，再接插进入交换机端口。
- ➢ 布线设备含配线架和配线架之间的理线架等，约占总空间的50%；另外50%留给交换设备及其理线架。
- ➢ 分区、分色布置。来自不同房间（或区域）的电缆使用不同颜色的配线模块，便于识别与管理。

机柜内设备的安装一般是将交换设备安装于机柜上部，下部用于安装配线设备。交换设备和配线设备各自约占 50% 的空间,在双配线架方案中,交换设备约占 1/3 的空间,配线设备占 2/3 的空间。机柜内配线设备安装实物如图 5-42 所示。

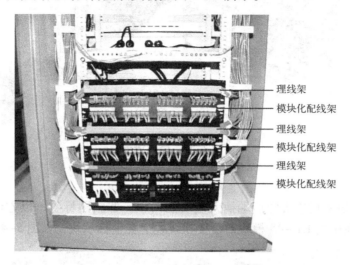

图 5-42　机柜内配线设备安装实物图

5.2.2　RJ-45 模块化配线架安装

RJ-45 模块化配线架是目前工程中最常用的配线架,其构造是将通用 RJ-45 模块固定在插座面板上,通过模块与面板的组合构成配线架。模块化配线架端模块与工作区模块相同,操作方便,管理灵活,但安装密度较低。本书以南京普天 FA3-08Ⅵ型 24 位 RJ-45 插座板为例,介绍模块配线架的安装方法。

1. 穿线准备

安装模块配线架所需准备的材料和工具有剪刀、剥线工具、RJ-45 非屏蔽插座安装板、插座板和电缆。把线缆用捆扎带固定在插座板后的理线架上,做好预留圈(注意,扎带捆扎时用反面扣下,做活结以方便解开打线),并在线缆的图示位置做好标记,如图 5-43 所示。

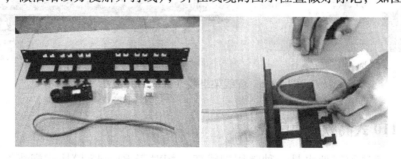

图 5-43　准备相关材料并穿好线缆

2. 压接模块

解开线缆,在记号处用剥线器剥开线缆,压接 RJ-45 模块(压接 RJ-45 模块的过程可参照 5.1.2 节)。由于 24 位插座板安装在机柜中,所有的模块打线工作都在机柜正面完成,如图 5-44 所示。

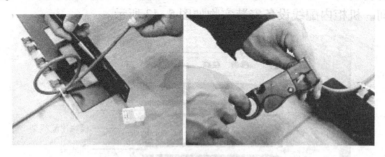

图 5-44　压接模块

3. 安装

把 RJ-45 模块从插座板的后端插入模块插口中,并粘贴标签,以方便日后的管理。若是套管型标签,在压接 RJ-45 模块前需要在线缆上套上标示块,如图 5-45 所示。

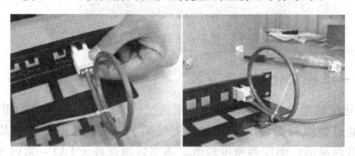

图 5-45　安装模块

完成一部分 RJ-45 模块安装后的配线架如图 5-46 所示。

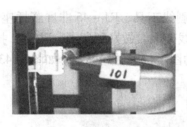 

图 5-46　配线架组装（部分）完成图

5.2.3　110 式高频模块配线架

110 式高频模块配线架也是一种常用配线架,相对于 RJ-45 模块式配线架,其安装密度较大,成本较低,需要使用专用工具打线,安装后不易变动,不如 RJ-45 模块式配线架方便灵活。本节以南京普天 FT2-55 配线架系列为例,介绍 110 式配线架的安装方法。其他厂商的产品安装方式相似,若在工程中使用可参照说明操作。

项目5 布线设备安装

1. FT2-55 配线架套件

FT2-55 型高频模块配线架是依据国际标准 ISO/IEC 11801、TIA/EIA/568 设计制造的 UTP 电缆用超 5 类高频配线架套件,FT2-55 型高频模块配线架套件分为高频接线模块盘、基座组件和高频接线模块三部分。

1) 高频接线模块盘

高频接线模块盘有 100 回线、200 回线和 300 回线的,分别占 1U、2U 和 3U 空间,如图 5-47 所示。图 5-47 中,上、中、下位置分别是 100 回线、200 回线和 300 回线模块盘,最下边是标签条。

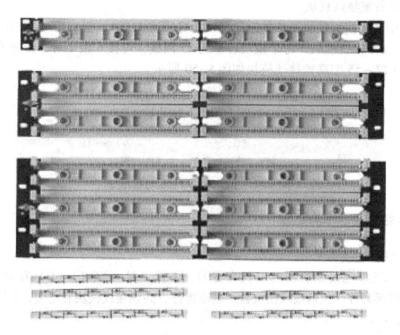

图 5-47 FT2-55 型高频接线模块盘

2) 配线架基座组件

配线架基座组件在图 5-47 中的模块盘上已经配上了,单独的基座组件有两种,一种是无脚的,如图 5-48 所示,另一种是有脚的,如图 5-49 所示。

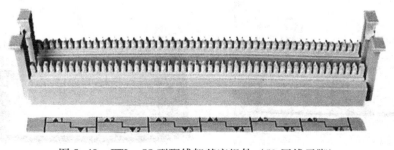

图 5-48 FT2-55 型配线架基座组件(50 回线无脚)

综合布线系统施工（第2版）

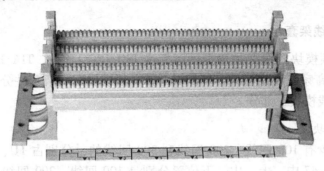

图5-49　FT2-55型配线架基座组件（100回线有脚）

3) 25回线高频接线模块

FT2-55型高频接线模块是依据国际标准ISO/IEC 11801、TIA/EIA-TSB-40设计制造的UTP电缆用高频接线模块，每个模块容量为25回线，可接6根4对UTP电缆或1根25对大对数电缆。FT2-55型高频接线模块如图5-50所示。

图5-50　FT2-55型高频接线模块

2. FT2-55型配线架的安装

1) 安装准备

安装FT2-55型配线架所需的工具有剪刀、卡接工具（XQ401-C）和剥线器，材料为FT2-55型配线架套件，包括接线模块盘、基座组件、高频接线模块和电缆，如图5-51所示。

2) 安装配线架

在装好的高频模块底座下方的穿线耳内穿入按序号要求排列的6根UTP电缆，从左至右按顺序排好，剪去多余部分，剥去电缆线外皮约100mm，待用。将25对高频接线模块安装在需安装该模块的下一个模块的底座上（锲形扣在上，三角扣在下，蓝色在左，棕色在右），如图5-52所示。

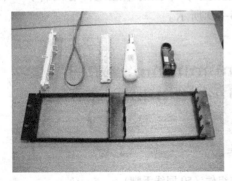

图5-51　FT2-55型配线架安装工具和材料

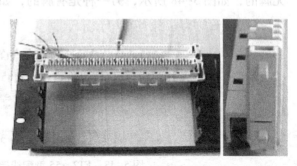

图5-52　安放接线模块

将电缆按白蓝、蓝,白橙,橙,白绿、绿,白棕、棕的顺序自左向右排线,如图 5-53 所示,线的扭绞节距不应破坏,线端解扭长度应不大于 13mm。注意,UTP 电缆的弯曲半径应不小于电缆外径的 6 倍。

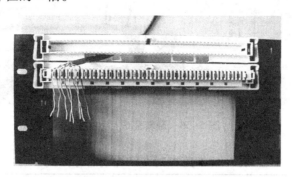

图 5-53 按接线模块上的色标排线

用卡接工具(XQ401-C)将导线卡接在模块上,卡接工具应保持与接线模块垂直,倾斜不得大于 5°,用力推进工具,如图 5-54 所示,直到听到清脆的响声以确定将线卡接到位,多余线头将被自动剪去。电缆卡接完成的效果如图 5-55 所示。

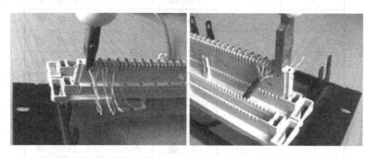

图 5-54 将导线卡接在模块上

当 6 根 UTP 电缆全部接线完毕后,拔下高频接线模块向上翻转 180°,装于预定位置,注意每根导线应位于底座相应的槽内,这样自上而下接线直到最下面一个模块。接线完毕后,应目测导线是否卡接好,若未接好则重新卡接一次。翻转后如图 5-56 所示。

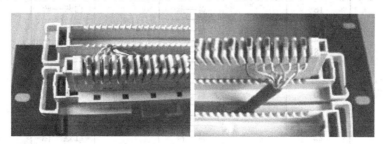

图 5-55 单根电缆卡接完成效果

3) 大对数电缆安装

若是卡接 25 对大对数电缆,操作方法与 4 对 UTP 电缆相同,对 5 类 25 对 UTP 电缆,按白(5 对)、红(5 对)、黑(5 对)、黄(5 对)、紫(5 对)顺序(从左向右)执行。若是

5类25对室外充油电缆,则按白蓝(4对)、白橙(4对)、白绿(3对)、白棕(4对)、白灰(3对)、红蓝(4对)、红橙(3对)顺序(从左到右)执行,如表5-4所示。

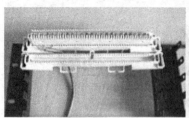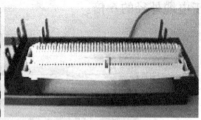

图5-56 翻转完成后示意图

表5-4 5类25对UTP电缆接线线序表

线 序	5类25对室内UTP电缆		5类25对室外充油电缆	
1	白(5对)	白—蓝	白蓝(4对)	白蓝—蓝
2		白—橙		白蓝—橙
3		白—绿		白蓝—绿
4		白—棕		白蓝—棕
5		白—灰	白橙(4对)	白橙—蓝
6	红(5对)	红—蓝		白橙—橙
7		红—橙		白橙—绿
8		红—绿		白橙—棕
9		红—棕	白绿(3对)	白绿—蓝
10		红—灰		白绿—橙
11	黑(5对)	黑—蓝		白绿—绿
12		黑—橙	白棕(4对)	白棕—蓝
13		黑—绿		白棕—橙
14		黑—棕		白棕—绿
15		黑—灰		白棕—棕
16	黄(5对)	黄—蓝	白灰(3对)	白灰—蓝
17		黄—橙		白灰—橙
18		黄—绿		白灰—绿
19		黄—棕	红蓝(4对)	红蓝—蓝
20		黄—灰		红蓝—橙
21	紫(5对)	紫—蓝		红蓝—绿
22		紫—橙		红蓝—棕
23		紫—绿	红橙(3对)	红橙—蓝
24		紫—棕		红橙—橙
25		紫—灰		红橙—棕

项目5 布线设备安装

完成卡接后的 25 对电缆的配线架如图 5-57 所示。

图 5-57　5 类 25 对电缆卡接完成图

3. FT2-55H 型高频模块配线架

FT2-55H 型高频模块配线架有模块和安装架两部分，模块部分是依照国际标准 ISO 11801、TIA/EIA 设计制造的 UTP 电缆用单面高频接线模块，每个模块容量为 8 回线，如图 5-58 所示。带宽超过 250MHz，性能达到 6 类标准要求。

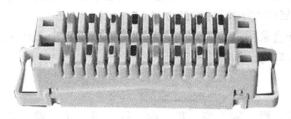

图 5-58　FT2-55H 型 6 类单面 8 对高频接线模块

使用 FT2-55H 型 6 类单面 8 对高频模块和单面 120 回路背装架（2U，如图 5-59 所示），可组合配置成 120 回路高频配线架，如图 5-60 所示。

FT2-55H 型的接线方式与 FT2-55 型相同，此处不再重复。

单面 120 回线背装架（正面操作）

单面 120 回线背装架（正、反面操作）

图 5-59　单面 120 回路背装架

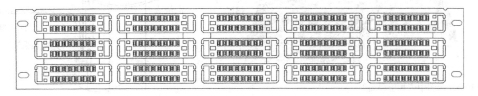

图 5-60　6 类单面 120 回路高频配线架

5.2.4 光缆/光纤分纤盒安装

光缆配线架通常称为光缆终端盒或光纤分纤盒，是用于光缆纤芯的配线分线设备，可以提供光纤的熔接、终端、配线及分线功能，适合于小芯数光缆内的光纤与尾纤熔接接续使用。分纤盒由外壳、内部构件、密封元件和光接头保护件四部分组成，适用于各种光缆直通接头和分歧接头的保护，一般用在机柜内，也可以在机房内挂壁或桌面上安装使用。

1. 光缆分纤盒

光缆分纤盒的品牌和种类很多，本书以南京普天 GP11E/F 型光缆分纤盒为例介绍分纤盒的使用，其他厂商品牌可参考使用说明书。

南京普天 GP11 系列光缆分纤盒，有 B、C、D、E、F 五个型号，其中 B 型为 12 芯，C 型为 48 芯，D 型为壁挂式，E 型为抽屉式 12/24 芯可选型，F 型为 12/24 芯可选型，除 D 型外都可安装于 19 英寸机柜中，可实现光缆的终端、熔接、分配及纤芯的保护功能。其空间充足，操作方便，可兼容 FC、SC、ST、双芯 LC 等多种形式的光纤适配器，各项性能指标符合 ISO 11801、EIA/TIA568 等国际标准的要求。

GP11E 型光缆分纤盒采用抽屉式结构，最大可抽出距离为 280mm。该分纤盒提供了充足的光纤弯曲半径和存储空间，如图 5-61 所示。

2. 尾纤的安装

按色谱（依次为蓝、橙、绿、棕、灰、白、红、黑、黄、紫、粉红、粉蓝）将尾纤头插入相应的适配器中（按照熔接需要，次序可选择），并沿图 5-61 所示路线将尾纤引至熔接芯片，准备熔接。

3. 光缆的安装

将光缆固定在机架上，光缆进入机架应保证光缆弯曲半径大于光缆直径的 15 倍；带护管的光缆进入分纤盒后，在光缆分纤盒入口附近位置用尼龙扣绑扎固定（建议从光缆分纤盒右侧进纤）。注意，此时需在盒体外预留一段长度光纤，预留的长度应保证盒体可以轻松抽出，如图 5-62 所示；然后沿图 5-61 所示路线将裸纤引至熔接片，准备熔接。一般一个分纤

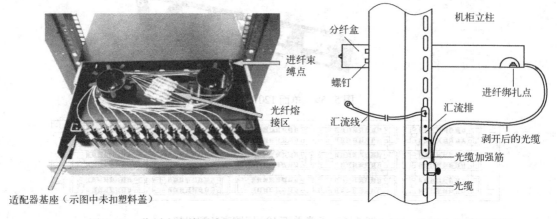

图 5-61 分纤盒走线示意图　　　　图 5-62 分纤盒安装示意图

盒可以熔接 24 芯光纤，熔完后做好每芯光纤的标识记录，以方便以后的使用维护。塑料上盖上贴的不干胶纸可用于填写各端口对应的信息。

4. 汇流接地

先按图 5-63 所示将汇流排正确地安装在机架上，然后按图 5-62 所示将光缆加强筋用接地螺母固定在汇流排上，最后用汇流线将汇流排与保护地相连。

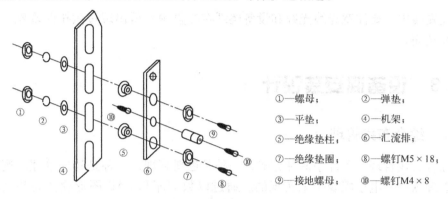

① —螺母； ② —弹垫；
③ —平垫； ④ —机架；
⑤ —绝缘垫柱； ⑥ —汇流排；
⑦ —绝缘垫圈； ⑧ —螺钉M5×18；
⑨ —接地螺母； ⑩ —螺钉M4×8

图 5-63 汇流排的安装

5. 安装分纤盒附件

GP11E 光缆分纤盒适用于安装 FC、SC、ST 及 LC 等适配器。图 5-64 所示为该光缆分纤盒的部分安装附件，适配器安装板的作用是在安放分纤盒出口处固定适配器，空适配器板安装在没有使用的出口处作为挡板用。

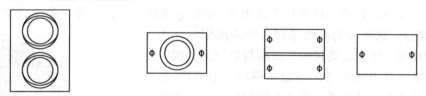

（a）ST适配器安装板（双口） （b）ST适配器安装板（单口） （c）空适配器板（SC） （d）空适配器板

图 5-64 GP11E 光缆分纤盒安装附件

6. 安装适配器

安装适配器时，首先取下适配器基座塑料盖，方法为：用左手食指将上盖最左端的弹性塑料扣从相应处拔出，双手压住上盖，平移向右至最大，然后向上轻轻抬起；之后装入适配器和相应的空面板，最后盖好塑料盖，方法同上，但方向相反。适配器的配套使用和安装示意图如表 5-5 和图 5-65 所示。

表 5-5 分纤盒安装附件使用表

芯　数	ST	SC	FC	LC
12	（b）+（d）	（c）	（d）	—
24	（a）	（c）剪半使用	—	（d）

注：（a）、（b）、（c）、（d）参见图 5-64。

图 5-65　光纤适配器安装示意图

在工程安装中，要注意光缆光纤和设备尾纤在托盘中不得出现过激扭曲现象，操作中不得直视光纤端面。

任务 5.3　设备间安装设计

5.3.1　综合布线管理

所谓综合布线管理，不外乎两种方式，一种是逻辑管理，一种是物理管理。逻辑管理是通过布线管理软件和电子配线架来实现的。通过以数据库和 CAD 图形软件为基础制成的一套文档记录和管理软件，实现数据录入、网络更改、系统查询等功能，使用户随时拥有更新的电子数据文档。逻辑管理方式需要网管人员有很强的责任心，需要时时根据网络的变更及时将信息录入到数据库中。另外，需要用户一次性投入的费用比较大。物理管理就是现在普遍使用的标识管理系统。

1. 综合布线标识标准

综合布线标识管理系统是按 TIA/EIA-606 标准进行的，又称《商业建筑物电信基础结构管理标准》。该标准对布线系统各个组成部分作出了详细的规定。该标准的目的是提供与应用无关的统一管理方案。其为使用者，即最终用户、生产厂家、咨询者、承包人、设计者、安装人和参与电信基础结构或有关管理系统设施的人员建立了准则。该标准的用途是对电信设备、布线系统、终端产品和通路/空间部件等电信基础结构进行管理。其中完整有效的标识系统是上述管理的重要手段之一。标识印制也有专用的设备，如图 5-66 所示就是一款中文标识打印机。

图 5-66　中文标识打印机

2. 标识内容

依据 TIA/EIA-606 标准，综合布线系统的 5 个部分需要标识：线缆（电信介质）、通道（走线槽/管）、空间（设备间）、端接硬件（电信介质终端）和接地。

上述五者的标识相互联系、互为补充，而每种标识的方法及使用的材料又各有特点。像线缆的标识，要求在线缆的两端都进行标识，严格的话，每隔一段距离都要进行标识，以及要在维修口、接合处、牵引盒处的电缆位置进行标识。空间的标识和接地的标识要求清晰、醒目，让人一眼就能注意到。配线架和面板的标识除了清晰、简洁易懂外，还要美观。标识放置位置可参考表 5-6 所示内容。

表 5-6　标识放置位置

序　号	标 识 名 称	标 识 位 置
1	电缆标识	水平和主干子系统电缆在每一端都要标识
2	跳接面板/110 块标识	每一个端接硬件都应该标记一个标识符
3	插座/面板标识	每一个端接位置都要标记一个标识符
4	路径标识	路径要在所有位于通信柜、设备间或设备入口的末端进行标识
5	空间标识	所有的空间都要求被标识
6	接合标识	每一个接合终止处都要进行标识

3. 线缆标识

从材料和应用的角度讲，线缆的标识，尤其是跳线的标识要求使用带有透明保护膜（带白色打印区域和透明尾部）的耐磨损、抗拉的标签材料，像乙烯基这种适合于包裹和有伸展性的材料最好，如图 5-67 所示。这样的话，线缆的弯曲变形及经常的磨损才不会使标签脱落和字迹模糊不清。另外，套管和热缩套管也是线缆标签很好的选择。面板和配线架的标签要使用连续的标签，材料以聚酯的为好，可以满足外露的要求。

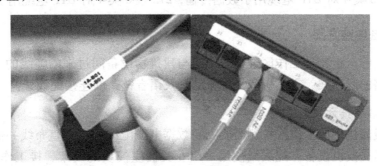

图 5-67　带有透明保护膜的标签

用独特的标识符为端口贴上标签，这样会使运行和维护起来效率很高。标签应当易懂，并可永久保存，以持续到元件的整个使用期。

4. 区域标识

当将配线架用于交叉连接时，应使用颜色标识各个区域，并与表 5-7 所示 ANSI/TIA/EIA-606A 标识标准相匹配。

表 5-7　ANSI/TIA/EIA-606A 标识标准

标 识 颜 色	标 识 内 容
橙色	分界点
绿色	网络连接
紫色	通用设备(PBX)/LAN
白色	一级主干
灰色	二级主干

续表

标识颜色	标识内容
蓝色	水平布线
棕色	建筑群间主干
黄色	杂项
红色	保留，以备后用（模块可能需要再次端接）

在综合布线系统中，网络应用的变化会导致连接点经常移动、增加和变化，时间一久必然导致布线系统的混乱。如果没有标识或使用了不恰当的标识，就会使最终用户不得不付出更高的维护费用来解决连接点的管理问题。建立和维护标识系统的工作贯穿于布线的建设、使用及维护过程中，好的标识系统会给布线系统增色不少；劣质的标识将会带来无穷的痛苦和麻烦。

5.3.2 楼层配线间安装

本节以设备楼 2 层楼层配线间为例设计楼层配线间。2 层为办公区，共有 7 个办公室、272 个工位，272 根 6 类 4 对 UTP 电缆用于数据传输，272 根 6 类 4 对 UTP 电缆用于语音传输。

1. 机柜设备连接方案

楼层配线间的机柜，是工作区过来的缆线与建筑物设备间过来的缆线的交汇处。机柜中要安装数据链路的配线架、交换机和光纤分纤盒及语音链路的连接配线架。

1）数据链路连接方案

在楼层配线间机柜的工作区一侧需要安装数据电缆配线架，垂直布线一侧需要安装光纤分纤盒，中间是交换机设备。配线架使用一组 6 类插座模块配线架，接工作区过来的电缆，通过跳线接入楼层交换机，然后通过交换机的光纤模块连接光纤分纤盒，最后接入建筑物设备间，链路连接如图 5-68 所示。

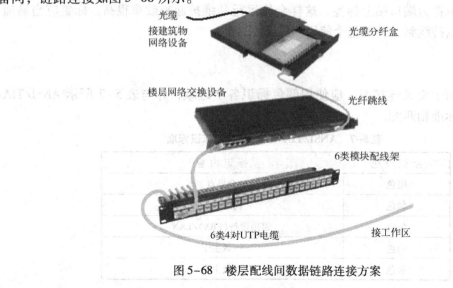

图 5-68　楼层配线间数据链路连接方案

2）语音链路连接方案

语音链路干线侧部分采用 110 卡拉式配线架进行连接，由工作区过来的 6 类 4 对 UTP 电缆接入 RJ-45 模块配线架，通过模块 RJ-45 鸭嘴跳线连接。根据业主要求，从工作区过来的电缆也可通过 RJ-45 跳线接入交换机用于数据传输。

2. 楼层配线间机柜安装设计

依据系统设计，2 层楼层配线间共有来自工作区的 272 根数据用 6 类 4 对 UTP 电缆，另有 272 根 6 类 4 对 UTP 电缆用于语音传输（必要时可改为数据传输，或 4 路语音传输），11 根来自中心机房（建筑物设备间）的 25 对大对数电缆（语音），1 根来自中心机房的 12 芯多模光缆。下面对机柜中线缆的安装进行规划。

1）线缆安装空间计算

数据部分采用 RJ-45 模块化配线架端接，272 根数据用电缆共需要 24 口配线架 12 个，配置 12 个理线架，共需要 24U 机柜空间。交换设备按 24 口交换机设计也需要 12 个，配置 12 个理线架，也需要 24U 机柜空间。一个光纤分纤盒上连至建筑物配线间，占用 1U 空间。数据部分共需要 49U 空间，分别安置在两个机柜中。

语音部分也采用 RJ-45 模块化配线架端接，272 根电缆共需要 24 口配线架 12 个，配置 12 个理线架，共需占用 24U 机柜空间。由建筑物配线间过来的 11 根 25 对大对数电缆采用 FT2-55 型 5 类 110 型模块化配线架，每 U 可端接 4 根 25 对大对数电缆，需要 3 个 FT2-55 型 110 型模块化配线架，占用 3U 空间。语音部分共需要占用 27U 空间。各机柜设备分布如表 5-8 所示。

表 5-8　机柜空间占用表

分　类	设　备	A 机 柜	B 机 柜	小　计
数据部分	光纤分纤盒	1	0	1
	RJ-45 模块配线架	6	6	12
	理线架	6	6	12
	24 口接入交换机	6	6	12
	汇聚交换机	1	0	1
	理线架	6	6	12
语音部分	RJ-45 模块配线架	6	6	12
	理线架	6	6	12
	FT2-55 配线架	1	2	3
其他	空面板	2	2	4
合计		41	40	81

2）制作标识

安装配线架前，为每一个信息点制作安装位置对照表，对照该表将信息点逐个安装到配线架上。信息点安装位置对照表可参考表 5-9 所示的样表。所有标识应牢固粘贴在标定的地方，对照表应放置在机柜醒目位置，并留好两份以上备份（交业主、留公司各一份）。

表 5-9　信息点安装位置对照表

序 号	配线间号	配线架号	机柜号	端口号	信息点编号	备 注
1	F03	1	1	13	D-3-7-2	数据
2	F03	2	1	03	P-3-7-3	语音

3）机柜安装大样图

依据连接方案和机柜空间使用分配，两个机柜安装大样图如图 5-69 所示。

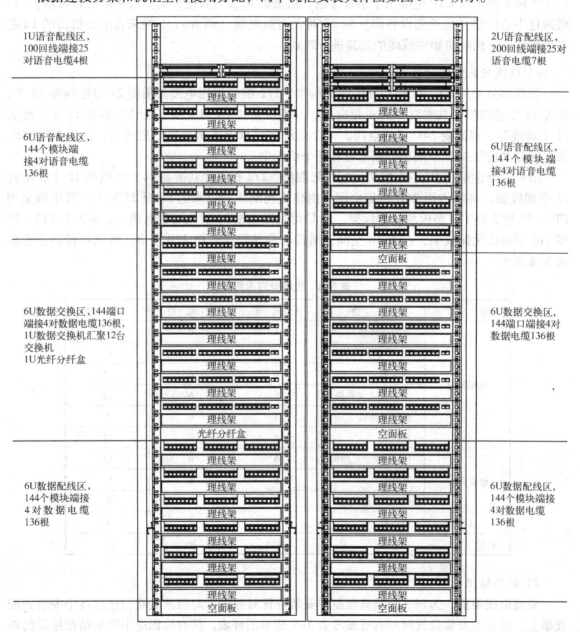

图 5-69　机柜设备安装大样图

4) 机柜安放位置

从建筑平面图可以看到，2层楼层配线间由于空间比较狭窄，两台机柜并排靠墙放置。由于靠墙放置后盖不能打开，机柜间留出600mm以上间隔，使侧盖可以打开方便操作，安放位置如图5-70所示。

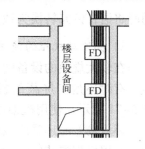

图5-70 机柜安装位置图

3. 楼层配线间材料清单式样

完成楼层配线间机柜内部设计后，要对楼层配线间使用材料进行分类统计，如表5-10所示。依据该项统计数据，商务人员可计算工程成本，并最终做出工程报价。

表5-10 商务楼2层配线间材料配置

序号	设备名称	规格	数量	单位	价格	小计	备注
	光纤分纤盒	12芯	1	个			
	尾纤	多模ST	12	根			
	选配器	ST	12	个			
	模块配线架	24口RJ-45	24	个			
	6类跳线	RJ-45	272	根			
	6类跳线	RJ-45 2芯鸭嘴	272	根			
	理线架		36	个			
	110配线架	100回线FT2-55	3	个			
	空面板		4	个			
	机柜	42U	2	个			
	其他	补充桥架等		m			
	合计						

注：接入交换机到汇聚交换机连接跳线和光纤分纤盒光纤跳线不在此列。

5.3.3 建筑物设备间安装

对于小规模建筑中的布线工程，在信息点不多、距离不超限的情况下，一般不设置楼层配线间，而直接将楼层配线间与建筑物配线间合并。建筑物配线间设备/设施在安装上与楼层配线间相同，规模较大，对机房环境要求也较高。在建筑物设备间的建设与安装中，要对以下问题进行考虑。

1. 设备选用

1) 110型配线架的使用

在时下国内的结构化布线工程的配线间中，RJ-45型的铜配线架已更多地被采用，而且与同样是19英寸宽的光配线架或箱、有源的设备如网络交换机、路由器或视频分配器安装到了一起。这一方面是RJ-45配线架在使用中调整更加方便，插拔次数更多，且不用工具操作，另一方面是许多水平布线已经广泛地使用4对数据电缆传输语音信号，以便在需要时随时将语音链路转换为数据链路。

2)机架与机柜的使用

在较大规模的设备间(机房),配线区的环境、安全要求可以通过建设恒温、恒湿、防尘,有时还是有屏蔽的机房大环境来实现,这种情况下可以不使用机柜而使用机架,如图 5-71 所示。使用机架可以降低投资,机架间连线方便且通风良好。而在规模不大的配线区,环境较差时还是应该使用机柜。由于环境不如主配线间好,规模不大,机柜间的互连很少,使用机柜安装安装设备更合适。

图 5-71 机架设备安装图

布线设备机柜与服务器机柜相比,电缆数量众多,600mm 机柜往往不能满足要求,这种情况下可以考虑使用带有垂直理线架的加宽机架或机柜,如图 5-72 所示。

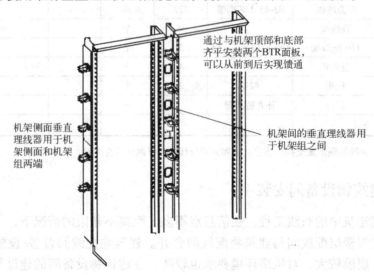

图 5-72 带有垂直理线架的机架

2. 机房环境建设

综合布线设备间多数情况下都和交换设备安装在同一物理空间中,有些与服务器机房安放在同一房间中。机房环境的好坏对网络系统的正常运行有重要影响,作为布线工程公司,需要向业主方提出设备间(机房)建设环境要求,有时也会直接参与机房建设。

网络布线设备间,特别是网络中心机房是一个通信系统的枢纽,良好的环境设施和安全保障体系是机房建设中重点考虑的内容。一个全面的机房建设应包括以下几个方面:机房装修；电气系统；空调系统；门禁系统；监控系统和消防系统。

机房的装修要能达到恒温、恒湿、防尘、防火、抗静电等几方面要求。还要注意活动地板铺设是否平整牢固，承压是否足够，接地情况是否达标等内容。

供配电系统数据中心供配电系统应为380/200V、50Hz，计算机供电质量要求达到 A 级。供配电方式为双路供电系统加 UPS 电源及柴油发电机设备，并对空调系统和其他用电设备单独供电，以避免空调系统启/停对重要用电设备的干扰。

3. 机柜/机架安放设计

设备间机柜应以交替模式排列设备排，即机柜/机架面对面排列以形成热通道和冷通道。冷通道是机架/机柜的前面区域。如果有防静电地板，电力电缆最好分布在地板下面，并通过防静电地板上的开孔从前面的冷通道进入机柜。热通道位于机架/机柜的后部，包含电信布线的线槽。在设备上方，要采用从前到后的冷却配置。针对线缆布局，电子设备在冷通道两侧相对排列，冷气从钻孔的架空地板吹出。热通道两侧的电子设备则背靠背，热通道下的地板无孔，其布置如图 5-73 所示，天花板上的风扇排出热气。

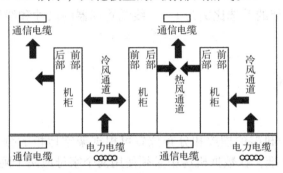

图 5-73 机柜/机架布置示意图

地板上用于走线的开口不宜大于所需大小。减震器或毛刷可安装在开口处阻塞气流。为更好地利用现有的制冷、排风系统，在数据中心设计和施工时，应避免造成迂回气流，造成热空气没有直接排出计算机机房；避免架空地板下空间线缆杂乱堆放，阻碍气流的流动；避免机柜内部线缆堆放太多，影响热空气的排放。在没有满载的机柜中，建议采用空白挡板以防止"热通道"气进入"冷通道"，造成回流。

4. 机柜/机架安放位置

机柜/机架放置时要求前面或后面边缘沿地板边缘排列，以便于机柜/机架前面和后面的地板取出。

用于机柜走线的地板开口位置应置于机柜下方或其他不致于造成阻塞的位置；用于机架走线的地板开口位置应位于机柜间垂直线缆管理器的下方，或位于机柜下方的底部拐角处。通常，在垂直线缆管理器下安置开口更可取。地板上用于走线的开口不宜大于所需大小，在任何情况下，地板开口处都应沿地板边缘排列。机柜/机架的摆放位置应与照明设施相协调。

机房内通道与设备间的距离应符合下列规定。

> 用于运输设备的通道净宽不应小于1.5m。
> 面对面布置的机柜/机架正面之间的距离不宜小于1.2m。
> 背对背布置的机柜/机架背面之间的距离不宜小于1m。
> 当需要在机柜侧面维修测试时,机柜与机柜、机柜与墙之间的距离不宜小于1.2m。
> 成行排列的机柜,其长度超过6m时,两端应设有走道;当两个走道之间的距离超过l5m时,其间还应增加走道;走道的宽度不宜小于1m,局部可为0.8m。

5. 线缆管理安装设计

在进线间、主配线区和水平配线区,在每对机架之间和每排机架两端应安装垂直线缆管理器,垂直线缆管理器的宽度至少应为83mm。在单个机架摆放处,垂直线缆管理器的宽度至少为150mm。两个或多个机架成一排时,在机架间应考虑安装宽度为250mm的垂直线缆管理器;在一排的两端应安装宽度为150mm的垂直线缆管理器。线缆管理器要求从地板延伸到机架顶部。

在进线间、主配线区和水平配线区,水平线缆管理器要安装在每个配线架上方或下方,水平线缆管理器和配线架的首选比例为1∶1。线缆管理器的尺寸和线缆容量应按照50%的填充度来设计。

5.3.4 标识管理

1. 机柜/机架标识

在数据中心,机柜/机架的摆放和分布位置可根据架空地板的分格来布置和标识,依照ANSI/TIA/EIA 606 A标准,在数据机房中必须使用两个字母或两个阿拉伯数字来标识每一块600mm×600mm的架空地板。

在数据中心计算机房平面上建立一个坐标系,以字母标注x轴,数字标注y轴,确立坐标原点。机架/机柜的位置以其正面在网格图上的坐标标注。所有机架/机柜都应当在正面和背面粘贴标签。每一个机架/机柜应当有一个唯一的基于地板网格坐标编号的标识符。如果机柜在不止一个地板网格上摆放,则通过在每一个机柜上相同的右前角所对应的地板网格坐标编号来识别。

在一般情况下,机架/机柜的标识符可以为以下格式:

NNXXYY

其中,NN——楼层号(可省略);XX——地板网格列号;YY——地板网格行号。

在没有架空地板的机房里,也可以使用行数字和列数字来识别每一个机架/机柜。在有些数据中心,机房被细分到房间中,编号则应对应房间名字和房间里机架/机柜的序号。

2. 配线架标识

配线架的编号方法应当包含机架/机柜的编号和该配线架在机架/机柜中的位置。在决定配线架的位置时,理线架不计算在内。配线架在机架/机柜中的位置可以自上而下用英文字母或数字表示,如果一个机架/机柜有不止26个配线架,则需要两个特征来识别。

配线架端口的标识：用两个特征来指示配线架上的端口号。例如，在机柜 3AJ05 中，第 2 个配线架的第 4 个端口可以命名为 3AJ05-B04。

3. 配线架连通性的标识

配线架连通性管理标识表示为：

$$P1 \text{ to } P2$$

其中，P1——近端机架/机柜、配线架次序和端口数字；P2——远端机架/机柜、配线架次序和端口数字。

5.3.5 光纤端接

光缆的连接方式可分为固定连接、活动连接和临时连接三种。

固定连接也称为死接头，用于光缆线路中光纤间的永久性连接，连接方式有熔接法和非熔接法之分。熔接法是采用自动熔接机对光纤进行熔接，非熔接法（又称机械连接法）采用光纤接续端子完成，这种连接通常称为接续。

活动连接也称为活接头，用于传输设备与光纤的连接。活动连接需要采用光连接器进行连接，光连接器的种类按结构分为 FC、SC、ST、DIN、MU 等多种，按插针端面分为 FC、PC（UPC）、APC 等几种。活动连接通常用于光纤终端与网络设备的连接，在工程中一般称为端接。

光纤在到达设备间后，为完成与交换设备的连接，需要将光缆末端的光纤与尾纤熔接，熔接方式请阅读第 7 章 7.2.4 节相关内容，此处暂不介绍。尾纤是一小段室内软光纤，一端用于与光纤末端熔接，另一端为特定规格的接头或称为光纤连接器。光纤的这种连接方式通常用于光纤终端与网络设备的连接，在工程中一般称为端接。

1. 光纤连接器

光纤连接器是光纤与光纤之间进行可拆卸（活动）连接的器件，它是把光纤的两个端面精密对接起来，以使发射光纤输出的光能量能最大限度地耦合到接收光纤中，并使由于其介入光链路而对系统造成的影响减到最小，这是光纤连接器的基本要求。在一定程度上，光纤连接器也影响了光传输系统的可靠性和各项性能。

光纤连接器的结构主要为套管结构。套管结构是将连接光纤的插针插入专用的套筒内，当插针的外同轴度、外圆柱面和端面及套筒的内孔加工得非常精密时，两根插针在套筒中对接，就实现了两根光纤对准。套管结构连接器的结构如图 5-74 所示。具体到连接器产品则有双锥结构、V 型槽结构、球面定心结构和透镜耦合结构等。

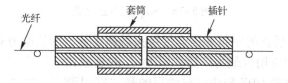

图 5-74 套管结构连接器的结构

2. 常用的光纤连接器

1）FC 系列连接器

FC 系列连接器最早是由日本 NTT 公司研制的。FC 是 Ferrule Connector 的缩写，表明其外部加强方式是采用金属套，紧固方式为螺丝扣，如图 5-75 所示。早期的 FC 型连接器，其陶瓷插针的对接端面是平面接触方式（FC）。此类连接器结构简单，操作方便，制作容易，但光纤端面对微尘较为敏感，且容易产生菲涅尔反射，降低回波损耗、提高性能较为困难。后来，对该类型连接器做了改进，采用对接端面呈球面的插针（PC），而外部结构没有改变，使得插入损耗和回波损耗有了较大下降，性能也大幅提高。FC 连接器是我国电信网采用的主要品种。

图 5-75　FC 型光纤连接器

2）SC 型连接器

SC 型连接器也是由日本 NTT 公司开发的，其所采用的插针和耦合套筒的结构尺寸与 FC 型完全相同，其中插针的端面多采用 PC 或 APC 型研磨方式。外壳采用工程塑料，为矩形结构，紧固方式是采用插拔销闩式，不需要旋转，便于密集安装，可直接插拔，使用方便，操作空间小，如图 5-76 所示。SC 连接器价格低廉，插拔操作方便，介入损耗波动小，抗压强度较高，安装密度高，主要用于光纤局域网和 CATV 中。

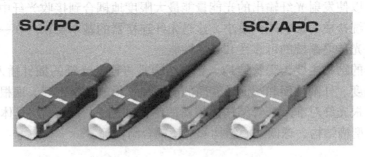

图 5-76　SC 型光纤连接器

图 5-76 中，"/" 后面的字符表面光纤接头截面工艺，即研磨方式。"PC" 指平面接头，在电信运营商的设备中应用得最为广泛。"UPC" 的衰减比 "PC" 小，一般用于有特殊要求的设备，一些国外厂家的 ODF 架内部跳线用的是 "FC/UPC"，主要是提高 ODF 设备自身的指标。另外，早期的有线电视（CATV）中应用较多的是 "APC" 型号，其耦合面采用了带倾角的端面。这种端面可以改善电视信号的质量，因为电视信号是模拟光调制信号，当接头

面是垂直的时候,被耦合面反射的光线由于光纤折射的不均匀会再次返回到耦合面(虽然能量很小),由于模拟信号不能彻底消除噪声,再次返回的信号相当于在原信号上叠加了一个延时的微弱信号,表现在画面上就是重影。而带倾角的耦合面可使反射的光线不沿原路径返回,对于数字信息一般不存在此类问题。

另外,还有一种 LC 型连接器,与 SC 型的接头形状类似,尺寸较 SC 小一些,如图 5-77 所示。

图 5-77 LC 型光纤连接器

3) ST 型连接器

ST 型连接器由 AT&T 公司开发,采用带键的卡口式锁紧机构,如图 5-78 所示。ST 和 SC 接口是光纤连接器的两种类型,对于 10Base-F 连接来说,连接器通常是 ST 类型的;对于 100Base-FX 连接来说,连接器大部分情况下是 SC 类型的。ST 连接器的芯外露,SC 连接器的芯在接头里面。

图 5-78 ST 型光纤连接器

3. 光纤尾纤与跳线

光纤尾纤是一段一端为某型号的光纤连接器,另一端没有连接器的光纤,如图 5-79 所示。光纤尾纤常用于光纤终端盒内,连接光缆与光纤收发器、连接器、跳线等。没有连接器的一端与光缆中的光纤熔接,另一端通过连接器可与网络设备相连(通常是经过跳线)。

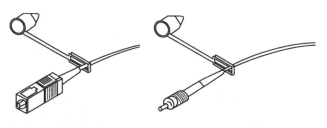

SC/PC型光接口尾纤　　　　　　FC/PC型光接口尾纤

图 5-79 光纤尾纤

若尾纤的另一端也接有连接器,这样的光纤段称为光线跳线,光纤跳线用来做从设备到光纤布线链路的跳接线。跳线两端的接头类型可以相同,也可以不同。工程中也经常将跳线截断当做两根尾纤使用。相对于尾纤,光纤跳线一般用于光端机和终端盒之间的连接,或设备间的连接,位于设备外面,有较厚的保护层,而尾纤一般在端接盒内。图 5-80 所示是一款 ST-SC 光纤跳线,另外还有其他接口的光纤跳线。

图 5-80　ST-SC 光纤跳线

4. 光缆熔接盘

光缆熔接盘也称为光缆终端盒,可组合在光缆交接箱体内或放置在机柜内,用于放置与光纤熔接的尾纤和连路调度,如图 5-81 所示,接口数量一般要求与光缆芯数相同。也可将光缆的一部分光纤与尾纤熔接用于连路调度,另一部分与其他光缆直接对接(直熔)。

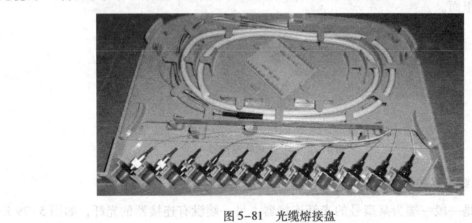

图 5-81　光缆熔接盘

项目6 智能化小区布线设计

智能化小区（大厦）是利用现代建筑技术及现代计算机、通信、控制等高新技术，把物业管理、安防、通信等系统集成在一起，并通过通信网络连接物业管理处，为小区住户提供一个安全、舒适、便利的现代生活环境。

本项目以几种智能化小区的常见综合布线工程案例为主线，讲述综合布线设计方法、程序。通过给出工程项目图纸、工程目标要求，完成布线设计方案，画出系统图、信息点位图、管线图，制订施工方案、绘制施工图纸、列出工程材料清单。

综合布线系统施工(第2版)

任务6.1 智能住宅与智能居住要求

6.1.1 智能住宅的概念

国家建设部住宅产业办公室提出我国住宅智能化的概念为：住宅小区智能化是利用5A技术与建筑技术、环境艺术有机地结合在一起，通过有效的传输网络，将远程多元化信息服务与管理、物业管理与安防、住宅智能化系统集成，为住宅小区的服务与管理提供高技术的智能化手段，实现快捷高效的超值服务管理，提供安全舒适的家居环境。由此可见，智能住宅和智能化住宅小区更注重于安全性、居住环境、网络通信及管理方面的特性要求，为我们正确理解智能住宅和智能化住宅小区提供了一定的依据和标准。

1. 人们对智能居住的需要

随着生活水平的不断提高，人们对居住的要求也越来越高，对于居住的智能需要也越来越多，从有居所到有漂亮的居所，再到智能的居所。总结起来，人们对智能居住的需要有以下几个方面：

- 节能环保；
- 提供更加安全、舒适、方便的居住环境；
- 实现快捷、高效的超值服务。

2. 智能家居发展现状

目前，国外的智能家居涵盖三表抄送功能、安防报警功能、可视对讲功能、监控中心功能、家电控制功能、有线电视接入、电话接入、住户信息留言功能、家庭智能控制面板、智能布线箱、宽带网接入和系统软件配置等。

智能家居是在现代建筑技术、计算机技术、控制技术和通信技术的基础上逐步发展的，我国建筑业和房地产业快速发展，尤其是上档次、有规模的住宅群（小区）应运而生，为智能家居和智能化住宅小区的建设发展创造了条件。而人们对舒适、方便、安全、高效的居住条件和生活环境的迫切需求，为我国智能化住宅小区的开发、建设和发展提供了广阔的市场，也为房地产业带来了新的商机。

6.1.2 智能家居标准介绍

家居布线的主要参考标准是CECS119：2000《城市住宅建筑综合布线系统工程设计规范》和TIA/EIA570A《家居电信布线标准》。我国家居布线的设计与施工应当遵循CECS119：2000规范，同时可以参考美国TIA/EIA570A标准。

1. TIA/EIA570A标准

TIA/EIA570A由美国国家标准委员会（ANSI）与TIA/EIATR-41委员会内TR-41.8分委员会的TR-41.8.2工作组制定，该标准包含了家居布线系统中的产品、安装指导和测试程序。

TIA/EIA570A提出了有关布线等级的规定，建立了一个布线介质的基本规范及标准，主要应用于室内家居布线及室内主干布线。该标准把家居布线分为两个等级，表6-1列出了两个等级支持的典型家居服务，表6-2列出了两个等级认可的家居传输介质。

表6-1 家居布线两个等级支持的典型家居服务

服 务	等 级 一	等 级 二
电话	支持	支持
电视	支持	支持
数据	支持	支持
多媒体	不支持	支持

表6-2 家居布线两个等级认可的家居传输介质

布 线	等 级 一	等 级 二
4线对非屏蔽双绞线	3类（建议使用5类电缆）	5类
75Ω同轴电缆	支持	支持
光缆	不支持	可选择

1）等级一

等级一要求提供可满足电讯服务最低要求的通用布线系统，该等级提供电话、CATV和数据服务。等级一主要采用双绞线，使用星形拓扑方法连接，布线的最低要求为1根4线对非屏蔽双绞线（UTP），并且必须满足或超出TIA/EIA568A规定的3类电缆传输特性要求，以及1根75Ω同轴电缆，还必须满足或超出SCTEIPS－SP－001的要求。建议安装5类非屏蔽双绞线，方便升级到等级二。

2）等级二

等级二要求提供可满足基础、高级和多媒体电讯服务的通用布线系统，该等级可支持当前和正在发展的电讯服务。等级二布线的最低要求为1或2根4线对非屏蔽双绞线（UTP），并且必须满足或超出TIA/EIA568A规定的5类电缆传输特性要求，以及1或2根75Ω同轴电缆，还必须满足或超出SCTEIPS－SP－001的要求。可选择光缆，并且必须满足或超出ANSI/ICEAS－87－640的传输特性要求。

TIA/EIA570A标准中还规范了"从分界点或信息插座到一个住宅单元设备间的布线系统"及"多住户/园区布线基础"，详细内容参见TIA/EIA570A的《家居电信布线标准》。

2. CECS119：2000规范

CECS119：2000《城市住宅建筑综合布线系统工程设计规范》由中国工程建设标准化协会通信工程委员会制定，经信息产业部、建设部等业内资深专家的审查，协会于2000年9月30日正式批准该规范为协会标准，并于同年12月正式施行。该标准在制定时结合我国城市住宅建筑通信设施的现状和对未来通信需求的预测，同时参考了TIA/EIA570A标准。该标准应用于新建、扩建和改建的城市住宅小区及住宅楼的综合布线系统工程设计。

该规范对住宅建筑综合布线系统做了一般规定，还规范了城市住宅小区内综合布线管线设计和建筑物内综合布线管线设计。城市住宅小区内综合布线管线设计包括地下综合布线管道设计和综合布线电缆或光缆设计的规范；建筑物内综合布线管线设计包括综合布线暗配管设计和综合布线暗配线设计的规范。规范中要求：对于综合布线的系统分级传输距离限值、各段缆线长度限值和各项指标等本规范未涉及的内容，均应符合国家标准《建筑与建筑群综合布线系统工程设计规范》GB 50311—2007 的有关规定。

CECS119：2000 规范中的一般规定认为建筑物内的综合布线系统应一次分线到位，并根据建筑物的功能要求确定其等级和数量。可以把布线配置分为基本配置和综合配置两个等级。

1）基本配置

基本配置适应基本信息服务，需要提供电话、数据和有线电视等服务，具体规定如下。

（1）每户可引入 1 条 5 类 4 对对绞电缆；同步敷设 1 条 75Ω 同轴电缆及相应的插座。

（2）每户宜设置壁龛式配线装置（简称 DD），每一间卧室、书房、起居室和餐厅等均应设置 1 个信息插座和 1 个电缆电视插座；主卫生间还应设置用于电话的信息插座。

（3）每个信息插座或电缆电视插座至壁龛式配线装置各敷设 1 条 5 类 4 对对绞电缆或 1 条 75Ω 同轴电缆，组建成星形网络。

（4）若将安防系统接入家庭信息配线箱，应根据各种安防系统的要求敷设相应线缆，并配置相应终端设备。

（5）壁龛式配线装置的箱体应一次到位，满足远期的需要。

2）综合配置

综合配置适应较高水平信息服务的需要，提供当前和发展的电话、数据、多媒体和有线电视等服务需要，具体规定如下。

（1）每户可引入 2 条 5 类 4 对对绞电缆，必要时也可设置 2 芯光纤；同步敷设 1～2 条 75Ω 同轴电缆及相应的插座。

（2）每户宜设置壁龛式配线装置（DD），每一间卧室、书房、起居室和餐厅等均应设置不少于 1 个信息插座或光缆插座及 1 个电缆电视插座，也可按用户需求设置；主卫生间还应设置用于电话的信息插座。

（3）每个信息插座、光缆插座或电缆电视插座至壁龛式配线装置各敷设 1 条 5 类 4 对对绞电缆、2 芯光缆或 1 条 75Ω 同轴电缆，组建成星形网络。

（4）若将安防系统接入家庭信息配线箱，应根据各种安防系统的要求敷设相应线缆，并配置相应终端设备。

（5）壁龛式配线装置（DD）的箱体应一次到位，满足远期的需要。

3. 家庭信息配线箱

家庭信息配线箱是为了满足目前家庭语音、网络、安全防范电器控制等功能布线量大的需要而设置的一个配线装置，它可作为每个家庭内部和外部信息交接的界面，通过此配线箱可以方便地调节家庭内部各信息点的功能。根据家庭信息配线箱的功能配置可将其分为以下 3 个等级。

1）标准配置

标准配置的家庭信息配线箱只提供语音、数据、有线电视、安防（根据需要增加）等信号的配线、分配功能，具体规定如下。

（1）针对语音通信配备语音配线架，可将由家庭外部引入的 1 路或多路电话信号提供给家庭内部多部同号分机使用。

（2）针对数据通信配备数据配线架，可将由家庭外部引入的数据信号通过数据配线架引至家庭的任一房间。

（3）针对有线电视信号配备有线电视分配器，将由家庭外部引入的有线电视信号分配成多路供家庭不同房间同时使用。

（4）针对安防等信号只提供转接配线端子。

2）综合配置

综合配置的家庭信息配线箱提供语音、数据信号的交换、共享等功能和有线电视信号的分配功能，对安防信号提供转接端子，具体规定如下。

（1）针对语音通信配备小型交换机，将由家庭外部引入的一路或多路电话信号引至家庭内的不同房间，不同分机可转接、通话。

（2）针对数据通信配备集线器，可为家庭提供内部局域网服务，如由家庭外部接入宽带网络信号，家庭内不同的数据端口可共享数据出口。

（3）针对有线电视信号配备有线电视分配器，将由家庭外部引入的有线电视信号分配成多路供家庭不同房间同时使用。

3）扩展功能配置

家庭信息配线箱在上述功能的基础之上，在允许的情况下可将对家庭安防设备、能源集成、灯光等设备的控制功能扩展到家庭信息配线箱中，同时考虑到信息的远程监控。

4. 配线箱技术要求

1）基本技术要求

家庭信息配线箱在选配时要符合以下基本技术要求。

（1）家庭信息配线箱内的配置应采用模块化设计，以便于不同类型用户选择。

（2）数据和语音通信模块端口应统一，建议统一采用 RJ-45 接口，以便于用户使用。

（3）数据端口的性能应达到超 5 类系统性能。

（4）有线电视分配器可将 1 路接入线扩展为 2～8 路，带宽应达到 1 000MHz，支持双向传输，分配器端口在不使用时应加装 75Ω 匹配负载头，以不影响其他端口的正常使用。

（5）家庭信息配线箱内一般禁止 220V 交流电接入，若箱体内配备有源设备应采用低压电源接入，若在家庭信息配线箱旁边 1m 范围内预留电源，建议通过暗管接入信息配线箱（若箱体空间较大，可在箱体内安装电源插座，但强、弱电必须保证安全隔开，确保使用安全）。

（6）家庭信息配线箱内各系统模块应留有安全使用的操作距离，家庭信息配线箱若采用金属箱体应有可靠的接地。

（7）家庭信息配线箱宜设在户内便于检修的位置，为了方便用户使用和家庭美观，家庭信息配线箱可低位安装于家庭内的隐蔽位置。

2）扩展功能要求

家庭信息配线箱在选配时除了要满足基本技术要求外，还要为技术与应用的发展预留扩展空间，具体有以下要求。

（1）家庭信息配线箱在选配时应预留安装及扩展空间，内部功能模块可分步配装。

（2）家庭安防、能源集成等功能应能够扩展。

（3）对某些住宅在建筑电气设计时，只考虑了电话、数据、电视业务的布线，但在土建完成施工或用户对安全、计量、控制提出需求时，为解决管线的敷设问题，各类传感器至控制模块之间也可采用无线的方式加以解决。

（4）为完善家庭的智能化，用户也可以使用移动手机或电话经过通信网络实现各种智能控制。

任务6.2 智能家居布线设计

6.2.1 任务描述

本任务要求设计一套三室两厅两卫住宅的家居布线系统，系统应包括有线电视系统、宽带网络系统、电话系统和访客对讲系统。

1. 建筑概况

该三室两厅两卫住宅由餐厅、客厅、厨房、书房、主卧室、卧室、阳台7部分构成，在门口处设置家居配线箱，电视、电话、网络进线引入家居配线箱，房间内的信息接口通过家居配线箱，经户外弱电竖井通向建筑物设备间。小区建有园区网，为每户一根电缆，一个IP地址。该户型平面图如图6-1所示。

该户型目前为刚交房的毛坯房，电话、电视、网络由外部引入家居配线箱，各室内房间没有进行弱电系统敷设。

2. 设计需求

业主要求在门口处设置访客对讲系统室内分机，在客厅沙发旁边设置语音信息点，对面沙发旁边设置 TV 点，方便安放电视机。在书房设置语音点和数据点。在卧室设置语音点、数据点、TV 点。电视系统要求各房间能同时独立观看电视节目；电话系统要求为一进四出，方便接听，不需要设置转接功能；各房间要能同时上网，互不影响。

6.2.2 家居综合布线系统设计

1. 系统设计

依据 CECS119：2000 规范，该住宅的家居布线系统包括有线电视系统、宽带网络系统、电话系统和访客对讲系统。配置标准按综合配置标准执行，即每户有2条6类4对对绞电缆入户，同步敷设1条75Ω同轴电缆及相应的插座。

室内设置一套壁龛式配线装置，客厅设置1个信息插座、1个电视电缆插座和1个语音插座；书房设置1个信息插座、1个语音插座；主卧室设置1个信息插座、1个电视电缆插座和1个语音插座；卧室设置1个数据插座、1个电视插座。每个信息插座或电缆电视插座至壁龛式配线装置各敷设1条6类4对对绞电缆或1条75Ω同轴电缆，组建成星形网络。

项目 6 智能化小区布线设计

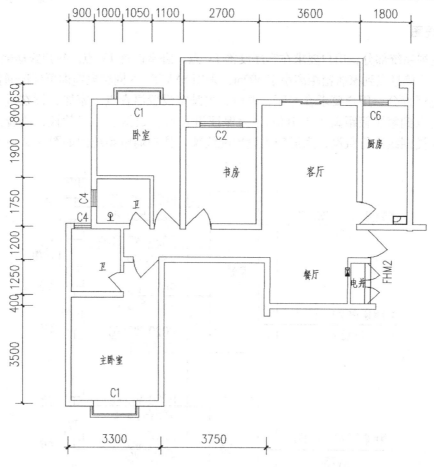

图 6-1 三室两厅两卫住宅户型平面图

2. 信息点分布

业主要求在门口处设置访客对讲系统室内分机；在客厅沙发旁边设置语音信息点和数据信息点，对面沙发旁边设置 TV 点，方便安放电视机；在书房书桌附近设置 1 个语音点、1 个数据点；在主卧室床头设置 1 个语音点、1 个数据点，床对面设置 1 个 TV 点；卧室床头设置 1 个数据点，床对面设置 1 个 TV 点。因此，每户有语音信息点（TP）3 个、数据信息点（TP）4 个、TV 点 3 个，分布数据如表 6-3 所示。

表 6-3 家居布线信息点分布表

房 间	TD	编 号	TP	编 号	TV	编 号
客厅	1	D01	1	P01	1	T01
书房	1	D02	1	P02	—	
主卧室	1	D03	1	P03	1	T02
卧室	1	D04	—		1	T03

3. 系统图

有线电视系统部分，用户要求在客厅设置 TV 点，卧室设置 TV 点。每户家居箱设在进门餐厅墙壁上。从信息点到家居箱距离小于 500m，采用 SYV75-5 同轴电缆即可保证通信质量。

语音电话部分，用户要求在客厅、书房、主卧室设置语音点。家居箱设在进门餐厅墙壁上，从信息点到家居箱距离小于 100m，为保证语音点、数据点相互替换，语音点和数据点均采用超 5 类网线进行敷设，家居箱里设置配线架。住户弱电系统图如图 6-2 所示。

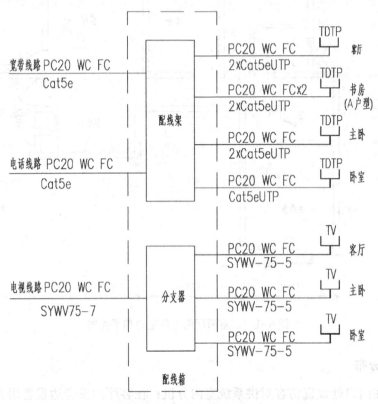

图 6-2　住户弱电系统图

访客对讲系统部分，按用户要求在进门处墙壁上设置室内分机。室内分机通过楼层弱电箱连接到每栋楼的弱电箱，各栋楼弱电箱依次连接在一起，接入小区中控室。

6.2.3　设计成图

1. 家居布线系统管线图

依据信息点分布和弱电系统图，该住宅布线系统管线采用 PVC 线管沿墙或地板下（可由业主装修设计调整）暗敷。沿墙敷设时，每根管路在各转角处必须设置电缆接线盒，两根管以下的管路可采用标准 86 接线盒，大于两条管路可根据情况定制。若不同时进行穿线施工，每根管路中须预留牵引钢丝。若在地板下敷设，转弯不得多于两个，若不同时进行穿线施工，每根管路中也须预留牵引钢丝。该住宅综合布线管线图如图 6-3 所示，综合布线缆线图如图 6-4 所示。信息点安装在距离地面 300mm 的墙上。

项目6 智能化小区布线设计

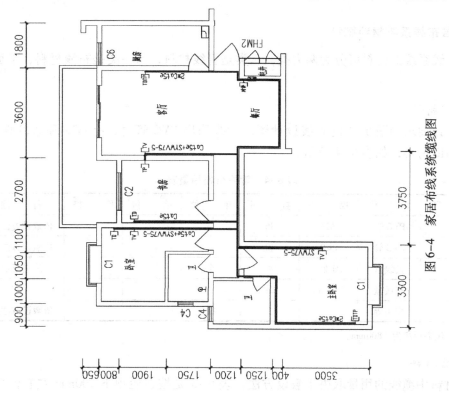

图6-4 家居布线系统缆线图

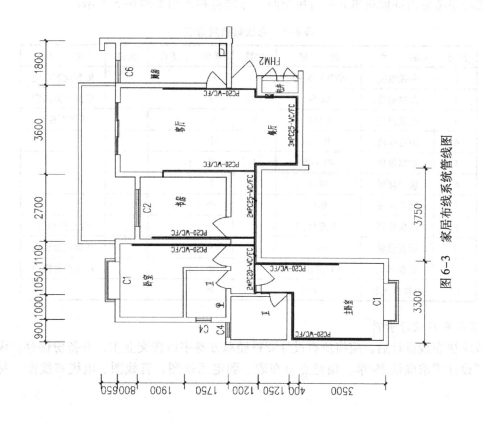

图6-3 家居布线系统管线图

2. 家居布线系统材料统计

综合布线系统的材料可分为两大类，一类是管线材料，另一类是布线材料，下面分别进行统计。

1）管线材料

依据设计要求和图 6-3 的管线设计图，管线采用 PVC 管材，有 $\phi 25$ 和 $\phi 20$ 两种规格，以及一些辅助材料，如表 6-4 所示。

表 6-4 管线材料用量表

序号	名称	规格	数量	单位	单价	价格	备注
1	PVC 管	$\phi 25$	36	m			依敷设方法定
2	PVC 管	$\phi 20$	40	m			依敷设方法定
3	接线盒	定制	4	个			三进三出
4	接线盒	86×86	24	个			
5	弯头等		1	批			依敷设方法定

注：住宅层高为 2 800mm。

2）布线材料

布线材料中缆线的用量取决于敷设方法，表 6-5 是按在屋顶下 200mm 左右位置沿墙敷设计算的结果。实际施工中，除按实际距离测量外，一般还应增加 15% 左右的余量。多媒体箱在选用时要考虑内部模块单元的占用空间。布线材料使用如表 6-5 所示。

表 6-5 布线材料用量表

序号	名称	规格	数量	单位	单价	价格	备注
1	电视电缆	SYWV75-5	60	m			依敷设方法定
2	数据电缆	Cat5e	136	m			依敷设方法定
3	电视模块	CATV	3	个			（含面板）
4	语音模块	RJ-11	3	个			
5	数据模块	RJ-45	4	个			
6	接口面板	双口	3	个			
7	接口面板	单口	2	个			
8	多媒体箱	普天 H 型	1	个			含盒体和门
9	语音模块	一分四	1	个			H 型配套模块
10	数据模块	5 口路由器	1	个			H 型配套模块
11	电视分配器	一分三	1	个			

3）家居布线设计资料

完成家居布线设计后，应将所有设计资料经双方签字后转交业主，并备份保存。设计资料应包括设计需求确认书/单、信息点分布表、弱电系统图、管线图、电缆布线图、材料清单等。

6.2.4 设备安装

在完成系统设计后，可依据业主资金情况选购相应的产品进行安装。本书以南京普天天纪产品为例介绍设备安装工程，若选用其他产品请参阅厂商技术说明。

房间中各类信息终端的安装与任务 5.1 中工作区信息点模块安装相同，本节不再重复。下面只对家居箱中的各功能模块进行配置和安装。

1. 配线箱

南京普天天纪提供有多款家庭多媒体配线箱，提供 4～10 个单元模块的安装空间。本例选择一款较适合一般家庭的 H 型家庭多媒体配线箱，分为盒体和门两部分，如图 6-5 所示。

图 6-5　H 型家庭多媒体配线箱

盒体尺寸为 280mm（宽）×210mm（高）×88mm（深），材质为冷轧钢板，表面为粉末喷涂，盒体内部可以选择安装一分三或一分四有线电视分配器。门的尺寸为 330mm（宽）×245mm（高）×20mm（墙外厚度深），材质为耐火 ABS 工程塑料。箱体内可以安装电源插座，安装设备后的配线箱如图 6-6 所示。

图 6-6　安装设备后的配线箱

2. 有线电视模块

依据系统设计，该住宅从设备间引入一根 SYWV75-7 电缆，从家居箱分向三个居室，每室安装一个电视终端，因此，至少需要一个一分三的电视分配器。在普天天纪家居布线产品系列中，提供有一分三、一分四、一分六、一分八多种分配模块，输出带宽为 1GHz，支持双向传输。

1)产品选择

本次安装选择一分四分配模块,保留一个出口冗余,分配模块实物如图 6-7 所示。附件含 5 个电缆连接头(含钢圈)和 1 个负载头,支持双向有线电视(注:此例也可选择一分三分配模块)。

图 6-7 一分四电视分配器实物

该产品的型号为 CPBFP01/408,其中:

CP——企业代码,中国普天;

B——指外壳的型号为边路型;

FP——指分配器;

01——为型号申请代码;

4——表示分配口数;

08——表示分配口的分配损耗为 8dB。

2)线路连接

将有线电视信号的进线同轴电缆做好连接头,接在模块上标有"IN"的接头处;将各个房间的出线同轴电缆做好连接头,接在标有"OUT"的接头处。由于本例中有一个富余出口,为保证收看清晰,空闲的"OUT"接头要安装 75Ω 负载头,如图 6-8 所示。

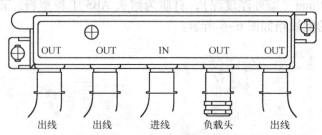

图 6-8 电视分配器连接示意图

3)制作连接头

将同轴线外皮剥去约 20mm,剪去隔离层约 15mm,露出铜芯。剪去一些屏蔽层使其略底于隔离层端部,剥制尺寸如图 6-9 所示。

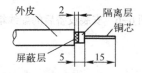

图 6-9 剥制电视电缆图示尺寸

先将钢圈套入同轴电缆,按图 6-10 中箭头方向将连接头套入,小端头套入隔离层和屏蔽层之间,然后推入到抵住外皮,如图 6-10 所示。

将钢圈推抵连接头,用钳子将钢圈夹紧,再将夹头弯扁即可,如图 6-11 所示。

项目6 智能化小区布线设计

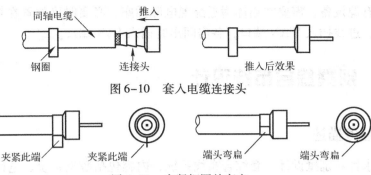

图 6-10 套入电缆连接头

图 6-11 夹紧钢圈并弯扁

3. 语音模块

依据系统设计，该住宅从设备间引入一根超 5 类非屏蔽电缆进入家居箱，分别引入两个卧室、书房、客厅，每室安装一个电话终端，因此，至少需要一个一分四的语音模块。

在普天天纪家居布线产品系列中提供有多种分配模块，与 H 型家庭多媒体配线箱配套的有一款二进八出的语音模块能够满足要求，产品型号为 NPL4.431.2001，如图 6-12 所示。

图 6-12 NPL4.431.2001 语音模块

该模块为满足家庭电话分配而设计，当开关状态设置为"1"时，10 个 RJ-45（4 芯）插座口连通，电话 IN1 接外线，其余接口为该线的出口；当开关状态设置为"11"时，IN1 和 IN2 分别接两条外线，1OUT1～1OUT4 为 IN1 所对应的出口，2OUT1～2OUT4 为 IN2 所对应的出口。该模块为无源设备，不需要供电。

该模块的接口均为 RJ-45 接口，模块制作参阅本书任务 5.1 中的相关内容。

4. 数据模块

依据设计需求，该住宅有一根网络进线、一个 IP 地址，因此需要选择路由产品才能满足多个房间同时独立上网的需求。与 H 型家庭多媒体配线箱配套的有一款五口路由器模块，能够满足要求，产品型号为 NPL4.431.2007，如图 6-13 所示。

图 6-13 NPL4.431.2007 五口路由模块

该产品兼容 IEEE802.3、IEEE802.3u 标准，提供 4 个 LAN 端口、1 个 WAN 端口，支持虚拟服务、端口案例设置等功能，支持多种网络协议，提供远程管理、远程升级，维护方

便。该产品为有源设备,需要在箱体附近配置电源插座,必要时可放置在箱体内,如图6-6所示。连接时,进线插入WAN端口,各房间出线插入LAN端口。

任务6.3 别墅综合布线设计

6.3.1 任务描述

本任务要求针对别墅设计一套综合布线系统,内容包括数据系统、电话系统、可视对讲系统,完成相关图纸及统计表。

1. 建筑概况

该别墅为一套三层独幢小楼,一层有车库、客厅和客房,卧室、书房等位于二、三层,在一层楼梯转角平台下有独立的设备间,面积为2 100mm×845mm,高度为1 500mm。二、三层在楼梯侧墙上设有与设备间相连的过路箱。别墅各层平面图如图6-14~图6-16所示。

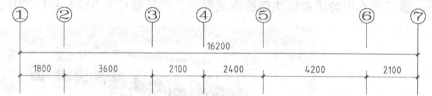

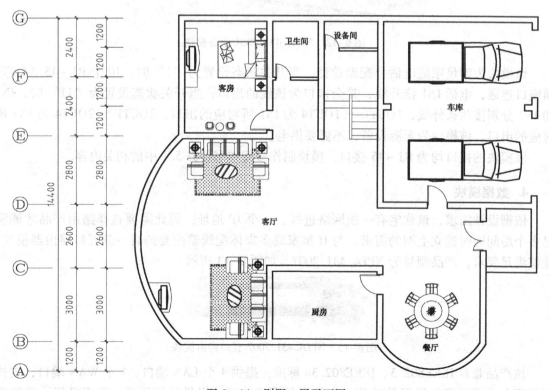

图6-14 别墅一层平面图

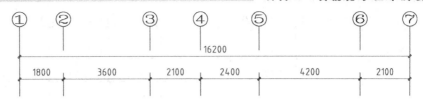

项目6 智能化小区布线设计

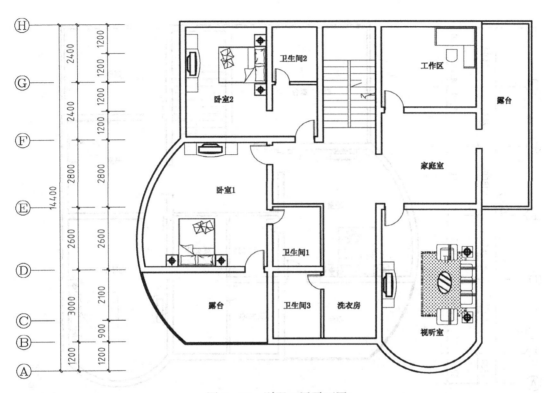

图 6-15 别墅二层平面图

该别墅目前为刚交房的毛坯房，电话、电视、网络由外部引入设备间，各室内房间没有进行弱电系统敷设；房间地板与墙面允许切割深度小于20mm的线槽；厨房和卫生间计划安装吊顶。

2. 设计需求

业主对别墅的系统设计有以下要求。

一层：客房电视柜附近设有线电视、音视频插座，床边设电话插座，会客区设数据插座。客厅电视柜附近设有线电视、音视频插座，沙发附近设电话插座，厨房、餐厅的天花板上设置喇叭，餐厅另设一个信息插座。

二层：卧室1电视柜附近设有线电视、音视频插座和数据插座，床头设电话插座，卫生间设电话插座和天花板喇叭。卧室2与卧室1相同。卫生间3不设置弱电系统。工作间设数据插座和电话插座。家庭室只在沙发附近设置电话插座一个。视听室电视柜附近设有线电视和2路音视频线路，分别用于播放和收视，数据插座和电话插座设于沙发附近。

三层：主卧和卧室与二层卧室要求相同，书房与二层工作间要求相同。

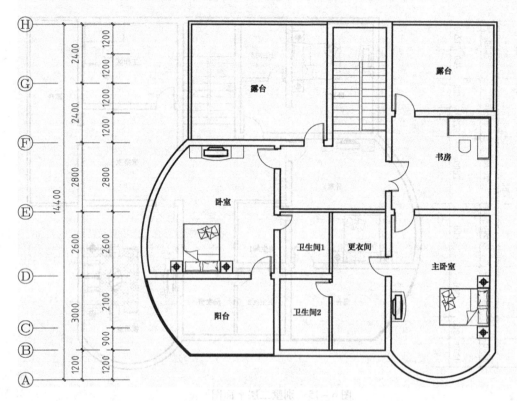

图 6-16 别墅三层平面图

6.3.2 别墅综合布线系统设计

分析业主需求,可以了解到该别墅包括数据通信系统、电话系统、有线电视系统、音乐播放系统,在一楼设备间内设置壁挂式标准机柜,所有系统的缆线接入机柜。业主要求机柜内部不再设置配线架,缆线直接连接各类弱电设备,因此,机柜内部连接按任务5.2和任务5.3中所述进行,各房间的接线同任务5.1,此处只介绍布线设计,不再赘述模块安装内容。

1. 数据通信系统

1)需求分析

用户在实施综合布线系统工程项目前都有一些自己的设想,但大多数用户都不熟悉综合布线的设计技术,因此,作为项目设计人员必须与用户耐心地沟通,认真、详细地了解工程项目的实施目标、要求,并整理存档。对于某些不清楚的地方,还应多次反复与用户进行讨论，一起分析设计。

用户需要在一楼客房，二楼工作间、视听室、卧室，三楼书房、卧室设置数据通信系统。根据施工平面图，在用户指定场所设置数据信息点，到过路盒距离均不超过100m。数据采用8口10/100MB以太网交换机或8口数据模块（RJ-45配线架）安装在一楼设备间内。上述设计符合设计规范，达到用户需求。

2）信息点分布

按照业主要求，在一层客厅的会客区和客房各设一个信息插座，在二层的卧室1、卧室2、工作区和视听室要求备有信息插座，在三层的主卧室、卧室和书房设信息插座。为保证系统的可靠性，房间信息插座不宜孤点布设，每间房的信息点采用双点布置，因此，整套别墅内共设置信息点18个，房间分布如表6-6所示。

表6-6 别墅信息点分布表

楼 层	房 间	数 量	编 号	备 注
1	会客区	2	D1011，D1012	
1	客房	2	D1021，D1022	
2	卧室1	2	D2011，D2012	
2	卧室2	2	D2021，D2022	
2	工作间	2	D2031，D2032	
2	视听室	2	D2041，D2042	
3	主卧室	2	D3011，D3012	
3	卧室	2	D3021，D3022	
3	书房	2	D3031，D3032	

3）系统图

根据实际情况，二、三层在楼梯口处设置过路盒，一层楼梯口处设置设备间。每个房间内的信息点通过各层的过路盒通向一层的设备间。线缆采用4对超5类对绞电缆于墙内管道铺设。整套系统组成星形结构，系统图如图6-17所示。

4）注意事项

第一，要确定施工现场情况。工程设计人员必须到各建筑物的现场考察，了解建筑物布局，并详细了解以下内容：

（1）每个房间信息点安装的位置；

（2）预埋的管槽分布情况；

（3）屋内布线走向；

（4）屋内任何两个信息点之间的最大距离；

（5）建筑物垂直走线情况。

第二，要确定工程实施的范围。工程实施的范围主要是确定综合布线工程中的各类信息点数量及分布情况，还要注意到现场查看并确定住宅的进线位置和方式。

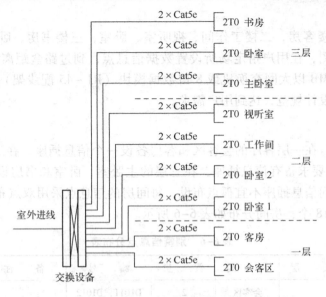

图 6-17 别墅数据系统图

第三，要确定系统各类信息点的接入要求。对于各类系统的信息点接入要求，主要掌握以下内容：

(1) 信息点接入设备类型；

(2) 未来预计需要扩展的设备数量；

(3) 信息点接入的服务要求。

2. 电话系统

1) 需求分析

作为高档别墅，用户对通话设施的要求越来越高。由于面积大，为了便于用户接听电话方便，需要在房间多处设置语音点。在主人房卫生间浴缸边设置语音点，便于户主随时进行语音通信。

二、三层语音信息点通过铺设管道，通过楼层过路盒和一层设备间连接。语音系统采用 2 进 8 出 208 型智能电话交换机或 2 进 8 出语音模块，安装在设备间内。

2) 信息点分布

按照业主要求，在别墅一层餐厅、客厅、客房各设置一个语音点，在别墅二层家庭室、视听室、卧室 1、卫生间 1、卧室 2、卫生间 2 各设置一个语音点，在别墅三层书房、主卧室、卫生间 1、卧室、卫生间 2 各设置一个语音点。各信息点分布与编号如表 6-7 所示。

3) 系统图

根据实际情况，二、三层在楼梯口处设置过路盒，一层楼梯口处设置设备间。每个房间内的语音点通过各层的过路盒通向一层的设备间。线缆采用 4 对超 5 类对绞电缆于墙内管道铺设。语音系统图如图 6-18 所示。

表6-7 信息点分布与编号

楼 层	房 间	数 量	编 号	备 注
1	餐厅	1	P1011	
1	客厅	1	P1021	
1	客房	1	P1031	
2	家庭室	1	P2011	
2	视听室	1	P2021	
2	卧室1	1	P2031	
2	卫生间1	1	P2041	可与卧室1并线
2	卧室2	1	P2051	
2	卫生间2	1	P2061	可与卧室2并线
3	书房	1	P3011	
3	主卧室	1	P3021	
3	卫生间1	1	P3031	可与主卧室并线
3	卧室	1	P3041	
3	卫生间2	1	P3051	可与卧室并线

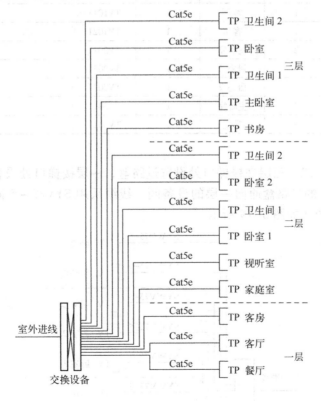

图6-18 语音系统图

4）注意事项

首先，是接线颜色的选择。选用两芯电话模块，用蓝、蓝白线接线，选用4芯电话模块，用蓝、蓝白、棕、棕白线接线。选用通用模块接线时，保证4对对绞电缆全部接通。

其次，是信息面板布置及标记。语音面板一般和数据面板一起布放，高度在 300mm 左右。打接完面板模块后，应标记信息点，以便使用及日后维修。

3. 有线电视系统

1）需求分析

用户在别墅一层、二层、三层均要求安装有线电视系统。按照用户要求，在客厅、客房、视听室、卧室设置 TV 点。从 TV 点到各层过路盒，连接到一楼设备间。线路采用 SYV–75–5 同轴电缆进行布设，设备间安装 1 进 8 出有线电视分配器。

2）信息点分布

按照业主要求，在别墅一层客厅、客房设置有线电视信息点，在别墅二层视听室、卧室 1、卧室 2 设置有线电视信息点，在别墅三层主卧室、卧室设置有线电视信息点。有限电视信息点分布如表 6-8 所示。

表 6-8 有线电视信息点分布表

楼层	房间	数量	编号	备注
1	客厅	1	TV1011	
1	客房	1	TV1021	
2	视听室	1	TV2011	
2	卧室 1	1	TV2021	
2	卧室 2	1	TV2031	
3	主卧室	1	TV3011	
3	卧室	1	TV3021	

3）系统图

根据实际情况，二、三层在楼梯口处设置过路盒，一层楼梯口处设置设备间。每个房间内的 TV 点通过各层的过路盒通向一层的设备间。线缆采用 SYV75–5 同轴电缆于墙内管道铺设。有限电视系统图如图 6-19 所示。

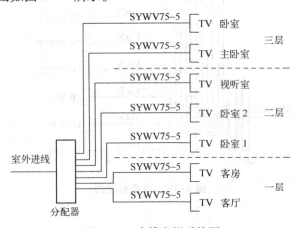

图 6-19 有线电视系统图

4）注意事项

在连接信息面板及同轴电缆时，施工中应注意电缆的芯线和屏蔽网不能短路，分配、分支器的安装位置应远离220V电源。

用户应选用优质的75Ω-5或75Ω-6物理发泡型同轴电缆和屏蔽型连接头，不要选用藕芯电缆或300Ω的平衡电缆。

室内的布线方式应采用星形连接方式，即每户设一中心盒，将分配器置于其中，从分配器点对点拉电缆至各终端盒。

4. 音乐播放系统

1）需求分析

用户在别墅一层、二层、三层要求安装音乐播放系统。按照用户要求，在餐厅、厨房、卫生间设置音频功放模块并设置扬声器。从功放模块通过各层过路盒连接到一楼设备间。线路采用RVVP2×0.5进行布设，AV视音频电缆和TV同轴电缆可同管敷设。

2）信息点分布

按照业主要求，在别墅一层餐厅、厨房设置功放点，在别墅二层卫生间1、卫生间2设置功放点，在别墅三层卫生间1、卫生间2设置功放点。音乐信息点分布如表6-9所示。

表6-9 音乐信息点分布表

楼层	房间	数量	编号	备注
1	餐厅	1	G1011	
1	厨房	1	G1021	
2	卫生间1	1	G2011	
2	卫生间2	1	G2021	
3	卫生间1	1	G3011	
3	卫生间2	1	G3021	

3）系统图

根据实际情况，二、三层在楼梯口处设置过路盒，一层楼梯口处设置设备间。各功放点通过各层的过路盒通向一层的设备间。线缆采用RVVP2×0.5于墙内管道铺设。音乐系统图如图6-20所示。

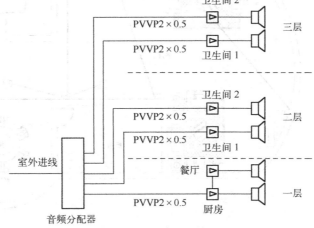

图6-20 音乐系统图

4）注意事项

设计家庭智能背景音乐系统，首先要选好卫生间、厨房、餐厅天棚上安放吸顶音箱的位置，布线时可沿吸顶音箱分布位置敷设一条音箱线，家庭智能背景音乐对线材的要求不高，100芯音箱线完全可以满足需求，安装时采用并联的方法连接。

家庭智能背景音乐的功放和普通的功放不同，是定压功放，不能用一般的家用功放替代。定压功放组成的系统俗称广播系统，为了实现远距离传输，将信号功率放大后，利用线间变压器提升输出电压，一般为 70～120V。到终端后，再利用线间变压器降压匹配阻抗，驱动音箱。

家庭智能背景音乐的控制面板通常安装在开关位置，方便用户操作使用。

6.3.3 别墅综合布线系统图与材料统计

1. 别墅综合布线系统线路图

别墅各层综合布线管线图分别如图 6-21～图 6-23 所示。

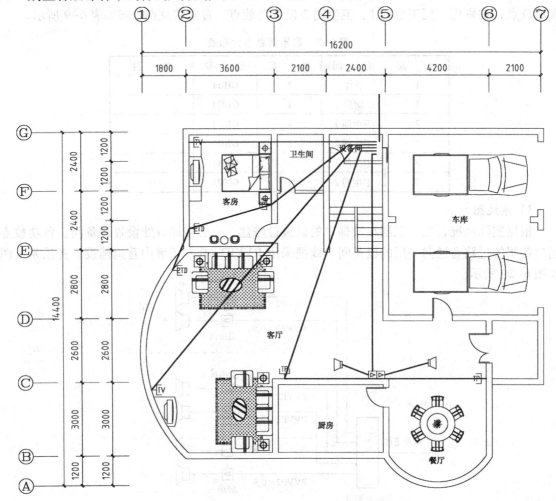

图 6-21 别墅一层综合布线管线图

项目 6 智能化小区布线设计

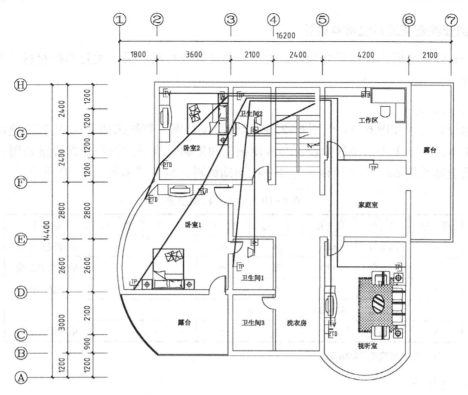

图 6-22 别墅二层综合布线管线图

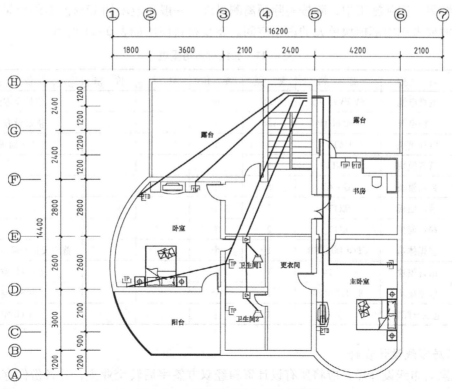

图 6-23 别墅三层综合布线管线图

2. 别墅综合布线系统材料统计

综合布线系统所用材料可分为两大类,一类是管线材料,另一类是布线材料。下面分别进行统计。

1) 管线材料

依据设计要求和图 6-21～图 6-23 所示管线设计图,管线采用 PVC 建筑用绝缘电工套管,由于本次施工采用沿楼板敷设,为方便施工和采购,除进户管和垂直管路采用 $\phi25$ 套管外,其余全部采用 $\phi20$ 一种规格,另加一批辅助材料,材料清单如表 6-10 所示。

表 6-10 管线材料用量表

序 号	名 称	规 格	数 量	单 位	单 价	价 格	备 注
1	PVC 管	$\phi25$	36	m			依敷设方法定
2	PVC 管	$\phi20$	36	m			依敷设方法定
3	接线盒	定制	4	个			三进三出
4	接线盒	86×86	24	个			
5	弯头等		1	批			依敷设方法定

注:住宅层高为 3 000mm。

2) 布线材料

布线材料中缆线的用量取决于敷设方法,表 6-11 是按在屋顶下 200mm 左右位置沿墙敷设计算的结果。实际施工中,除按实际距离测量外,一般还应增加 15% 左右的余量。多媒体箱在选用时要考虑内部模块单元的占用空间。布线材料使用如表 6-11 所示。

表 6-11 布线材料用量表

序 号	名 称	规 格	数 量	单 位	单 价	价 格	备 注
1	电视电缆	SYWV75-5	60	m			依敷设方法定
2	数据电缆	Cat5eUTP	136	m			依敷设方法定
3	电视模块	CATV	3	个			(含面板)
4	语音模块	RJ-11	3	个			
5	数据模块	RJ-45	5	个			
6	接口面板	双口	3	个			
7	接口面板	单口	2	个			
8	多媒体箱	CPGCD01/FB	1	个			普天天纪产品(6U 空间)
9	语音模块	一分四	1	个			(占1U 空间)
10	数据模块	8 口路由器	1	个			(占3U 空间)
11	电视分配器	一分三	1	个			(占1U 空间)

3) 家居布线设计资料

完成家居布线设计后,应将所有设计资料经双方签字后转交业主,并备份保存。设计资料应包括设计需求确认书/单、信息点分布表、弱电系统图、管线图、电缆布线图、材料清单等。

上述资料的制作整理，作为学习本任务的作业上缴。

任务6.4 多层住宅综合布线

6.4.1 任务描述

设计一套多层住宅综合布线系统，包括有线电视系统、数据电话系统、可视对讲系统，由于住户内部布线系统在任务6.2中已经完成，本任务只针对住宅楼内住宅外部的公共部分进行布线设计，并完成相关系统图及材料统计表。

1. 建筑概况

该多层住宅为6层，有两个单元，一梯四户。每户内设置家居箱，每层左右两边设置弱电井，地下一层为设备间。该多层土建已经完成，电话、电视、网络、可视对讲由外部引入设备间，各室内房间没有进行弱电系统敷设。该多层住宅标准层平面图如图6-24所示。该幢住宅有两种户型，A户型为三室两厅两卫户型，位于单元的两侧，B户型为两室两厅一卫户型，位于单元的中间。

2. 设计需求

用户要求设计包括数据电话系统、闭路电视系统、可视对讲系统。每户家居箱设在进门餐厅墙壁上，客厅设置TV、TP点，书房设置TD、TP点，卧室设置TD、TP、TV点。

6.4.2 多层住宅综合布线设计

1. 有线电视系统

1) 需求分析

有线电视起源于共用天线电视系统MATV（Master Antenna Television）。共用天线系统是多个用户共用一组优质天线，以有线方式将电视信号分送到各个用户的电视系统。

用户要求在客厅设置TV点，卧室设置TV点。每户家居箱设在进门餐厅墙壁上。从信息点到家居箱距离小于500m，采用SYV75-5同轴电缆进行敷设可以保证通信质量，垂直杆线部分采用SYV75-7同轴电缆进行敷设，市广电总局用SYV75-9同轴电缆引入楼群。上述设计符合设计规范，可以达到用户需求。

2) 信息点分布

按业主要求每户客厅设置1个TV点，主卧室设置1个TV点，2个TV点接入户内家居箱中。全楼在三层弱电井内设置有线电视集线箱，每户TV点从家居箱连接到相应单元三楼的有线电视集线箱内。在每个TV点设置单口面板，为保证质量，各TV点采用SYV75-5同轴电缆连接至家居箱中，从家居箱至有线电视集线箱采用SYV75-7同轴电缆。每层有TV点16个，整栋楼有TV点96个，如表6-12所示。

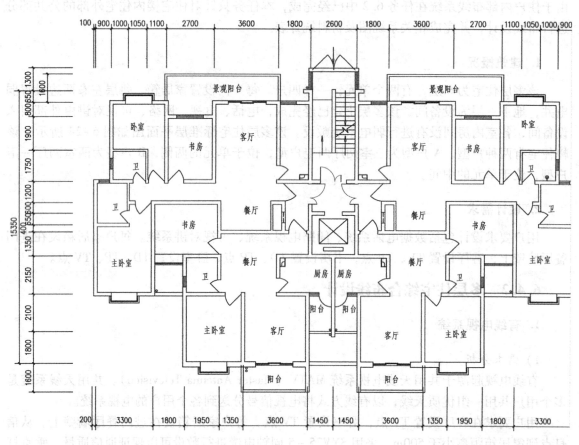

图 6-24 多层住宅

项目6 智能化小区布线设计

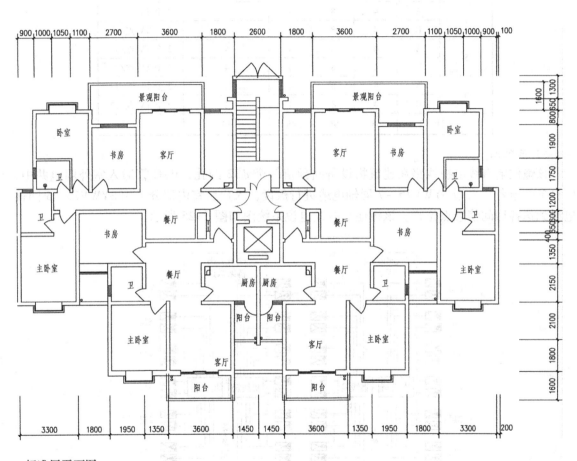

标准层平面图

表 6-12　多层住宅 TV 信息点分布表

楼层数	户型	户数	TV	单口面板	家居布线箱	备　注
1	A	4	8	4	4	2 个 TV 点/户
	B	4	8	4	4	2 个 TV 点/户
2	A	4	8	4	4	2 个 TV 点/户
	B	4	8	4	4	2 个 TV 点/户
3	A	4	8	4	4	2 个 TV 点/户
	B	4	8	4	4	2 个 TV 点/户
4	A	4	8	4	4	2 个 TV 点/户
	B	4	8	4	4	2 个 TV 点/户
5	A	4	8	4	4	2 个 TV 点/户
	B	4	8	4	4	2 个 TV 点/户
6	A	4	8	4	4	2 个 TV 点/户
	B	4	8	4	4	2 个 TV 点/户
合计		48	96	48	48	

3）系统图

该幢住宅有线电视线路在建筑物设备间预留一个 $\phi 32$ 的孔，PVC 管通入室外弱电井中，由设备间至各户采用 SYWV75-7 同轴电缆进行敷设，入户后室内部分采用 SYWV75-5 同轴电缆到达各房间信息点位置。该幢住宅有线电视系统图如图 6-25 所示。

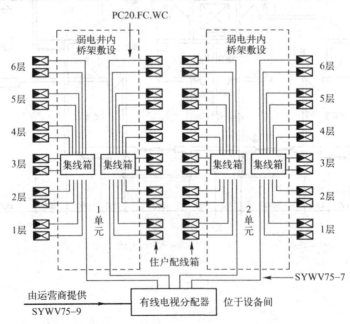

图 6-25　多层住宅有线电视系统图

4）注意事项

第一，避开干扰源。当有线电视的个别频道受到外来干扰时，就需要提高信号强度以加强信号的抗干扰能力。当有线电视网络离交流电源较近或平行架设时，电视网络中产生 50Hz 的交流干扰，电视画面上会出现 1～2 条向上移动的水平干扰条。因此在架线时应尽量避免

项目6 智能化小区布线设计

出现类似故障,必要时应对钢绞线进行良好的接地,对电缆线另加一层PVC管隔离。

第二,有线电视系统线路架设要合理。在早期的线路架设中,由于忽视了网络的规范化,哪里有用户,就随意将线路延伸到哪里,没有统一的规范设计。但随着楼房的林立,用户的逐步增加,分配网中放大器、分支器、分配器串接数量增多,线路设计不合理的矛盾日渐加剧,故障点和信号中断现象已日趋严重。因此干线要适时调整,架设较合理的有线网络。

第三,要保证线路的非线性失真控制在一定范围之内。在这种条件下,希望通过放大器的增益来补偿信号的线路损耗;但在实践中放大器的增益又不完全与电缆的损耗、各种器件的插入损耗之和一致,通常习惯于采用衰减片、均衡片来对线路电平进行衰减调整和均衡调整。采用带有AGC端控制电路的放大器,可以更为准确地控制其输出电平。

第四,要注意温度的变化引起电缆对信号电平的衰减变化。在每年的开春和入冬季节,由于温差变化大,引起传输电平变化也很大。因此每当春、秋交替的时候需要对线路电平重新维护一次。

2. 数据语音系统

1) 需求分析

在本次设计中,业主要求为每户提供两根UTP入户,提供数据和语音服务,入户电缆接入每户家居箱内。从家居箱向各房间(客厅、书房、卧室)引入两根CAT5eUTP电缆,使其具备向各房间提供数据、语音服务的能力。此次布线工程,只提供将线路分配房间的转接/插接设备,不提供交换设备,交换设备由用户另行购置。

2) 信息点分布

按业主要求在每户客厅、书房、卧室设置1个数据点和1个语音点。数据点与语音点通过每户家居箱中的入户电缆经弱电井连接到楼幢设备间。每个信息点设置双口面板,语音、数据信息点可相互替换。A户型共有4个数据点和4个语音点,B户型共有3个数据点和3个语音点,具体分布数量如表6-13所示。

表6-13 多层住宅语音信息点分布表

楼层数	户型	户数	TO	TP	双口面板	多媒体布线箱	备注
1	A	4	16	16	16	4	
	B	4	12	12	12	4	
2	A	4	16	16	16	4	
	B	4	12	12	12	4	
3	A	4	16	16	16	4	
	B	4	12	12	12	4	
4	A	4	16	16	16	4	
	B	4	12	12	12	4	
5	A	4	16	16	16	4	
	B	4	12	12	12	4	
6	A	4	16	16	16	4	
	B	4	12	12	12	4	
合计		48	168	168	168	48	

3）系统图

每户家居箱设在进门餐厅墙壁上,从信息点到家居箱距离小于100m,采用CAT5eUTP进行敷设可以保证信号质量。语音与数据都采用CAT5eUTP可以保证语音点和数据点相互替换,必要时可调整使用功能。每户家居箱里设置配线架,供向各房间跳线。入户前数据语音系统系统图如图6-26所示,入户后数据、语音、有线电视系统图如图6-27所示。

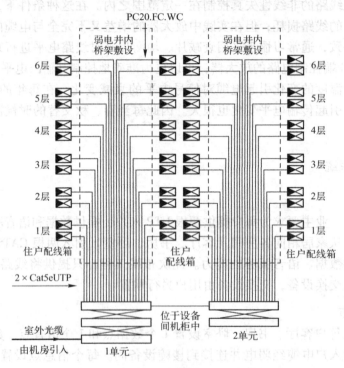

图6-26 多层住宅数据语音系统系统图

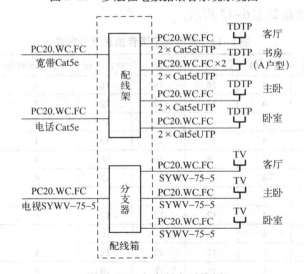

图6-27 户内弱电系统图

本任务只对建筑物内从设备间引出后至住户家居箱之间的布线系统进行设计,设备间的内容请参考本书任务 5.1～任务 5.3 的相关内容进行设计。住户内部的布线设计已经在任务 6.2 中对 A 户型进行了设计，本任务中不再重复。B 户型可对照 A 户型进行设计，请读者自己完成。

4）注意事项
- 水平干线部分，永久链路打线要牢固，敷设应整齐。
- 由于语音点和数据点双点同时布设，考虑到日后的替换和扩展，采用超 5 类网线布设语音点，并要求 8 根线全部接通。
- 做好缆线标识。缆线端接好后，注意做好标识，标识包括两端的标识和中段的标识。在点数较少时，垂直干线部分缆线直接连接到设备间的相应交换机上；在点数较多时，垂直干线部分采用大对数电缆用于语音信号的传输。

3. 可视对讲系统

1）需求分析

按照业主要求，本楼可视对讲在单元门口安装可视主机，在住户内安装一台彩色对讲分机，各分机就近接入位于每个单元一层、三层、五层弱电井中的弱电箱里，并最终接入位于设备间的弱电箱中。

2）系统图

按照业主需求和建筑图纸，绘制可视对讲系统图，如图 6-28 所示。

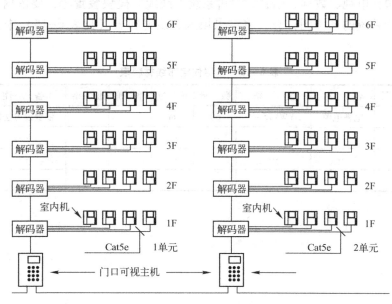

图 6-28 可视对讲系统图

6.4.3 布线材料统计

依据设计要求和住宅楼图纸，按照各个系统的系统图，制作整理材料表和设计资料。设计资料包括设计需求确认书/单、信息点分布表、弱电系统图、管线图、电缆布线图、材料清单等。

上述资料的制作整理，作为学习本任务的作业上缴。

1. 管线材料表

新建住宅通常在土建中已经设计有通信管道，大多数情况只需在布线工程中对一些不到位的信息点补充部分管线，或对损坏的部分进行修复。管线材料的具体用量需要对现场进行细致调查才能做出。也可与业主协商在工程完工后进行补偿，这种情况要注意记录保存施工资料，最好有业主代表签字确认的施工单作为凭证。表6-14所示的表样可供参考。

表6-14 多层住宅管线材料表

序号	名 称	规 格	数 量	单 位	单 价	价 格	备 注
1	PVC管	φ25	36	m			依敷设方法定
	…	…	…	…			…
	…	…	…	…			…

2. 布线材料表

布线材料包括电视、数据、语音、对讲系统的线缆、模块装置等，要依据设计要求、住宅楼图纸和各个系统的系统图计算，将结果填入布线材料表（见表6-15）中，作为本任务的作业完成。

表6-15 多层住宅布线材料表

序号	名 称	规 格	数 量	单 位	单 价	价 格	备 注
1	电视电缆	SYWV75-5	60	m			依敷设方法定
	…	…	…	…			…
	…	…	…	…			…

项目 7 园区室外布线工程

园区室外布线工程可以看做是综合布线中的建筑群主干布线子系统。它是将各建筑物网络布线连接的布线工程,是通信网络中的组成部分,也是园区基础设施的重要组成。设计园区室外布线时,要综合园区内的环境、道路、电力、燃气、给排水等统一设计。鉴于本书范围,本项目只讨论通信系统的设计与施工内容。

任务 7.1 室外管道工程设计

室外缆线的敷设方式有架空和地下敷设两种类型。目前园区内的通信系统已全面向地下发展，只有在某些特殊场合（如地形高差过大，不宜采取地下敷设），通信线路才采用架空方式。地下通信管道使用历程长，改建、扩建困难，应在建设规划时期预留足够的空间。

7.1.1 工程设计依据

通信管道工程设施是园区基础设施的一个组成部分，为了园区的发展和信息化社会的需要，在进行工程设计时，必须统筹兼顾、全面考虑，做到既要满足通信网自身基本要求，也要符合视讯信息网络等规定。因此，在设计前，应广泛收集资料和有关数据，并要深入进行调研，听取各部门的意见，作为编制工程设计的依据。具体有以下几个方面。

1. 调研用户需求

需求调研要获取园区通信网络系统建设的总体规划和建设方针的资料与数据，了解现有地下通信管道的分布和使用状况及存在问题等有关资料、图纸与数据，掌握地质、地形地貌（如有无起伏不平、高差过大等现象）、地下水位道路和工程建设等具有工程特性的资料和数据。

2. 设计标准与规范

园区布线涉及的标准主要有：
- 国家标准《城市工程管线综合规划规范》（GB 50289—1998）；
- 国家标准《通信管道与通道工程设计规范》（GB 50373—2006）；
- 国家标准《通信管道工程施工及验收规范》（GB 50374—2006）。

此外，还有一些城市地下通信管道、管道产品或施工监理等通信行业标准和协会标准。

7.1.2 管道平面设计

地下通信管道工程的平面设计是工程设计中的一个重要组成部分，它是在建设总体规划和通信网规划的控制与督导下，对本期管道敷设的路由、走向、位置和段长等重要问题进行的工程设计。

1. 管道路由和位置的确定

管道路由和位置是相辅相成的，它们之间有时会互相影响，必须将二者结合起来统一考虑。

1) 管道路由的选择

管道路由应能适应今后园区建设和通信发展的需要，并能妥善解决与地上设施和其他地下管线间的相互矛盾。管道路由的管孔数量不宜过少、过于分散敷设。

园区内管道路由一般沿园区道路建设，按规定的道路走向和分配的断面要求敷设，不应任意穿越广场或预留今后建设的空地。在扩建地下通信管道时，要考虑充分利用原有的管道设施，合理结合现状进行建设。

2）管道位置的确定

园区管道在确定位置时，一般应放在用户多的一侧，还要和其他工程管线保持间距。通信管道与其他地下管道及建筑物最小间距如表7-1所示。

表7-1 通信管道与其他地下管道及建筑物最小间距

序号	其他地下管线及建筑物名称		平行净距（m）	交叉净距（m）	备注
1	给水管	管径300mm以下	0.5	0.15	
		管径300~500mm	1		
		管径500mm以上	1.5		
2	排水管（下水、污水、中水、雨水管）		1.0	0.15	注（1）、（2）
3	热力管		1.0	0.25	注（5）
4	燃（煤）气管	压力≤300kPa	1.0	0.30	注（3）
		300kPa＜压力≤800kPa	2.0		
5	电力电缆	35kV以下	0.5	0.50	注（4），110kV以上待定
		35kV、一级以上	2		
6	其他通信电缆及通信管道边线		0.75	0.25	注（4），包括非同沟的直埋通信光电缆
7	市区绿化带	乔木	1.5		
		灌木	1		
8	地上杆柱（通信、照明等电杆及拉线）		0.5~1.5		应考虑防雷要求
9	道路边石		1		
10	高压电力线的支座		3		
11	房屋建筑红线（或基础）		1.5		已有建筑物2.0，高层建筑应考虑防雷
12	电车轨道外侧		2		交越情况见下面要求
13	电气铁路轨道外侧		2		交越情况见下面要求
14	铁路轨道外侧（或坡脚）		2	1.5	
15	高压石油、天然气管		10.0	0.5	注（4）
16	排水沟渠		0.8	0.5	
17	涵洞			0.25	
18	郊外树木	村镇大树、果树、行道树	0.75		应考虑防雷
19		野外大树	2.0		孤立大树应考虑防雷，大树指直径为300mm及以上
20	水井、坟墓、粪坑、积肥池、沼气池、氨水池等		3.0		

注：（1）主干排水管后敷设时，其施工沟边与通信管道间的水平净距不宜小于1.5m。

（2）当通信管道在排水管下部穿越时，净距不宜小于0.4m，通信管道应进行包封，包封长度自排水管两侧各加长2m；与明沟交叉处，通信管道的包封长度应伸出明沟宽度两边各加长3m。

（3）在交越处2m范围内，燃（煤）气管不应做接合装置及附属设备，若上述情况不能避免时，通信管道应包封2m；当燃气管外有保护套管时，允许最小交叉净距为0.15m。

（4）当电力电缆加保护管时，净距可减至0.15m；通信管道增加钢管保护时交叉净距也可降为0.15m。

（5）当通信管道是塑料管时，最小平行净距应为1.5m；当交叉净距小于0.25m时，交越处加导热槽，长度应根据热力管宽度每边各长出1m。

2. 管道段长

地下通信（信息）管道的段长简称管道段长，是指人孔或手孔中心点至另一个人孔或手孔中心点之间的距离。从理论上说，增加管道段长，可以减少人孔或手孔数量和缆线接续及施工劳力、材料，节省工程建设投资和维护检修费用。但是管道段长过长，对施工和维护中拉放和更换缆线不利。

决定和限制管道段长的因素主要有管道的分支处、引上点、拐弯处、道路口或需引入房屋建筑等地点，这些地点都应设置手孔或人孔，以便通信缆线分支、引上或引入。地下管道的段长，在直线路由上，混凝土管（即水泥管）管道的段长最大不得超过150m；塑料管道可适当延长，最大不得超过200m，园区布线一般都不会超限。

3. 人孔和手孔

人孔和手孔是在地下通信管道的中间或终端设置的构筑物，它们的作用是为地下敷设的通信（信息）缆线提供接续、分支、引上、引入或安装中间设备的专用空间或场合。

人孔的形状和内部空间较大，它可以容纳工作人员在其内部行走和活动，进行各种操作（包括穿放缆线、连接线对、焊接封合和安装设备及检查测试等）。因此，要有容纳2～3人工作和活动的空间，不宜过于狭小，尤其是其高度不得影响正常身高的人员活动。人孔的结构（或称构件）是由上覆、口圈砖缘、四壁、基础及与其有关的附属配件组成的。人孔的外形和构造如图7-1所示，管道本身不属于人孔。

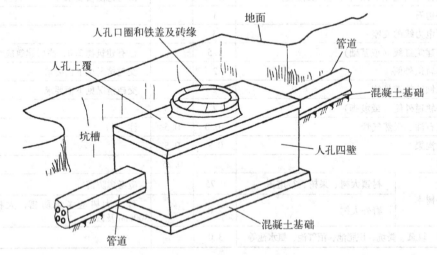

图7-1 人孔的外形和构造

手孔的形状和内部空间较小，与人孔比较，它最大的特点是其内部空间不能容纳人员在内，人员几乎半身处于地面上，不少操作活动需在手孔外面进行，完成后再妥善地把通信缆线或接头迁移放到手孔内。手孔的结构（或称构件）是由手孔口圈、手孔铁盖、四壁、基础及与其相关的附属配件组成的，这些配件有电缆铁架、电缆托板、V形拉环和穿钉等。手孔的外形和构造如图7-2所示，园区布线采用手孔较多。

项目 7　园区室外布线工程

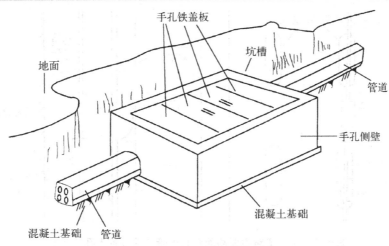

图 7-2　手孔的外形和构造

人孔和手孔的设置位置可参考图 7-3～图 7-6 所示位置。

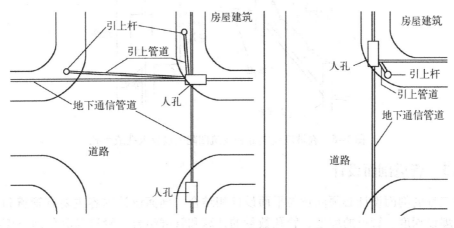

图 7-3　在道路口设置人孔或手孔

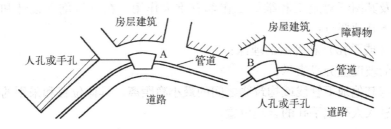

图 7-4　在管道弯曲处设置人孔或手孔

现行的人孔或手孔的标准是工业和信息化部（原信息产业部）于 1998 年 7 月批准发布的通信行业标准《通信电缆配线管道图集》（YD 5062—1998），该图集自 1998 年 9 月 1 日起施行。该图集主要对手孔的规格、结构等作了规定，本书不再赘述。

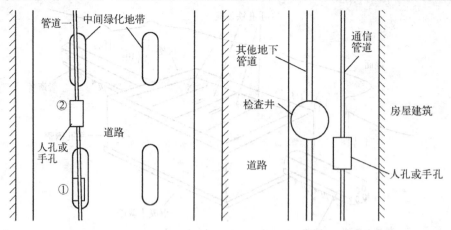

图 7-5 避开道路主要路面和其他管道井设置人孔或手孔

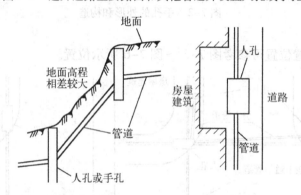

图 7-6 在坡度变换处和建筑凹陷处设置人孔或手孔

7.1.3 管道剖面设计

管道工程的剖面设计必须注意与平面设计相结合。剖面设计内容主要有管道和人孔的建筑方式、埋设深度、管道的坡度、管孔数量的计算和管群组合、管道与其他地下管线或构筑物之间的处理等。

剖面设计及其图纸对施工和维护工作都有重大作用，在进行剖面设计和绘制剖面图纸时，要注意以下几项要点：

（1）人孔（或手孔）和管道的埋深；
（2）管道的坡度应分段表示；
（3）标识与其他地下管线或构筑物之间的最小净距离、具体位置和采用的保护措施；
（4）管道进入人孔或手孔的合理位置。

1. 管道和人孔的建筑、埋深及管道坡度的确定

1）管道和人孔的建筑方式

在一般地区铺设塑料管道，可直接将塑料管放入沟底，不需要做专门的管道基础，对土质较松散的局部地段，宜将沟底进行人工夯实、平整。塑料管布放完毕后，应使用专用接头件尽快连接密封，对引入人孔或手孔的管道，应及时对管道端口进行封堵。

同沟布放多根塑料管时，为有利于区别，应对塑料管作辨认标记，每隔一定距离将管道捆扎一次，绑成管道整体，并要保持一定的管群组合断面，即要求管群组合截面不变。铺设塑料管时的最小曲率半径，应不小于塑料管外径的15倍。

2）管道的埋深

管道的埋深，应能保证管道进入人孔时距人孔上覆或底基的净距均不小于30cm，同时在人孔口圈处可加垫几层砖，以适应路面高程的变化。在北方地区，管道的埋深应能避免将管道敷设在冻土层内，以及发生翻浆的深度内；在地下水位高的地区，管道应尽量浅埋。在与其他地下管线交越时，若相互之间有冲突，迁移有困难，可适当改变通信管道的埋深，并减少管道占用的断面高度。管道的埋深应按路面荷载的不同作适当调整，车行道深一点，人行道浅一点。依据国家标准《通信管道与通信工程设计规范》（GB 50373—2006）中的规定：管道的埋深，宜为0.8～1.2m。在穿越人行道、车行道时，最小埋深不得小于表7-2中的规定。

表7-2　管道穿越道路的最小埋深

管材品种	人行道（m）	车行道（m）
混凝土管、硬塑料管	0.7	0.8
钢管	0.5	0.6

3）人孔的埋深

人孔的埋深一般来说比较固定，它除与人孔结构的大小有关外，还应考虑到管道进入人孔的位置是否合理，两边管道进入人孔中的高程差别是否过大等，力求使通信缆线在人孔内合理有序地布置。进入人孔处的管道基础顶部至人孔基础顶部不得小于0.40m，管道顶部距上覆底部的净距不得小于0.30m，如图7-7所示。

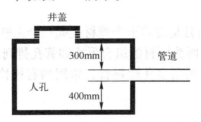

图7-7　人孔与管道位置关系

4）管道的坡度

为了避免污水或雨水渗漏到管道的管孔中，造成长时间对通信（信息）缆线的腐蚀或管孔被淤塞的现象，在管道工程的剖面设计中，要求任何两个人孔或手孔之间的管道都应有一定的坡度，使渗入管道中的积水随时顺畅流入人孔或手孔，以便及时进行排除和清理。

根据国内通信行业标准和协会标准的规定及工程实践证明，管道坡度应为3‰～4‰，不得小于2.5‰。当街道本身地形有坡度时，可利用地势获得坡度。

为了使通信缆线及接续在人孔中有适当的曲率半径和合理有序的布置，在不过度影响管道坡度要求和最小埋深等规定时，应尽量使人孔两边管道的相对管孔位置接近一致的水平。在一般情况下，相对位置的管孔高差（标高）不应大于0.5m，应尽量缩小两侧管道错口的程度。

在纵剖面上管道因躲避其他地下管线或障碍物不能直线建筑时，可将管道由接近中点处折成两段分别向下平滑地弯曲，以利于管道中的渗水流向人孔（即人字坡）。但不得向上弯曲,形成"U"弯,以免造成管道中长期积水而无法排出。

在现行国家标准《通信管道与通信工程设计规范》(GB 50373—2006)的说明中推荐一字坡和人字坡两种。目前管道坡度的建筑方法常用的有以下三种,如图7-8所示。

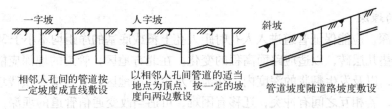

图7-8 管道坡度的建筑方式

2. 管孔数计算和管群组合

地下通信(信息)管道工程中管孔数量的计算和确定是否合适,直接影响管道网的有效可靠和灵活使用,同时,又决定了工程建设规模和投资费用多少,所以必须加以重视。

1)管孔数量的计算和确定

园区内地下通信配线管道应按终期容量设计,并应有1～3个备用管孔。建筑物的通信引入管道,每处管孔数不宜少于2孔。同时还要考虑新技术发展预留管孔和必要的维护备用孔。

为了充分发挥塑料多孔管的优越性,应本着大电(光)缆穿大孔、小电(光)缆穿小孔、一条电(光)缆穿一孔的原则计算和组合管群。管孔数大于48孔(孔径为90mm)或144孔(孔径为28mm或32mm)时,宜修建电缆通道。

2)管群组合

地下通信(信息)管道通常是由若干个管材组成一个完整的断面,这种断面称为管群断面排列或管群组合,通俗的称呼为管材的组合形式和管孔排列。

目前园区内的通信管道多采用多孔塑料管,常用的有栅格管和梅花管,孔数有5孔、6孔、7孔等,如图7-9所示。

图7-9 塑料梅花管与栅格管

管群组合的型式尽量采用高度大于或等于宽度的叠铺方式为好,以减少挖掘土方量和缩小挖沟宽度,节省施工劳力和工程建设投资。组合组成矩形或正方形,矩形的高度一般不宜超过宽度的一倍,以免增大土方量和过多占用地下断面高度,引起地下管线相互交越的困难。

从便于施工和维护考虑,通信缆线进入人孔后,应尽量均匀地分设在人孔两边的侧壁上,布置宜整齐美观。所以要求管群组合在人孔两侧的布置应合理有序,严禁参差不齐的混乱状态出现。

3）管孔的编号

管道的管孔数量有多有少，为了便于施工建筑和日常管理，应将管孔进行编号。当管孔数量不大于 20 孔时，可采取 1～2 位数的数字顺序编号方法。编号顺序通常是采用面对管道断面的发展延伸方向，背向网络枢纽（如网络中心），从下到上、自左至右进行顺序编号。当管孔数量较多时，可适当加以分组，如 1.1～1.7、2.1～2.7 等。通信（信息）管道管孔编号方法应尽量一致，不宜采用各种不同的编号顺序和表示方法。采取科学的管孔编号方法，会附带加快维护检修的速度。

7.1.4 管道引入设计

管道在到达目标建筑后，需要从地下引入室内。引入的方式有两种：一种是通过引入管道从地下引入室内；另一种是通过引上管道穿过墙壁引入室内。

引入管道和引上管道都是管道接出的分支管道，它们的功能都是便于将所需要接出的通信（信息）缆线连接引出到地面，同时它们对接出部分的缆线又是支撑保护的措施。

1. 通过引入管道进入

通过引入管道引入房屋建筑有引入进线间（地上）、引入地槽和引入地下室（进线间）三种形式。通过引入管道进入建筑物内的，进线间的位置通常在建筑物建造时就已经确定好了，布线施工时只需要完成穿线工作。

引入管道在设计时，进线孔不宜少于 2 孔，单孔孔径宜在 50～90mm 之间，在地下部分应向室外人孔或手孔方向作倾斜坡度，坡度为 3‰～4‰。进线管使用金属管时，管口要做成圆弧形的喇叭口，且不能有毛刺和尖角。若必须有弯道，转弯不能多于 1 个，且转弯半径不宜过小。

1）引入进线间

引入管道可从室外人孔或手孔中直接引入室内进线间，由于室内地坪与室外地坪高差较大，引入管道可通过一个转弯进入进线间室内，如图 7-10 所示。这种情况要注意管道转弯半径应适当大，且转弯平滑，以利于后续穿缆线。

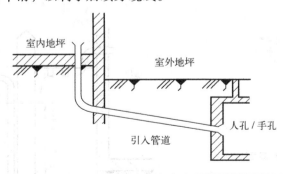

图 7-10 通过引入管道引入进线间

2）引入地槽

有些建筑进入进线间需要通过地槽引入，此时，地槽和人孔或手孔与室内地坪高差不大，引入管道不用转弯，如图 7-11 所示。这种情况为防止室外雨/污水流入室内，应在引入管室内端用防水材料对管道进行封堵。

3) 引入地下室

一些建筑进线间设在地下室中，地下室引入管道出口可能低于人孔或手孔中管道的入口，如图 7-12 所示。雨/污水可能通过引入管道流入地下室进线间，为防止室外雨/污水反流入室内，应在引入管室内端和人孔或手孔端均使用防水材料对管道进行封堵。

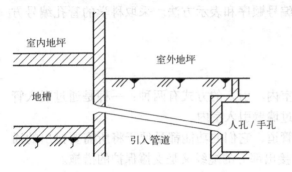

图 7-11 通过引入管道引入地槽

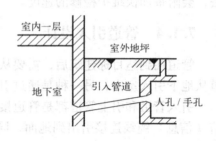

图 7-12 通过引入管道引入地下室

2. 通过引上管道进入

通过引上管道进入进线间，是管道到达建筑附近，由人孔或手孔中上引至建筑物墙壁或电杆，然后穿越墙壁进入建筑物。通过引上管道引入房屋建筑的类型有直接引入法和间接引入法两种。

1) 直接引入法

直接引入法是指引上管道沿建筑物侧壁上至足够高度，在引入房屋建筑内部。采用这种引入方式，工程量较小，位置引入点较灵活，也相对安全。该引入方式如图 7-13 所示。

2) 间接引入法

间接引入法是引入管道不直接接到通信设备的基础，通常是利用引入管道先引出到通信电杆或房屋外墙上，然后用相应规格形式的架空电缆或墙壁电缆引入房屋建筑内。该引入方式如图 7-14 所示。

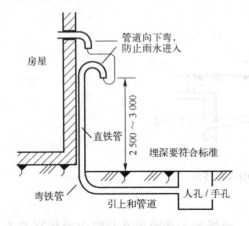

图 7-13 通过上引管道直接引入建筑物

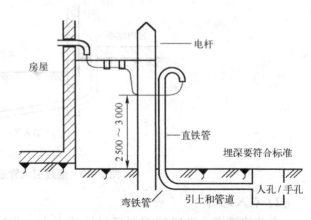

图 7-14 通过上引管道间接引入建筑物

任务7.2 建筑物外缆线施工

在室外布线施工，主要有三种方式：管道敷设、直埋和架空。三种敷设方法在施工难易程度、工程量上都有较大差别。在已有预设和管道且管道状态良好时，应通过管道敷设缆线。直埋缆线既不需要布置管道，也不需要设置井孔，施工费用小，主要针对一些临时布线使用。架空方式，由于对园区景观影响较大，使用中也比较容易出现意外事故，目前一般不在园区布线中使用，不过作为一种方便快捷的布线方式，会在一些偏僻区域使用。

7.2.1 管道敷设线缆

管道敷设线缆，由于要在地下管道中穿线，相对于另外两种方式，施工复杂一些。但布设在管道中的线缆，既安全可靠，使用中不易出现意外事故，维护也比较方便，对园区环境也没有影响。该方式是最主要的布线方式。

1. 管埋电缆施工前的准备

目前，综合布线系统建筑群主干布线子系统中的管道线缆都采用多模或单模光缆，施工前应对运到工地的电缆进行核实，核实的主要内容是电缆型号、规格、每盘电缆的长度等。事先要根据各个管道段落的不同段长，结合到货的电缆各段长度，合理配盘和规划敷设顺序，以节省缆线材料。

在工地整盘运输时，应以车运为主。在特殊情况下，电缆盘的滚动距离不宜过长，一般不宜大于150m。应避免电缆盘的滚动方向与电缆盘上的电缆缠绕倾倒，造成电缆受损或人员受伤等事故。

2. 清刷和试通选用的管孔

在敷设管道电缆前，必须根据设计规定选用管孔，进行清刷和试通。以便将管孔中的淤泥和杂物清除干净，同时，可以检验选用的管孔是否畅通，最后确定能否穿放电缆。

国内清刷管孔的方法基本为人工牵引扫法，主要有竹板牵引法、预放尼绳法和尼龙管法三种。目前，前两种方法都已逐渐少用或不用，而以尼龙管法较为经济实用。尼龙管法近几年已推广使用，在国内有些生产厂家已生产类似产品，供施工单位使用。目前采用的尼龙管为1.1～1.2cm，长度一般有100m、160m和220m多种。平时可以缠绕于专用的钢管制成的卷盘上，整个设备重量约50kg，因此，便于运带到施工现场。尼龙管的两端装有便于牵引和连接的弯钩，由于尼龙管具有一定的刚性和弯曲性能，穿放、牵引和盘绕均较为方便，有利于施工和搬运。

3. 线缆敷设

在管道中敷设线缆时，最重要的是选好牵引方式，根据管道和线缆情况可选择用人工或机器来牵引敷设线缆。一般首先试着用人力牵引线缆，如果人力牵引不动或很费力，则选用机械牵引线缆。

1）手孔到手孔的牵引

手孔到手孔指的是直接将线缆牵引通过管道（这里没有人孔）。"通过手孔"在一个地方进入地下管道，而"经由手孔"在另一个地方出来。

在牵引的出、入口揭开手孔，往管道的一端馈入一条蛇绳，直到它从另一端露出来。将蛇绳与手拉的绳连接起来，并在其外缠绕足够长度的电工带。通过管道向回牵引绳子。

牵引时要将线缆轴放在千斤顶上并使其与管道尽量成一直线。线缆要从线缆轴的顶部放出。在管道口要放置一个靴形的保护面，以防止在牵引线缆时划破其外皮。

如果在线缆上有一个拉眼，则直接将牵引绳连接到线缆上并用电工带缠绕起来，要确保连接点的牢固及平滑。牵引时，一个人在管道的入口处持线缆馈入管道，而另一个人在管道的另一端牵引拉绳，牵引线缆要平稳，直到线缆在管道的另一端露出为止。

2）人孔到人孔的牵引

人孔到人孔的牵引方法与手孔到手孔相似，先将蛇绳馈入到要牵引线的人孔中，将手绳与蛇绳连接起来并用电工带缠牢。通过管道将蛇绳拉回直到手绳从管道中露出。为了保证管道边缘是平滑的，要安装一个引导装置（软塑料块），以防止在牵引线缆时管道孔边缘划破线缆保护层。在两个人孔中可使用绞车或其他设施助力牵引，牵引设备如图7-15和图7-16所示。

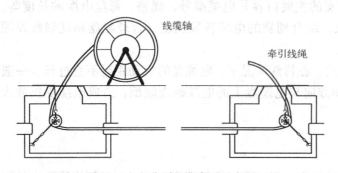
图7-15 人孔到人孔牵引示意图

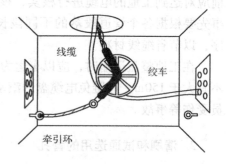
图7-16 在人孔中使用牵引绞车

4. 管道光缆敷设要求

光缆敷设前管孔内穿放子孔，或使用梅花管，敷设时选一孔同色子管始终穿放，空余所有子管管口应加塞子保护。为了减少光缆接头损耗，管道光缆应采用整盘敷设。整盘光缆应由中间分别向两边布放，并在每个人孔安排人员作中间辅助牵引。

光缆在人（手）孔内安装，如果孔内有托板，光缆在托板上固定，如果没有托板则将光缆固定在膨胀螺栓上，膨胀螺栓要求钩口向下。

为了减少对线缆外护套的摩损和加快牵引电缆的速度，在管孔内的线缆外套上必须采用滑石粉、石蜡油等润滑剂，以减小摩擦阻力。但严禁使用有机润滑剂，以免对塑料护套有损。在敷设线缆时，对线缆有可能出现被拖、摩、刮、蹭的地方，宜采用衬垫弯铁、铜瓦或杂物等物保护。应有专人随时检查线缆外表面，要求无划痕和无损伤，线缆弯曲处不应出现凸折痕。若发现线缆外护套受到损伤，应停止牵引敷设，及时修复完好后，再继续牵引敷设，严禁将已划伤的电缆拉进管孔，造成以后发生障碍的隐患，给维护检修带来更大的困

难,也严重影响通信质量。

线缆穿越多段人孔或手孔布放时,线缆不得在人孔或手孔中直穿,或悬空在人孔或手孔中间,线缆应在每个人孔或手孔中留足弯曲余量,把线缆放在缆线支架的托板上,并用扎带绑扎固定,要求线缆布放位置正确,排列整齐妥善,弯曲的最小曲率半径应符合标准规定,必须大于线缆外径的15倍。线缆在管道中敷设完毕后,要对穿线管道进行封堵。

7.2.2 架空敷设线缆

架空敷设线缆是将线缆架挂在距地面有一定高度电杆上的一种敷设方式,与地下管道敷设相比,虽然较易受外界影响,不够安全,也不美观,但架设简便,建设费用低,应用于地下管道敷设有困难的地方。

架空布放的线缆有两种类型,一种是非"自承式"的,另一种是"自承式"的。前者要固定到一根钢缆上(吊线)。敷设时先将钢缆固定在电线杆和建筑物上,再用链吊升器和钢绳牵引机将它拉紧,然后用卡子将线缆固定在钢绳之上。后者使用线缆中的自有钢丝承重和终接。

1. 吊线方式的选用

吊线方式选用应根据所挂缆线重量、杆档距离、所在地区的气象负荷及其发展情况等因素决定。吊线一般为7/2.2、7/2.6和7/3.0三种钢绞线。

吊线夹板安装位置至杆梢的最小距离一般不小于50cm,因特殊情况可略为缩短,但不小于25cm。各电杆上吊线夹板的装设位置宜与地面等距,若遇上下坡或有障碍物时,可以适当调整,所挂吊线坡度变化一般不宜超过杆距的2.5%,最大不得超过杆距的5%。

2. 安装吊线

在同一杆路上架设有明线和电缆时,吊线夹板至末层线担穿钉的距离不得小于45cm,并不得在线担中间穿插。在同一电杆上装设两层吊线时,两吊线间的距离为40cm。吊线抱箍方式如图7-17所示。

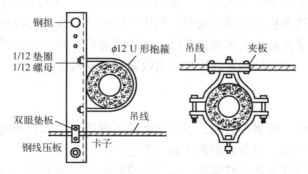

图7-17 吊线在水泥杆上的抱箍方式

布放吊线时,应先将已选择好的钢绞线盘放在具有转盘装置的放线架上,然后转动放线架上的转盘开始放线,布放吊线时,先将吊线放在电杆上吊线夹板的线槽里并把外面的螺帽略微旋紧,以不使吊线脱出线槽为宜,随后即可用人工牵引。在布放吊线过程中应尽可能使用整条的钢绞线,以减少中间接头,并要求在一个杆档内不得有一个以上的接头。吊线接头方式如图7-18所示。

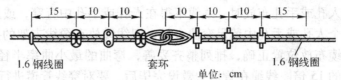

图7-18　吊线接头方式

3. 吊线终结

吊线沿架空电缆的路由布放，在吊线的始端、终端、交叉点和分支点要做吊线结点。

吊线连结的方式通常有终端结（终结）、假终结、十字结、丁字结和辅助结等。制作的方法有另缠法、夹板法和U形钢卡法。采用较多的是夹板法和U形钢卡法，夹板法如图7-19所示。由于电缆的路由等原因，要对吊线做出不同的结，以增强线路的稳固性。

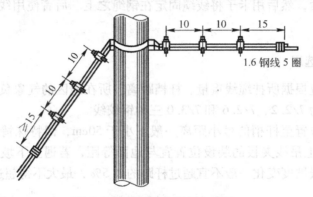

图7-19　夹板法水泥杆上终结

4. 收紧吊线

吊线布放后即可在线路的一端做好终结，在另一端收紧。收紧吊线的方法可根据吊线张力、工作地点和工具配备等情况而定。一般可采用紧线钳、手拉葫芦或手搬葫芦等来收紧。具体方法是：先将吊线夹板全部螺帽松开，吊线一律放在吊线夹板线槽内，然后用紧线钳将吊线初步收紧，再用手拉葫芦或手搬葫芦收至规定垂度后，将全部吊线夹板螺帽收紧。如果布放的吊线距离不长，可直接用紧线钳将吊线收紧到规定垂度。

5. 安装线缆

将线缆固定到纲绳上有多种方法，下面介绍的过程适用于在建筑物与一个电线杆间、两个电杆间或两个建筑物间，以及长距离中的多个电杆间安装线缆。

架设吊挂式全塑线缆有预挂挂钩法（如图7-20所示）、动滑轮边放边挂法、定滑轮牵引法和汽车牵引动滑轮托挂法。

挂电缆挂钩时，要求距离均匀整齐，挂钩的间隔距离为50cm，电杆两旁的挂钩应距吊线夹板中心各25cm，挂钩必须卡紧在吊线上，托板不得脱落。吊挂式架空电缆在吊线接头处不用挂钩承托，改用单股皮线吊扎或挂带承托。

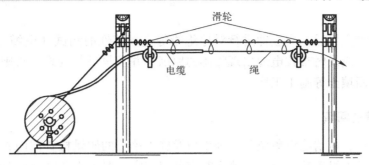

图 7-20 预挂挂钩法架设线缆

7.2.3 直埋线缆敷设

1. 直埋前的准备工作

对用于施工项目的线缆进行详细检查，其型号、电压、规格等应与施工图设计相符；线缆外观应无扭曲、坏损及漏油、渗油现象。

2. 挖掘线缆沟槽

在挖掘沟槽和接头坑位时，线缆沟槽的中心线应与设计路由的中心线一致，允许有左右偏差，但不得大于 10cm。

沟槽的深度应符合设计规定的电缆埋设深度要求，沟槽底面的高程偏差不应大于 ±5/10cm。弯曲的电缆沟槽不论是平面弯曲还是纵面弯曲，都要符合直埋电缆最小曲率半径的规定和埋设深度的要求。

沟槽底面应加工平整，沟底必须清理干净，无碎乱石或带有尖角的杂物，以保证直埋电缆在敷设后不受机械损伤。

3. 直埋电缆的敷设

在敷设直埋电缆时，应根据设计文件对已到工地的直埋线缆的型号、规格和长度进行核查和检验，必要时应检测其电气性能和密闭性能等技术指标。

在敷设直埋电缆前，应对沟槽底部再次检查和清理，务必使沟槽底部平整，无杂物和碎石。若系砂砾碎石地基层或有一般的腐蚀性土壤时，应先将沟底部加挖深度约 10cm，并加以夯实抄平，然后在沟底铺垫一层 10cm 细土或细砂后，再在上面覆土 10cm（覆土中不得含有大量碎石块或有尖角的杂物），予以大致抄平后，再盖红砖或预制的混凝土板保持平整，以保护直埋电缆不会受到外界机械损伤。

直埋线缆在沟槽或接头坑的底部时，应平直安放于沟坑底基上，不得上下弯曲，也不宜过于拉紧。在敷设电缆时，要随时注意保护电缆，不应发生折裂、碰伤、刮痕和磨破现象。若发现有上述情况，必须及时检修，并经检验测试确认线缆质量良好时，才允许进行下一道工序。同时，应将上述情况详细记录，以备今后查考。

直埋线缆在弯曲路由或需要作电缆预留盘放时，电缆应采取"S"形或"弓"形的布放（包括在电缆接头坑内的盘留长度）方式。这时要求电缆的最小曲率半径不应小于电缆直径的 15 倍。

直埋线缆敷设完毕后，应立即进行对地绝缘等电气特性的测试（电缆）和光通道测试。如果发现有问题，应及时查找电缆出现障碍的原因，并及早进行处理。否则不得进行覆盖红砖或混凝土板及回填土等施工工序。

4. 电缆沟槽的回填

电缆敷设完毕，应请建设单位、监理单位及施工单位的质量检查部门共同进行隐蔽工程验收，验收合格后方可覆盖、填土。填土时应分层夯实，覆土要高出地面 150～200mm，以防松土沉陷。

7.2.4 光纤接续

在光缆布设或使用中，因光缆长度不足或使用中出现故障时，必须对光缆延伸或修复，即对光纤进行接续。接续一般采用熔接方式进行，有时也采用光纤接续端子（非熔接方式）进行快速接续。

随着熔接设备价格降低，体积减小，目前市场上已经形成一批专业化强、反应迅速的技术队伍。加上熔接费用合理，接续质量高、衰减小，工程中光纤的接续一般都采用熔接方式。

1. 光纤接头盒

熔接光纤需要剥开光缆的外部保护层对里面的光纤进行熔接，为保护熔接好的光纤，方便熔接后的光缆正常使用，需要用光纤接头盒将熔接部位封闭。光纤接头盒有套筒式接头盒（见图 7-21）和开边式接头盒（见图 7-22），无论接头盒为何种型号，其构造原理基本相同，均由保护罩部分、固定组件、接头盒密封组件及容纤盘（又叫收容盘）4 部分组成。光纤接头盒还需要满足一定的抗拉、防水等要求。

图 7-21 套筒式接头盒

2. 光缆接头熔接工序

在接续光缆时，先将接头盒内部组件和光缆护套组件安装好，开剥光缆，去除光缆外护套并擦净光缆内的填充油膏，然后将光缆固定在接头盒上，并固定加强芯。接下来辨别束管色谱，给束管编号并将束管固定；去除束管、辨别光纤色谱、套上热熔管；熔接光纤，同时监测接续质量，随后收容余留光纤（盘纤），完成光缆内金属构件的连接及各种监测线的安装，最后封装并固定接头盒。

项目7　园区室外布线工程

图7-22　开边式光缆接头盒内部结构

3. 光纤熔接

常用的熔接机有单纤熔接机和带状熔接机，本书以单纤熔接机（如图7-23所示）为例介绍。单纤熔接机的使用可分为5个步骤：电源连接；启动熔接机；状态设置；自动熔接；热缩管加热。

图7-23　住友Type-37型单芯光纤熔接机

1）电源连接

供电方式可以选择备用电池直接供电，也可以用220V交流电供电。专用蓄电池充电时间约为2.5～3h，充满后插入机内即可。接交流电压为220V，采用发电机供电时，需接入稳压器后方可接入熔接机。

2）启动熔接机

按机器上部"｜"键接通电源，"O"键表示切断电源。接通电源机器开始自检，如图7-24所示。

图7-24　操作面板与机器自检

3）设置工作状态

接通机器电源或按复位键（RESET）后，选择与将要接续的光纤种类相一致的接续条件类别，SMF 为单模光纤，MMF 为多模光纤，DSF 为色散位移光纤，NZ-DSF 为非零色散位移光纤。然后，选择与将要使用的热缩保护套管相一致的加热套管，选择"放电试验"对现场熔接条件进行检测判断，如图 7-25 所示。

图 7-25　设置熔接机工作状态

4）自动熔接

以熔接标准单模光纤（SMF）为例，将两根光纤中的一根穿过热缩保护套管，除去光纤涂敷，用酒精清洁裸光纤，并将裸纤用切割刀切成适当的长度。

复位机器，完毕后，打开防风盖，把制备好的光纤放入 V 形槽中，在光纤放置过程中千万不要让光纤端面受到污染。光纤放好后轻轻合上夹子将光纤压好，合上防风盖，按一下"SET"键，光纤进入自动熔接过程。

熔接完毕后，打开防风盖，取出光纤，合上防风盖，按下"RESET"键复位。

5）热缩管加热

打开加热器压钳及盖，移动纤芯热缩管覆盖到熔接点及裸纤部分，置于加热器上。关上加热器压钳及盖，按下"HEAT"键，加热器进入工作状态，进行拉力试验、加热补强，结束时蜂鸣器鸣叫，加热器停止工作。打开加热器压钳及盖，取出补强后的光纤。

4. 盘线

盘线是将熔接好的光纤在接头盒中盘好固定，然后封装，如图 7-26 所示。每种光纤接

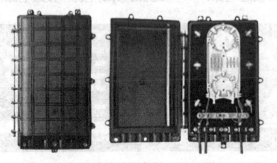

图 7-26　光缆接头盒及内部盘线示例

头盒的盘线方法都是不一样的，具体怎样才算标准是由接头盒的构成决定的。要注意光纤的弯曲直径不得小于20mm，否则光在光纤中折射回来会产生衰减。

实训2　某居住园区室外布线设计

1. 居住园区概况

该居住园区位于某市近郊，占地××平方米，内有连排公寓××幢，独栋别墅××幢。园区物业设在园区物业综合楼，综合楼首层设有安保中心、园区超市；二层设有园区中心机房、物业办公室；三楼为物业人员休息区和活动室。该居住园区规划图如图7-27所示。

2. 居住园区布线工程要求

对于该居住园区，投资方对园区布线工程要求如下。

1）连排公寓

（1）连排公寓每户一根语音电缆入户。

（2）光缆到楼，楼内设有设备间，用户数据网络接入本楼设备间。

（3）每单元门口有视频监控，监控采用数据摄像设备，不与园区数据网络共线，但可以使用同一光缆的不同光纤纤芯；视频监控接入园区安保中心。

2）独栋别墅

（1）独栋别墅每户两根语音电缆入户。

（2）光缆到别墅，别墅内设有设备间，用户数据网络接入本楼设备间。

（3）别墅门口有视频监控，要求同连排公寓。

3. 布线设计方案

1）完成园区管道方案设计

要求完成园区室外管道路由设计，计算管孔数量，确定孔位。设计结果要求用AutoCAD图纸表述。

2）布线工程材料

要求完成园区布线工程材料清单，包括管道规格、数量，光缆规格、数量（不包括端接材料）。计算结果要求用Excel表表述。

3）教学建议

本实训任务要求教师组织学生分组完成，每组3～5人。完成后每组向全班阐述本组的设计，全班各组进行比较，教师组织讲评。

项目 8 测试与验收*

综合布线系统是网络信息系统的传输通道,是相对固定和长久的信息系统基础设施,因此,综合布线系统的质量,必须通过科学合理的设计、工程器材的优选和施工质量的保证,才能确保网络通信的质量。

在综合布线工程形式准备和建设过程中,建设方和监理方要对工程所用器材进行检查验收,对线缆、接插件等进行抽样检测,以确保工程质量。在工程完工后还要对整个工程进行测试验收。本项目主要讨论综合布线工程测试和验收的方法、技术。

* 本项目内容各学校可根据教学目标和学生就业方向选择学习。

任务8.1 布线工程测试标准

8.1.1 了解工程测试类型

综合布线工程实际上是一项安装工程，要保证工程质量，除了要有一支高素质、经过专业训练、工程经验丰富的施工队伍外，还需要通过科学、严谨的测试手段监督工程施工质量。

综合布线测试一般可分为验证测试和认证测试两个类别，其中认证测试按照测试参数的严格程度又可分为元件级测试、链路级测试和应用级测试。

1. 验证测试

验证测试也叫随工测试，是边施工边测试，主要检测线缆的质量和安装工艺，及时发现并纠正问题，避免返工。验证测试不需要使用复杂的测试仪，只需使用能测试接线通断和线缆长度的测试仪表。对于电缆链路，只要能测试接线图（线序）、线缆长度和开路、短路、反接、交叉等问题即可。这些问题约占整个工程质量问题的80%，这些质量问题在施工初期通过重新端接、调换线缆、修正布线路由等措施一般都能解决。

2. 认证测试

认证测试也叫验收测试，是所有测试工作中最重要的环节，通常是在工程验收时对综合布线系统的安装、电气特性、传输性能、设计、选材和施工质量的全面检验，其测试报告也是验收报告中必备的报告内容。认证测试是评价工程质量的主要方法，是检验工程设计水平和工程质量总体水平行之有效的手段。认证测试通常分为自我认证测试和第三方认证测试两种类型。

1) 自我认证测试

自我认证测试由施工方自行组织，按照设计施工方案对工程所有链路进行测试，确保每一条链路都符合标准要求。如果发现未达标链路，应进行整改，直至复测合格。同时，编制成准确的测试技术档案，写出测试报告，交业主存档。由施工方组织的认证测试可以由设计、施工、监理多方参与。施工方和业主方都可以同时委托第三方对系统进行验收测试，以确保布线施工的质量。

认证测试是设计、施工方对所承担工程进行的一个总结性质量检验，施工单位承担认证测试工作的人员应当经过测试仪表供应商的技术培训并获得认证资格。例如，使用FLuke公司的DSP4000系列测试仪，必须具有FLuke布线系统测试工程师CCTT资格认证。

2) 第三方认证测试

布线系统是网络系统的基础性工程，工程质量将直接影响建设方网络能否按设计要求顺利开通运行，能否保障网络系统数据正常传输。越来越多的建设单位，既要求布线施工方提供布线系统的自我认证测试，同时也委托第三方对系统进行验收测试，以确保布线施工的质量。

对工程要求高、使用器材类别多、投资较大的工程，建设方除要求施工方要做自我认证测试外，还邀请第三方对工程做全面的验收测试。有时，建设方在要求施工方做自我认证测试的同时，还会请第三方对综合布线系统链路作抽样测试。抽样样本数量按工程大小，一般1 000 信息点以上的抽样 30%，1 000 信息点以下的抽样 50%。

3. 其他测试类型

认证测试按照参数的严格程度等级分为元件级测试、链路级测试和应用级测试。

元件级测试就是对链路中的元件（电缆、跳线、插座模块等）进行测试，其测试标准要求最严格。元件级测试主要用于"进场测试"、"选型测试"和升级、开通前的路线测试，对防止假冒伪劣产品的"入侵"起到了非常有效的作用。元件级测试也用于生产的成品检测和部分研发测试等。

链路级测试是指对"已安装"的链路进行的认证测试，由于链路是由多个元件串接而成的，所以链路级测试对参数的要求一定比单个的元件级测试要求低。被测对象分为永久链路和信道两种。工程验收测试时一般都选择链路级的认证测试报告作为验收报告。

应用级测试是证明链路能否支持升级运行某项应用的测试。对于电缆链路而言，通过某应用级测试表示一定能支持该水平的应用，但反之不成立。

8.1.2 国际测试标准

1. TSB-67 现场测试技术规范

TSB-67 现场测试技术规范是由 ANSI/EIA/TIA 制定的国际上第一部通用综合布线系统现场测试技术规范，在 1995 年 10 月发布。

TSB-67 的正式名称为《现场测试非屏蔽双绞线（UTP）电缆布线系统传输性能技术规范》，它叙述和规定了电缆布线的现场测试内容、方法和对测试仪表精度的要求。

TSB-67 规范主要包括以下内容：

(1) 定义了现场测试用的两种测试链路结构；

(2) 定义了 3、4、5 类链路需要测试的传输技术参数（4 个参数，即接线图、长度、衰减、近端串音损耗）；

(3) 定义了两种测试链路下各技术参数的标准值；

(4) 定义了对现场测试仪的技术和精度要求；

(5) 定义了现场测试仪测试结果与实验室测试仪器测试结果的比较。

测试涉及的布线系统，通常是在一条缆线的两对线上传输数据，可利用最大带宽为 100MHz，最高支持 100Base-T 以太网。

2. ANSI/EIA/TIA 568 现场测试技术规范

TSB-67 发布后，网络传输速度和综合布线技术进入了高速发展时期，综合布线测试标准也在不断的修订和完善中。2002 年 6 月，ANSI/EIA/TIA 发布了支持 6 类 Cat6 布线标准的 ANSI/EIA/TIA 568B，标志着综合布线测试标准进入一个新阶段。

ANSI/EIA/TIA 568B.2-1 是 ANSI/EIA 568B.2 的增编版，对综合布线测试模型、测试

参数及测试仪器的要求均比 5 类标准严格，除了对测试内容进行增加和细化之外，还做了一些较大改动，例如：把参数"衰减"改名为"插入损耗"；将测试模型中的基本链路（Basic Link）重新定义为永久链路（Perulanent Link）等。

针对介质类型，定义水平电缆为 4 对 100Ω 的 3 类 UTP 或 SCTP；4 对 100Ω 的超 5 类 UTP 或 SCTP；4 对 100Ω 的 6 类 UTP 或 SCTP，2 条或多条 62.5/125μm 或 50/125μm 多模光纤。主干缆为 3 类或更高 100Ω 双绞线；62.5/125μm 或 50/125μm 多模光纤、单模光纤。568-B 标准不认可 4 对 4 类双绞线和 5 类双绞线电缆。

对于 24AWG（0.51mm）多股导线组成的 UTP 跳接线与设备线的额定衰减率定为 20%，采用 26AWG（0.4mm）导线的 SCTP 线缆的衰减率为 50%。

此外，对线缆长度和安装规则也做了一些调整，详细内容请自行参看标准。

8.1.3 我国国家综合布线工程验收规范

我国对综合布线系统专业领域的标准和规范的制定工作非常重视。2007 年 4 月建设部颁布新的《综合布线工程验收规范》，并自 2007 年 10 月 1 日起实施。其中，第 5.2.5 条为强制性条文，必须严格执行。GB 50312—2007 规范从适用范围、检查方式、测试方法等方面对综合布线工程验收进行了规定。

1. 规范总则

按照 GB 50312—2007 规范要求，GB 50312—2007 规范适用于新建、扩建和改建建筑与建筑群综合布线系统工程的验收。综合布线系统工程实施中采用的工程技术文件、承包合同文件对工程质量验收的要求不得低于本规范规定。

规范规定在施工过程中，施工单位必须执行本规范有关施工质量检查的规定。建设单位应通过工地代表或工程监理人员加强工地的随工质量检查，及时组织隐蔽工程的检验和验收。

规范要求综合布线系统工程应符合设计要求，工程验收前应进行自检测试、竣工验收测试工作。综合布线系统工程的验收，除应符合 GB 50312—2007 规范的要求外，还应符合国家现行有关技术标准、规范的规定。

2. 验收内容

关于综合布线验收内容，GB 50312—2007 规范在环境、器材、设备安装、缆线敷设及缆线保护措施等方面提出了验收标准。

线缆终接是综合布线工程中影响工程质量的关键环节。由于终接工作均是在现场完成的，工作量大，且错误隐蔽，不易检查，终接操作人员的技术素质和敬业精神直接影响着工程质量，是综合布线工程中最容易出问题的部分。针对终接问题，GB 50312—2007 规范分别对双绞电缆终接的要求、光缆终接与接续的方式和跳线的终接做出了规定。

对于综合布线的管理系统，需要对管理的每个组成部分设置标签，并由唯一的标识符进行标示，标识符与标签的设置应符合设计要求。管理系统的记录文档应详细完整并汉化，包括每个标识符相关信息、记录、报告、图纸等。不同级别的管理系统可采用通用电子表格、专用管理软件或电子配线设备等进行维护管理。

工程竣工后，施工单位应在工程验收以前，将工程竣工技术资料交给建设单位。综合布线系统工程的竣工技术资料包括：安装工程量；工程说明；设备、器材明细表；竣工图纸；测试记录（宜采用中文表示）；工程变更、检查记录及施工过程中需更改的设计或采取的相关措施，建设、设计、施工等单位之间的双方洽商记录；随工验收记录；隐蔽工程签证和工程决算。竣工技术文件要保证质量，做到外观整洁，内容齐全，数据准确。

规范针对检验内容、被检单项项目检查合格标准、工程安装质量合格标准、竣工检测综合合格判定做出了规定。

任务8.2 认证测试模型

8.2.1 测试链路模型

综合布线认证测试链路主要是指双绞线水平链路，按照用户对数据传输速率的不同需求，根据不同的应用场合对链路有如下分类。各类链路的电气性能测试指标详见 GB 50311—2007 规范附录 B。

（1）使用3类双绞数字电缆及同类别或更高类别的器材（接插硬件、跳线、连接接头、插座）进行安装的链路。3类链路的最高工作频率为16MHz。

（2）使用5类双绞数字电缆及同类别或更高类别的器材（接插硬件、跳线、连接接头、插座）进行安装的链路。5类链路的最高工作频率为100MHz。

（3）使用5e类（增强型5类、超5类，TIA/EIA568B标准中的5类事实上就是增强型5类）水平链路电缆及同类别或更高类别的器件（接插硬件、跳线、连接接头、插座）进行安装的链路。增强型5类链路的最高工作频率为100MHz。同时使用4对芯线时，支持1 000Base-T以太网工作。

（4）使用6类双绞数字电缆及同类别或更高类别的器件（接插硬件、跳线、连接接头、插座）进行安装的链路。6类链路的最高工作频率为250MHz，同时使用2对芯线时，支持1 000Base-T或更高速率以太网工作。最高工作频率指链路传输工作带宽。

8.2.2 测试模型分类

国标 GB 50312—2007 规范在附录 B 中给出了基本链路连接方式、永久链路连接方式和信道连接方式三种测试模型。

1. 基本链路连接模型

基本链路是指综合布线中的固定链路部分。由于综合布线承包商通常只负责这部分的链路安装，因此基本链路又称做承包商链路。它包括最长90m的水平电缆，两端分别有一个连接点及用于测试的两条各长2m的测试电缆，共94m，连接方式如图8-1所示。

项目8　测试与验收*

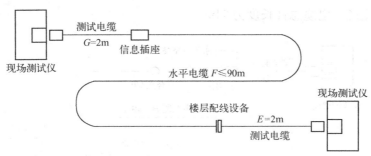

图8-1　基本链路连接方式

2. 信道连接模型

信道用来测试端到端的链路整体性能，又称做用户链路。它包括最长90m的水平电缆、一个工作区附近的转接点、在配线架上的两处连接和跳线及两端用户连接线，总长不得超过100m，即 $B+C \leqslant 90\mathrm{m}$，$A+D+E \leqslant 10\mathrm{m}$。连接方式如图8-2所示。

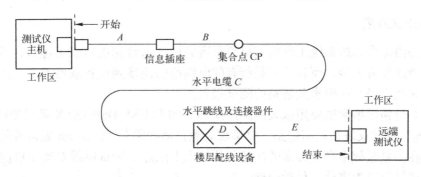

图8-2　信道连接方式

图8-2中，A——工作区终端设备电缆；B——CP电缆；C——水平电缆；D——配线设备连接跳线；E——配线设备到设备连接电缆。

基本链路和信道的区别在于基本链路不含用户使用的跳接电缆（配线架与交换机或集线器间的跳线、工作区用户终端与信息插座间的跳线）。测试基本链路时，采用测试仪器专配的测试跳线连接测试仪的接口，而测试信道时，直接用链路两端的跳接电缆连接测试仪接口。

3. 永久链路连接模型

基本链路包含的两根各2m长的测试跳线是与测试设备配套使用的，虽然它的品质很高，但随着测试次数的增加，测试跳线的电气性能指标可能发生变化并导致测试误差，该误差包含在总的测试结果中，会直接影响总的测试结果。因此，ISO/IEC 11801—2002 和 ANSI/TIA/EIA568B.2-1定义增强5类和6类标准中，测试模型有重要变化，弃用了基本链路（Basic Link）的定义，而采用永久链路（Permanent Link）的定义。永久链路又称为固定链路，它由最长为90m的水平电缆、水平电缆两端的接插件（一端为工作区信息插座，另一端为楼层配线架）和链路可选的转接连接器组成，它不包括工作区缆线和连接楼层配线设备的设备缆线、跳线，但可以包括一个CP链路，链路连接方式如图8-3所示。而基本链路包括两端的 2m 测试电缆，电缆总计长度为 94m。

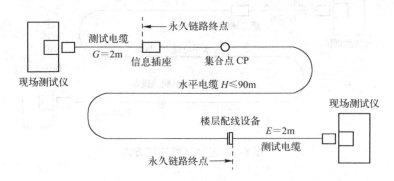

H——从信息插座至楼层配线设备（包括集合点）的水平电缆，$H \leqslant 90m$

图 8-3 永久链路连接方式

永久链路是信息点与楼层配线设备之间的传输线路，永久链路模型适用于测试固定链路（水平电缆及相关连接器件）的性能。

4. 工程测试应用

永久链路由综合布线系统工程施工单位负责完成。通常完成布线工程后，所要连接的设备、器件可能还没有安装，而且并不是所有的电缆都已连接到设备或器件上，所以综合布线施工单位只向用户提交一份永久链路的测试报告。

采用永久链路模型测试要用永久链路适配器（如 FLUKE DSP 4XXX 系列测试仪为 DSP-LIA101S）连接测试仪表和被测链路，测试仪表能自动扣除 E、G 和 2m 测试线的影响，排除了测试跳线在测量过程中自身带来的误差，从技术上消除了测试跳线对整个链路测试结果的影响，使测试结果更为准确、科学合理。

从用户角度来说，用于高速网络的传输或其他通信传输的链路不仅要包含永久链路部分，而且还要包含用于连接设备的用户电缆，所以他们希望得到一个通道的测试报告。在实际测试应用中，选择哪一种测量连接方式应根据需求和实际情况决定。使用通道链路方式更符合使用的情况，但由于它包含了用户的设备连线部分，测试较复杂，对于现在的超 5 类和 6 类布线系统，一般工程验收测试都选择永久链路模型进行。

目前综合布线工程所用测试仪，如 FLUKE DSP 4XXX 系列数字式的电缆测试仪，可选配或本身就配置了永久链路适配器。通道的测试需要连接跳线（Patch Cable），对于 6 类跳线必须购买原生产厂商的产品。

任务 8.3　认证测试参数

TSB-67 和 ISO/IEC 11801—1995 标准只定义到 5 类布线系统，测试指标只有拉线图、长度、衰减、近端串音和 ACR（衰减串音比）等参数，针对当前超 5 类综合布线系统成为主流、6 类综合布线系统正在逐渐普及的现状，下面根据 ANSI/TIA/TIA568-B 标准，介绍 6 类布线系统的测试参数。

8.3.1 接线图（Wire Map）

接线图是验证线对连接正确与否的一项基本检查。综合布线可采用 T568A 和 T568B 两种端接方式，二者的线序固定，不能混用和错接。

1. 正确接线

正确的线对连接为：1 对 1、2 对 2、3 对 3、4 对 4、5 对 5、6 对 6、7 对 7、8 对 8，如图 8-4 所示。当接线正确时，测试仪显示接线图测试"通过"。

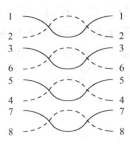

图 8-4 正确的接线图

2. 错误接线

在布线施工过程中，由于端接技巧和放线穿线技术等原因会产生开路、短路、反接、跨接、交叉、错对等接线错误。当出现不正确连接时，测试仪指示接线有误，测试仪显示接线图测试"失败"，并显示错误类型，如图 8-5 所示。

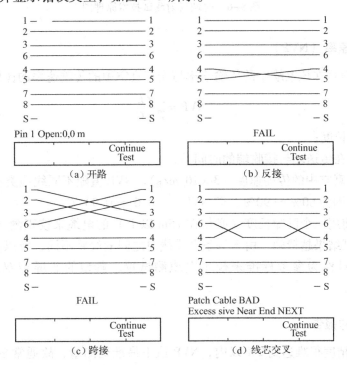

图 8-5 使用 FLUKE 线缆测试仪测试的几种接线图错误类型

8.3.2 电缆长度测试

综合布线中的电缆链路的长度是一项重要的基本指标,标准要求链路不超过 100m。但在工程实践中,由于电缆结构和测试技术自身的各种情况会有一些偏差。

1. 时域反射测试技术(TDR)

测量双绞线长度时,通常采用时域反射测试技术。时域反射测试技术(TDR)的工作原理是:测试仪从电缆一端发出一个脉冲波,在脉冲波行进时,如果碰到阻抗的变化,如开路、短路或不正常接线时,就会将部分或全部的脉冲能量反射回测试仪。依据来回脉冲波的延迟时间及已知信号在电缆传播的额定传播速率(NVP),测试仪就可以计算出脉冲波接收端到该脉冲返回点的长度。时域反射测试技术原理如图 8-6 所示。

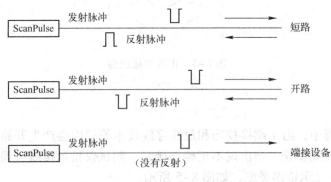

图 8-6 时域反射测试技术原理图

2. 额定传输速率(NVP)

NVP 是指电信号在该电缆中的传输速率与光在真空中的传输速率的比值。

$$\text{NVP} = \frac{2 \times L}{T \times C} \tag{8-1}$$

式中 L——电缆长度;

T——信号在传送端与接收端的时间差;

C——光在真空中的传播速度(3×10^8m/s)。NVP 值随不同线缆类型而异,通常 NVP 的范围为 60%~90%,即 NVP = (0.6~0.9)C。

在正式测量前用一个已知长度(必须在 15m 以上)的电缆来校正测试仪的 NVP 值,测试样线越长,测试结果越精确。由于每条电缆线对之间的绞距不同,所以在测试时,采用延迟时间最短的线对作为参考标准来校正电缆测试仪。典型的非屏蔽双绞线的 NVP 值在 62%~72% 之间。

3. 长度测量的报告

由于 TDR 的精度很难达到 2% 以内,NVP 值不易准确测量,故通常多采取忽略 NVP 值的影响,对长度测量极值加上 10% 余量的做法。

根据所选择的测试模型不同，极限长度分别为：基本链路为94m，永久链路为90m，通道为100m。加上10%余量后，长度测试通过/失败的参数为：基本链路为94m+94m×10%=103.4m，永久链路为90m+90m×10%=99m，通道为100m+100m×10%=110m。

当测试仪以"*"显示长度时，表示结果为临界值。表明测试结果接近极限时，长度测试结果不可信，要引起用户和施工者注意。

布线链路长度指布线链路端到端之间电缆芯线的实际物理长度，由于各芯线存在不同的绞距，在布线链路长度测试时，要分别测试4对芯线的物理长度，测试结果会大于布线所用电缆长度。

8.3.3 损耗测试参数

除去接线图和电缆长度两项技术指标外，电信号在电缆中传播还会因电阻产生能量衰减，从而导致信号失真和错误，必须在综合布线施工中将其控制在允许的范围内。

1. 插入损耗

当信号在电缆中传输时，由于其所遇到的电阻而导致传输信号减小，信号沿电缆传输损失的能量称为插入损耗（衰减，Attenuation），如图8-7所示。当考虑一条通信链路的总插入损耗时，布线链路中所有的布线部件都对链路的总衰减值有影响。一条链路的总插入损耗是电缆和布线部件的衰减总和。

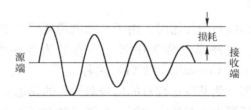

图8-7 插入损耗（衰减）

衰减量由布线电缆对信号的衰减、构成通道链路方式的10m跳线或构成基本链路方式的4m设备接线对信号的衰减、每个连接器对信号的衰减几方面构成。

2. 插入损耗计量

电缆是链路衰减的一个主要因素，电缆越长，链路的衰减就会越明显，与电缆链路衰减相比，其他布线部件所造成的衰减要小得多。衰减不仅与信号的传输距离有关，而且由于传输通道中有阻抗，衰减会随着信号频率的增加而增加，从而使信号的高频分量衰减加大，衰减和频率的平方根成正比。

链路传输所造成的信号损耗，是指单位长度的电缆（通常为100m）的衰减量。以规定的扫描/步进频率标准作为测量单位，dB值越大，衰减越大，接收的信号越弱，信号衰减到一定程度，将会引起链路传输的信息不可靠。

3. 插入损耗限值

引起衰减的主要原因是铜导线及其所使用的绝缘材料和外套材料。在选定电缆和相关接插件后,通道的衰减就与距离、信号传输频率和施工工艺有关,不恰当的端接也会引起过量的衰减。表8-1中列出了使用不同类型线缆,在不同频率下,布线系统信道每条链路允许最大的插入损耗值。此表是20℃时给出的允许值,随着温度增加,衰减也会增加,在测试现场可根据温度变化做适当调整。3类电缆每增加1℃,衰减量增加1.5%;超5类电缆每增加1℃,衰减量增加0.4%;6类电缆每增加1℃,衰减量增加0.3%。

表8-1 不同级别下允许的最大插入损耗值(20℃)

频率(MHz)	最大插入损耗(dB)					
	A级	B级	C级	D级	E级	F级
0.1	16.0	5.5				
1		5.8	4.2	4.0	4.0	4.0
16			14.4	9.1	8.3	8.1
100				24.0	21.7	20.8
250					35.9	33.8
600						54.6

8.3.4 近端串音测试参数

1. 近端串音(NEXT)

当信号在一条通道的某线对中传输时,由于平衡电缆互感和电容的存在,同时会在相邻线对中感应一部分信号,这种现象称为串音。串音分为近端串音(Near End Crosstalk,NEXT)和远端串音(Far End Crosstalk,FEXT)两种。

近端串音是指处于线缆一侧某发送线对的信号对同侧的其他相邻(接收)线对通过电磁感应所造成的信号耦合。近端串音与线缆类别、端接工艺和频率有关,双绞线的两条导线绞合在一起后,因为相位相差180°,从而抵消了相互间的信号干扰,绞距越小抵消效果越好,也就越能支持较高的数据传输速率。

近端串音是用近端串音损耗值来度量的。近端串音损耗定义为导致该串音的发送信号值(dB)与被测线对上发送信号的近端串音值(dB)之差值(dB)。由于被测线对被串音的程度越小越好,某线对受到越小的串音意味着该线对对于外界串音具有越大的损耗能力,也就导致该串音发送线对的信号在被测线对上的测量值越小,即串音损耗越大(这就是为什么不直接定义串音,而定义成串音损耗的原因)。所以测量到的近端串音值越大,表示受到的串音越小;反之,测量到的近端串音值越小,表示受到的串音越大。布线系统信道电缆线对最小串音值如表8-2所示。

表8-2 布线系统信道电缆线对最小串音值

频率(MHz)	最小近端串音(dB)					
	A级	B级	C级	D级	E级	F级
0.1	27.0	40.0				
1		25.0	39.1	60.0	65.0	65.0

续表

频率（MHz）	最小近端串音（dB）					
	A级	B级	C级	D级	E级	F级
16			19.4	43.6	53.2	65.0
100				30.1	39.9	62.9
250					33.1	56.9
600						51.2

近端串音是决定链路传输能力的最重要的参数，也是最难精确测量的一个指标。施工的质量问题会产生近端串音（如端接处电缆被剥开，失去双绞的长度过长），近端串音与链路长度没有关系。图8-8显示了一根6类4对双绞电缆通道链路近端串音与频率的关系。比较图中的每条曲线可知，各对双绞线的近端串音损耗不同。

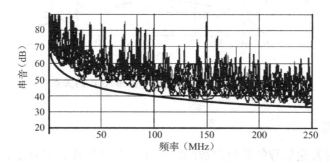

图8-8　6类4对双绞电缆通道链路近端串音与频率的关系

测试一条双绞电缆链路的近端串音，需要在每一线对之间测试。近端串音必须进行双向测试，这是因为绝大多数的近端串音是在链路测试端的近处测得的。实际工程中，大多数近端串音发生在近端的连接件上，只有长距离的电缆才能累积起比较明显的近端串音。有时在链路的一端测试近端串音可以通过，而在另一端测试则不能通过，这是因为发生在远端的近端串音经过电缆的衰减到达测试点时，其影响已经减小到标准的极限值以内了。所以，对近端串音的测试要在链路的两端各进行一次。

2. 衰减与近端串音比（Attenuation to Crosstalk Ratio，ACR）

通信链路在信号传输时，衰减和串音都会存在，串音反映电缆系统内的噪声，衰减反映线对本身的传输质量，这两种性能参数的混合效应（即信噪比）表示了信号强度与串音产生的噪声强度的相对大小，可以反映出电缆链路的实际传输质量。用衰减与串音比来表示这种混合效应，衰减与串音比定义为：被测线对受相邻发送线对串音的近端串音损耗值与本线对传输信号衰减值的差值（单位为dB），即

$$\mathrm{ACR(dB)} = \mathrm{NEXT(dB)} - \mathrm{Attenuation(dB)} \qquad (8-2)$$

近端串音损耗越高而衰减越小，则衰减与串音比越高，一个高的衰减与串音比意味着干扰噪声的强度与信号强度相比微不足道，因此衰减与串音比越大越好。

衰减、近端串音和衰减与串音比都是频率的函数，应在同一频率下计算，5e类通道和永久链路必须在1～100MHz频率范围内测试；6类通道和永久链路在1～250MHz频率范围

内测试，最小值必须大小 0dB，当 ACR 接近 0dB 时，链路就不能正常工作。衰减与串音比反映了在电缆线对上传送信号时，在接收端收到的衰减过的信号中有多少来自串音噪声的影响，它直接影响信号的误码率，从而决定信号是否需要重发。

插入损耗（Attenuation）、近端串音（NEXT）和衰减与近端串音比（ACR）都是频率的函数，其关系如图 8-9 所示。

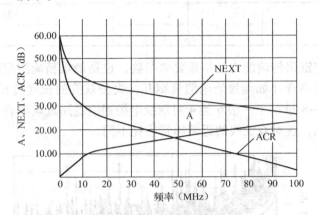

图 8-9　插入损耗、近端串音和 ACR 的关系

3. 综合近端串音

近端串音是一对发送信号的线对对被测线对在近端的串扰，实际上，在 4 对型双绞线电缆中，当其他 3 对线对都发送信号时，都会对被测线对产生串扰。因此，在 4 对型电缆中，3 个发送信号的线对对另一相邻接收线对产生的总串扰称为综合近端串音（Power Sum NEXT，PSNEXT），如图 8-10 所示。

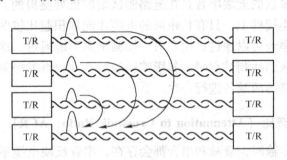

图 8-10　综合近端串音

综合近端串音的值是电缆中所有线对对被测线对产生的近端串音的总和。在 4 对双绞线的一侧，3 个发送信号的线对对另一相邻接收线对产生串音的总和近似为：

$$PSNEXT = \sqrt{N_1^2 + N_2^2 + N_3^2}$$

式中，N_1、N_2、N_3 分别为线对 1、线对 2、线对 3 的近端串音值。

综合近端串音值是双绞线布线系统中的一个新的测试指标，只有 5e 类和 6 类电缆中才要求测试 PSNEXT。这种测试在用多个线对传送信号的 100Base–T4 和 1 000Base–T 等高速以太网中非常重要。因为电缆中多个传送信号的线对会把更多的能量耦合到接收线对。

在测量中,综合近端串音值要低于同种电缆线对间的近端串音值。例如,在100MHz时,5e类通道模型下的综合近端串音最小极限值为27.1dB,而近端串音最小极限值为30.1dB。

8.3.5 远端串音

1. 远端串音与等效远端串音

与NEXT的定义相类似,远端串音(FEXT)是信号从近端发出,而在链路的另一侧(远端)发送信号的线对对其同侧其他相邻(接收)线对通过电磁感应耦合而造成的串扰。FEXT与NEXT一样定义为串扰损耗。因为信号的强度与其所产生的串扰及信号的衰减有关,所以电缆长度对测量到的FEXT值影响很大。由于线路的衰减,会使远端点接收的串音信号过小,以致所测量的远端串音不是在远端的真实串音值。因此,FEXT并不是一种很有效的测试指标,在实际测量中用ELFEXT值的测量代替FEXT值的测量。

等效远端串音(Equal Level FEXT, ELFEXT)是指某线对上远端串扰损耗与该线路传输信号的衰减差,也称为远端ACR。减去衰减后的FEXT也称为同电位远端串扰,它比较真实地反映为远端的串扰值,其关系定义为:

$$ELFEXT(dB) = FEXT(dB) - A(dB) \qquad (8-3)$$

式中 A——受串扰接收线对的传输衰减。

2. 综合等效远端串扰

综合等效远端串扰(Power Sun ELFEXT, PSELFEXT)是几个同时传输信号的线对在接收线对形成的串扰总和。综合是指在电缆的远端测量到的每个传送信号的线对对被测线对串扰能量的和,综合等效远端串扰损耗是一个计算参数,对4对UTP而言,它组合了其他3对远端串扰对第4对的影响,这种测量具有8种组合。

8.3.6 其他测试参数

1. 传输延迟和延迟偏离

传输延迟(Propagation Delay)是信号在电缆线对中传输时所需要的时间。传输延迟随着电缆长度的增加而增加,测量标准是指信号在100m电缆上的传输时间,单位为纳秒(ns),是衡量信号在电缆中传输快慢的物理量。5e类通道的最大传输延迟在10MHz时不超过555ns,基本链路的最大传输延迟在10MHz时不超过518ns;6类通道的最大传输延迟在10MHz时不超过555ns,所有永久链路的最大传输延迟在100MHz时不超过538ns、在250MHz时不超过498ns。

延迟偏离(Delay Skew)是指同一UTP电缆中传输速度最快的线对和传输速度最慢线对的传输延迟差值,它以同一线缆中信号传播延迟最小的线对的时延值作为参考,其余线对与参考线对都有时延差值。最大的延时差值即为电缆的延迟偏离。

延迟偏离对UTP中4对线对同时传输信号的100Base-T4和1000Base-T等高速以太网非常重要,因为信号传送时在发送端分组到不同线对并行传送,到接收端后重新组合,如果线对间传输的时差过大接收端就会丢失数据,从而影响信号的完整性,进而产生误码。

2. 回波损耗

回波损耗（RL）是线缆与接插件构成布线链路阻抗不匹配导致的一部分能量反射。当端接阻抗（部件阻抗）与电缆的特性阻抗不一致、偏离标准值时，在通信链路上就会导致阻抗不匹配。阻抗的不连续性引起链路偏移，电信号到达链路偏移区时，必须消耗掉一部分来克服链路偏移，这样会导致两个后果，一个是信号损耗，另一个是少部分能量被反射回发送端。被反射到发送端的能量会形成噪声，导致信号失真，从而降低通信链路的传输性能。

回波损耗的计算公式为：回波损耗 = 发送信号/反射信号。

从上式可看出，回波损耗越大，则反射信号越小，表明通道采用的电缆和相关连接硬件阻抗一致性越好，传输信号越完整，在通道上的噪声越小。因此，回波损耗越大越好。双绞线的特性阻抗、传输速度和长度，各段双绞线的接续方式和均匀性都直接影响到回波损耗。

常用 UTP 的特性阻抗为 100Ω，但不同厂商或同一厂商不同批次产品都有允许范围内的不等的偏离值，因此在综合布线工程中，建议采购同一厂商、同一批生产的双绞线电缆和接插件，以保证整条通信链路特性阻抗的匹配性，减小回波损耗和衰减。

在施工过程中端接不规范、布放电缆时牵引用力过大或踩踏线缆等原因，都可能引起电缆特性阻抗变化，从而发生阻抗不匹配现象，因此要文明施工、规范施工，提高施工质量，减少阻抗不匹配现象发生。

8.3.7 光纤链路测试参数

对光缆进行测试，目的是为了检测光缆敷设和端接是否正确。光缆测试类型主要包括衰减测试和长度测试，其他还有带宽测试和故障定位测试。带宽是光纤链路性能的另一个重要参数，但光纤安装过程中一般不会影响这项性能参数，所在验收测试中很少进行带宽性能检查。

光纤有多模和单模之分，对于多模光纤，规范规定了 850nm 和 1 300nm 两个波长，要用 LED 光源对这两个波段进行测试。对于单模光纤，规定了 1 310nm 和 1 550nm 两个波长，要用激光光源对这两个波段进行测试。

1. 光纤测试连接方式

测试应按图 8-11 所示进行连接，并在两端对光纤逐根进行双向（收与发）测试。光连接器件可以为工作区 TO、电信间 FD、设备间 BD、CD 的 SC、ST、sFF 连接器件。光缆可以为水平光缆、建筑物主干光缆和建筑群主干光缆。光纤链路中不包括光跳线在内。

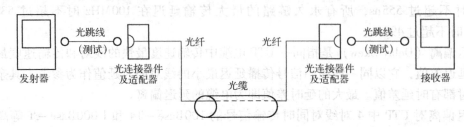

图 8-11 单芯光纤链路测试连接图

2. 光纤测试内容

光纤测试包括在施工前检查光纤的连通性，必要时宜采用光纤损耗测试仪（稳定光源和光功率计组合）对光纤链路的插入损耗和光纤长度进行测试。

对光纤链路（包括光纤、连接器件和熔接点）的衰减进行测试，同时测试光跳线的衰减值，可作为设备连接光缆的衰减参考值，整个光纤信道的衰减值应符合设计要求。

3. 光纤性能指标

1）光缆测试链路长度

水平光缆链路从水平跳接点到工作区插座间最大长度为100m，只需在850nm和1 300nm一个波长单方向进行测试。

主干多模光缆链路应在850nm和1 300nm两个波段进行单向测试，链路长度要求如表8-3所示。

表8-3 多模光缆链路长度限值

光 纤 链 路	最大长度（m）
从主跳接到中间跳接	1 700
从中间跳接到水平跳接	300
从主跳接到水平跳接	2 000

主干单模光缆链路应在1 310nm和1 550nm两个波段进行单向测试，链路长度要求如表8-4所示。

表8-4 单模光缆链路长度限值

光 纤 链 路	最大长度（m）
从主跳接到中间跳接	2 700
从中间跳接到水平跳接	300
从主跳接到水平跳接	3 000

2）光纤损耗参数

光纤链路包括光纤布线系统两个端接点之间的所有部件，这些部件都定义为无源器件，包括光纤、光纤连接器和光纤接续子。光纤损耗测试必须对链路上的所有部件进行测试，因为链路距离较短，与波长有关的衰减可以忽略，光纤连接器损耗和光纤接续子损耗是水平光纤链路的主要损耗。不同类型的光缆在标称的波长，每千米的最大衰减值要求符合表8-5的规定。

表8-5 最大光缆衰减（dB/km）

项 目	OM1、OM2及OM3多模		OS1单模	
波长	850nm	1 300nm	1 310nm	1 550nm
衰减	3.5	1.5	1.0	1.0

光缆布线信道在规定的传输窗口测量出的最大光插入损耗（衰减）应不超过表8-6的规定，该指标已包括接头与连接插座的损耗在内。

表8-6 光缆最大信道插入损耗（dB）范围

级别	单模		多模	
	1310nm	1550nm	850nm	1300nm
OF-300	1.80	1.80	2.55	1.95
OF-500	2.00	2.00	3.25	2.25
OF-2000	3.50	3.50	8.50	4.50

注：每个连接处的衰减值最大为1.5dB。

3) 光纤链路插入损耗指标

光纤链路的插入损耗极限值可用以下公式计算：

$$光纤链路损耗 = 光纤损耗 + 连接器件损耗 + 光纤连接点损耗 \tag{8-4}$$

$$光纤损耗 = 光纤损耗系数(dB/km) \times 光纤长度(km) \tag{8-5}$$

$$连接器件损耗 = 连接器件损耗/个 \times 连接器件个数 \tag{8-6}$$

$$光纤连接点损耗 = 光纤连接点损耗/个 \times 光纤连接点个数 \tag{8-7}$$

光纤链路衰减系数参考值如表8-7所示。

表8-7 光纤链路衰减系数参考值

种类	工作波长（nm）	衰减系数（dB/km）
多模光纤	850	3.5
多模光纤	1300	1.5
单模室外光纤	1310	0.5
单模室外光纤	1550	0.5
单模室内光纤	1310	1.0
单模室内光纤	1550	1.0
连接器件衰减	0.75dB	
光纤连接点衰减	0.3dB	

任务8.4 常用测试仪表及使用

网络综合布线测试仪主要采用模拟和数字两类测试技术，模拟技术是传统的测试技术，主要通过频率扫描来实现，即每个测试频点都要发送相同频率的测试信号进行测试。数字技术则通过发送数字信号完成测试，数字周期信号都是由直流分量和K次谐波之和组成的，这样通过相应的信号处理技术可以得到数字信号在电缆中各次谐波的频谱特性。

对于5e类和6类综合布线系统，现场认证测试仪必须符合ANSI/TIA/EIA568B.2-1或ISO/IEC 11801的要求。一般要求测试仪应能同时具有认证精度和故障查找能力，在保证精确测定综合布线系统各项性能指标的基础上，能够快速准确地定位故障，而且操作使用简单。

8.4.1 测试仪的基本要求

1. 测试仪的精度

精度是综合布线测试仪的基础，所选择的测试仪既要满足永久链路的认证精度，又要满足通道的认证精度。精度决定了测试仪对被测链路的可信程度，即被测链路是否真的达到了测试标准的要求。另外，测试仪的精度是有时间限制的，测试仪的精度必须在使用一定时间后进行校准。

一般测试5类电缆的电气性能，测试仪要求达到UL规定的第Ⅱ级精度，超5类测试仪的精度也只要求到第Ⅱe级精度就可以了，但6类要求测试仪精度达到第Ⅲ级精度。因此综合布线认证测试最好都使用Ⅲ级精度的测试仪。

2. 测试速度

理想的电缆测试仪器首先应在性能指标上同时满足通道和永久链路的Ⅲ级精度要求，同时在现场测试中还要有较快的测试速度。如带有远端器的测试仪在测试6类电缆时，近端串扰应进行两次测试，即对同一条电缆必须测试两次；而带有智能远端器的测试仪，可实现双向测试一次完成。

目前最快的认证测试仪表是FLUKE公司2004年上半年推出的DTX系列电缆认证测试仪，能在12s完成一条6类链路测试。

此外，测试仪能定位故障也是十分重要的，因为测试目的是要得到良好的链路，而不仅仅是辨别好坏。好的测试仪能迅速告诉测试人员在一条坏链路中故障部件的位置，从而迅速予以修复。

3. 测试的兼容性问题

6类链路的性能要求很高，近端串扰余量只有25dB。6类通道施工专业工具如卡线钳、打线刀、拨线指环等是决定链路性能的关键因素。如果施工工艺略有差错，测试的结果就可能失败。

在使用6类测试仪测试某个6类通道或永久链路时，必须使用该厂商的专用测试连接路线连接测试仪和被测系统（该路线应在购买测试仪时由测试仪厂商提供）。为了兼容各个厂家的6类产品，测试仪公司生产了多种6类"专用适配器"。

4. 远端接头补偿功能

不同长度的通道会给出不同数量的反射串扰。使用数字信号处理（DSP）技术，测试仪能够排除通道连接点的串扰。但是，当测试NEXT时，测试仪只排除了近端的串扰，而没有排除远端对NEXT测试的影响。这在测试较短链路，如20m或更短，或远端接头串扰过大的链路时，就成为一个严重的问题。这是因为远端的接头此时已足够近，从而对整体测试产生很大的影响。多数情况下如此短的链路其测试结果会失败或余量很小。远端接头产生的过多串扰就是问题的原因，而不是因为安装问题。这对5类和超5类链路不是问题，但对于6类链路就会出现问题。这一问题已反映在标准精度的要求上。

8.4.2 验证测试仪表

验证测试仪表在施工过程中由施工人员边施工边测试,以保证所完成的每一个连接的正确性。此时只进行电缆的通断、长度等项目的测试。下面介绍4种典型的验证测试仪表,其中3种是著名的Fluke公司的MicroTools系列产品。

1. 简易布线通断测试仪

简易布线通断测试仪如图5-30所示,这是最简单的电缆通断测试仪,包括主机和远端机。测量时,线缆两端分别连接主机和远端机,根据显示灯的闪烁次序就能判断双绞线8芯线的通断情况,但不能定位故障点。

2. 电缆线序检测仪

Micro Mapper(电缆线序检测仪)MT-8200-49A 线序测试仪如图8-12所示,这是小型手持式验证测试仪,可以方便地验证双绞线电缆的连通性,包括检测开路、短路、跨接、反接及串绕等问题。只需按动测试(TEST)按钮,电缆线序检测仪就可以自动地扫描所有线对并发现所有存在的线缆问题。

图 8-12 线序测试仪

当与音频探头(Micro Probe)配合使用时,Micro Mapper 内置的音频发生器可追踪到穿过墙壁、地板、天花板的电缆。电缆线序检测仪还配有一个远端,因此一个人就可以方便地完成电缆和用户跳线的测试。

3. 电缆验证仪

MicroScanner Pro(电缆验证仪)如图8-13所示,这是一个功能强大、专为防止和解决电缆安装问题而设计的工具,它可以检测电缆的通断、电缆的连接线序和电缆故障的位置。

图 8-13 电缆验证仪

MicroScanner Pro 可以测试同轴线(RG6、RG59 等 CATV/CCTV 电缆)及双绞线(UTP/STP/ScTP),并可诊断其他类型的电缆,如语音传输电缆、网络安全电缆或电话线。它产生4种音调来确定墙壁中、天花板上或配线间中电缆的位置。

4. 单端电缆测试仪

Fluke 620 是一种单端电缆测试仪，如图 8-14 所示。进行电缆测试时，不需要在电缆的另外一端连接远端单元即可进行电缆的通断、距离、串绕等测试。这样不必等到电缆全部安装完毕就可以开始测试，发现故障可以立即予以纠正，省时又省力。如果使用远端单元，还可查出接线错误及电缆的走向等。

图 8-14　Fluke 620 单端电缆测试仪

8.4.3　认证测试仪表使用

1. 认证测试环境要求

综合布线测试现场应无产生严重电火花的电焊、电钻和产生强磁干扰的设备作业，被测综合布线系统必须是无源网络，测试时应断开与之相连的有源、无源通信设备，以避免测试受到干扰或损坏仪表。

综合布线测试要求现场温度为 20～30℃，湿度宜在 30%～80%。由于衰减指标的测试受测试环境温度影响较大，当测试环境温度超出上述范围时，需要按有关规定对测试标准和测试数据进行修正。

静电火花不仅影响测试结果的准确性，甚至可能使测试无法进行或损坏仪表。在气候干燥区域，湿度常常为 10%～20%，此时极易产生静电，在这种情况下，要注意对测试者和持有仪表者采取防静电措施。

2. Fluke DTX–1800 测试仪的使用

1）Fluke DTX 系列电缆认证测试仪介绍

DTX 系列电缆认证测试仪是 Fluke 公司 2004 年推出的新一代铜缆和光缆认证测试平台。目前有 DTX–LT、DTX–1200、DTX–1800 三种型号，其测试速度快，12s 完成一条 6 类链路测试，达到了Ⅳ级认证测试精度。该系列测试仪采用彩色中文界面，操作方便；电池使用时间达 12h，可完成双光缆双向双波长认证测试，集成 VFL，可视为故障定位仪。DTX–1800 的测试带宽高达 900MHz，可满足未来 7 类布线系统测试要求。DTX 系列电缆认证测试仪外观如图 8-15 所示。

图 8-15　DTX 系列电缆认证测试仪外观

2）初始化测试仪

（1）充电：将 Fluke DTX 系列产品主机、辅机（远端机）分别用电源适配器充电，直至电池显示灯变为绿色。

（2）设置语言：将 Fluke DTX 系列产品主机旋钮转至"SETUP"挡位，按右下角的绿色按钮开机；使用"↓"箭头；选中第三条"Instrument Setting"（本机设置）按"ENTER"键进入参数设置，首先使用"→"箭头，按一下；进入第二个页面，使用"↓"箭头选择最后一项"Language"按"ENTER"键进入；使用"↓"箭头选择最后一项"Chinese"按"ENTER"键。将语言设置成中文后再进行以下操作。

（3）自校准：取 Fluke DTX 系列产品 Cat6A/ClassEA 永久链路适配器，装在主机上，辅机装上 Cat6A/ClassEA 通道适配器。然后将永久链路适配器末端插在 Cat6A/ClassEA 通道适配器上；打开辅机电源，辅机自检后，"PASS"灯亮后熄灭，显示辅机正常。选择"SPECIAL FUNCTIONS"挡位，打开主机电源，显示主机、辅机的软件、硬件和测试标准的版本（辅机信息只有当辅机开机并和主机连接时才显示），自测后显示操作界面。选择第一项"设置基准"（若选错可用"EXIT"键退出重复操作），按"ENTER"键和"TEST"键开始自校准，显示"设置基准已完成"说明自校准成功完成。

3）设置 Fluke 测试仪基本参数

操作：将 Fluke DTX 系列产品主机旋钮转至"SETUP"挡位，使用"↑↓"键选择第三条"仪器值设置"，按"ENTER"键进入参数设置，可以按"←→"键翻页，用"↑↓"键选择所需设置的参数，按"ENTER"键进入参数修改，用"↑↓"键选择所需采用的参数设置，选好后按"ENTER"键确认并完成参数设置。

新机第一次使用需要设置的参数，以后无须更改（将旋钮转至"SETUP"挡位，使用"↓"箭头选中第三条"仪器设置值"，按"ENTER"键进入，如果返回上一级可按"EXIT"键）。

（1）线缆标识码来源：一般使用自动递增，会使线缆标识的最后一个字符在每一次保存测试时递增，通常不用更改。

（2）图形数据存储：（是）（否），通常情况下选择（是）。

（3）当前文件夹：DEFAULT，可以按"ENTER"键进入修改其名称（用户想要的名字）。

（4）结果存放位置：使用默认值"内部存储器"。如果有内存卡，也可以选择"内存卡"。

（5）按"→"键进入第二个设置页面，操作员为 Your Name，按"ENTER"键进入，按 F3 键删除原来的字符，用"←→↑↓"键选择需要的字符，选好后按"ENTER"键确定。

（6）地点：Client Name，是所测试的地点，可以依照具体地点进行修改。

（7）公司：Your Company Name，用户公司的名字。

（8）语言：Language，默认是英文。

（9）日期：输入现在的日期。

（10）时间：输入当时的时间。

（11）长度单位：通常情况下选择米（m）。

新机不需要设置、可采用原机器默认值的参数如下。

（1）电源关闭超时：默认 30min。

（2）背光超时：默认1min。

（3）可听音：默认"是"。

（4）电源线频率：默认50Hz。

（5）数字格式：默认是00.0。

将旋钮转至"SETUP"挡位，选择双绞线，按"ENTER"键进入后，NVP不用修改。

光纤里面的设置，在测试双绞线时无须修改。

使用过程中经常需要改动的参数如下。

将旋钮转至"SETUP"挡位，选择双绞线，按"ENTER"键进入。

（1）线缆类型：按"ENTER"键进入后按"↑↓"键选择要测试的线缆类型。例如，笔者要测试超5类的双绞线，在按"ENTER"键进入后，选择"UTP"，按"ENTER"键和"↑↓"键选择"Cat 5e UTP"，按"ENTER"键返回。

（2）测试极限值：按"ENTER"键进入后按"↑↓"键选择与要测试的线缆类型相匹配的标准，按F1键选择更多，进入后一般选择TIA里面的标准。例如，笔者是测试超5类的双绞线，按"ENTER"键进入后，看看在上次使用里有没有"TIA Cat 5e channel?"，如果没有，按F1键进入更多，选择"TIA"按"ENTER"键进入，选择"TIA Cat 5e channel"按"ENTER"键确认返回。

（3）NVP：不用修改，使用默认值。

（4）插座配置：按"ENTER"键进入，一般使用的RJ-45水晶头使用的是568B标准。其他可以根据具体情况而定。可以按"↑↓"键选择要测试的双绞线端接标准。

（5）地点（Client Name）：是所测试的地点，通常情况下每换一个测试场所就要根据实际情况进行修改。

4）Fluke测试仪测试过程

根据需求确定测试极限值和电缆类型：是通道测试还是永久链路测试？是Cat5e还是Cat6，还是其他？关机后将测试标准对应的适配器安装在主机、辅机上，如选择"TIA Cat5e CHANNEL"通道测试标准时，主、辅机安装"DTX-CHA002"通道适配器，选择"TIA CAT6A PERM. LINK"永久链路测试标准时，主、辅机各安装一个"DTX-PLA002"永久链路适配器。

再开机后，将旋钮转至"AUTO TEST"挡或"SINGLE TEST"挡。选择"AUTO TEST"是将所选测试标准的参数全部测试一遍后显示结果；"SINGLE TEST"是针对测试标准中的某个参数进行测试。将旋钮转至"SINGLE TEST"挡，按"↑↓"键，选择某个参数，按"ENTER"键再按"TEST"键即可进行单个参数测试。

将所需测试的产品连接上对应的适配器，按"TEST"键开始测试，经过一阵后显示测试结果"PASS"或"FAIL"。

5）查看测试结果及故障检查

测试后会自动进入结果界面。使用"ENTER"键可查看参数明细，用"F2"键返回上一页，用F3键翻页。按"EXIT"键后，按F3键查看内存数据存储情况；若需检查故障，可选择X的查看具体情况。

6) 保存测试结果

测试结果可选择"SAVE"键存储。进入保存界面后,使用"←→↑↓"键移动光标,按 ENTER 键确认字符,选择想使用的名字(如"D01")。图 8-16 所示是 Fluke DTX-1800 测试仪的一张 6 类电缆测试报告。

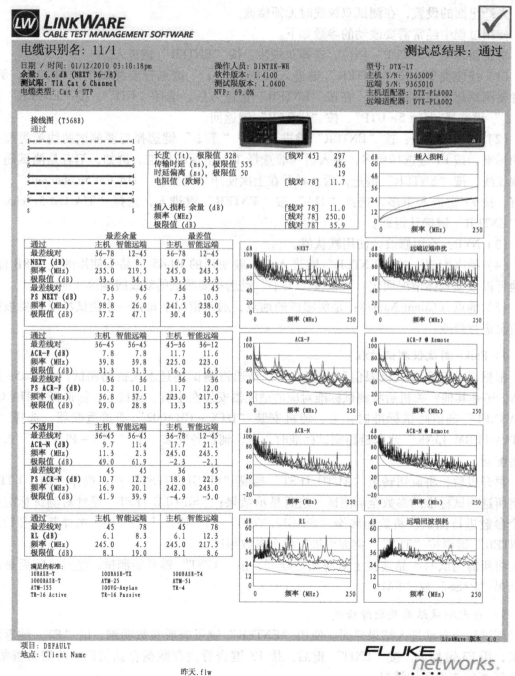

图 8-16 6 类电缆测试报告样例

更换待测产品后重新按"TEST"键开始测试新数据,再次按"SAVE"键存储数据时,机器自动取名为上个数据加1,即"02"。重复以上操作,直至测试完所需测试产品或内存空间不够,下载数据后再重新开始以上步骤。

7)测试数据处理

安装 LINKWARE 软件,目前的最新版本是 LINKWARE 6.2。

将界面转换为中文界面:运行 LINKWARE 软件,单击菜单"Options",选择"Language"中的"Chinese(Simplified)",则软件界面转为中文简体。

从主机内存下载测试数据到计算机:在 LINKWARE 软件菜单的"文件"中单击"从文件导入"(选择 DTX CableAnalyzer),很快就可将主机内存储的数据输入计算机。

数据存入计算机后可打印也可存为电子文档备用。

转换为"PDF"文件格式:在"文件"菜单下选择"PDF",再选择"自动测试报告",则自动转为"PDF"格式,以后可用 Acrobat Reader 软件直接阅读、打印。

转换为"TXT"文件格式:在"文件"菜单下选择"输出至文件",再选择"自动测试报告",则转化为"TXT"格式,以后可用 Acrobat Reader 软件直接阅读、打印。

3. 用 DTX 电缆分析仪测试光纤链路

对光纤测试主要是衰减测试和光缆长度测试,衰减测试是对光功率损耗的测试。引起光纤链路损耗的原因有:材料原因,光纤纯度不够和材料密度的变化太大;光缆的弯曲程度,包括安装弯曲和产品制造弯曲问题,光缆对弯曲非常敏感,如果弯曲半径小于2倍的光缆外径,则大部分光保留在光缆核心内,单模光缆比多模光缆更敏感;光缆接合及连接的耦合损耗,这主要由截面不匹配、间隙损耗、轴心不匹配和角度不匹配造成;不洁净或连接质量不良,低损耗光缆的大敌是不洁净的连接,灰尘阻碍光传输,手指的油污影响光传输,不洁净的光缆连接器可扩散至其他连接器。

对已敷设的光缆,可用插损法来进行衰减测试,即用一个功率计和一个光源来测量两个功率的差值。第一个是从光源注入到光缆的能量,第二个是从光缆段的另一端射出的能量。测量时为确定光纤的注入功率,必须对光源和功率计进行校准。校准后的结果可为所有被测光缆的光功率损耗测试提供一个基点,两个功率的差值就是每个光纤链路的损耗。

1)光纤衰减测试准备工作

首先要确定被测试的光缆及光纤的类型,选择与其类型匹配的功率计和光源。然后对光功率计进行校准,使光功率计和光源处于同一波长。按图 8-17 所示的方式连接光纤链路。

2)用 DTX 线缆分析仪测试光纤

用 DTX 线缆分析仪测试光纤需要使用光纤模块。下面以多模光纤模块 DTX - MFM2 为例简单介绍光纤认证测试的步骤(一级认证),由于操作方法与上面介绍的测试验收电缆链路的操作方法类似,故这里只介绍一些不同点。

在选择测试标准、测试类型时,按以下步骤操作。

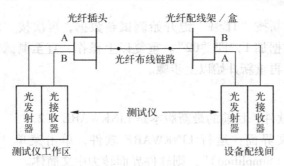

图 8-17 光纤链路衰减测试连接图

将旋钮转到"SETUP"挡→选择"光纤测试"→选择"电缆类型"→选择"多模"→选择"测试极限"→选择"骨干光纤"。

将旋钮置于特殊功能挡"SPECIAL FUNCTION"。

选择"设置基准",即按照仪器屏幕提示的跳线连接方式安装测试跳线和滤波用的"心轴",按下"TEST"键将光源和光功率计归零并保存。

将旋钮置于"AUTO TEST"挡,按下"TEST"键,按照屏幕提示选择"测试极限"。

任务8.5 布线工程项目验收

综合布线工程经过施工阶段后进入测试、验收阶段,工程验收是全面考核工程的建设工作,检验设计和工程质量,是施工方向建设方移交的正式手续,也是用户对工程的认可。工程验收是一项系统性的工作,它不仅包含前面所述的链路连通性、电气和物理特性测试,还包括对施工环境、工程器材、设备安装、线缆敷设、缆线终接、竣工技术文档等的验收。验收工作贯穿于整个综合布线工程中,包括施工前检查、随工检验、初步验收、竣工验收等几个阶段,对每一阶段都有其特定的内容。

8.5.1 项目竣工验收

1. 项目竣工验收的组织

按照综合布线行业的国际惯例,大、中型的综合布线工程主要由国家注册、具有行业资质的第三方认证服务提供商来提供竣工测试验收服务。当前国内综合布线工程竣工验收有施工单位自己组织验收,施工监理机构组织验收,受建设、施工或监理委托的第三方测试机构组织验收。可由质量监察部门提供验收服务或第三方测试认证服务提供商提供验收服务。

在竣工验收之前,建设单位为了充分做好准备工作,需要有一个自检阶段和初检阶段。加强自检和随工检查等技术管理措施,建设单位的常驻工地代表或工程监理人员必须按照上述工程质量检查工作,力求消灭一切因施工质量而造成的隐患。

由建设单位负责组织现场检查、资料收集与整理工作。设计单位,特别是施工单位必须提供资料和竣工图纸。

2. 项目竣工验收依据

综合布线系统工程的验收首先必须以工程合同、设计方案、施工图设计、设备技术说明书、设计修改变更单为依据，按照现行的技术验收规范——《综合布线工程验收规范》(GB 50312—2007) 验收。由于 GB 50312—2007 的电气性能指标来源于 EIA/TIA568B 和 ISO/IEC 11801—2002，电气性能测试验收也可依照 EIA/TIA586B 和 ISO/IEC 11801—2002 标准进行。工程竣工验收项目的内容和方法，应按《综合布线工程验收规范》(GB 50312—2007) 的规定执行。

由于综合布线工程是一项系统工程，不同的项目会涉及其他一些技术规范，因此，综合布线工程验收还需符合下列技术规范：

（1）YD/T926—1～3（2000）《大楼综合布线总规范》；
（2）YD/T1013—1999《综合布线系统电气特性通用测试方法》；
（3）YD/T1019—2000《数字通信用实心聚烯烃绝缘水平对绞电缆》；
（4）YD5051—1997《本地网通信线路工程验收规范》；
（5）YDJ39—1997《通信管道工程施工及验收技术规范（修订本）》。

3. 项目竣工验收的内容

依照《综合布线工程验收规范》(GB 50312—2007) 规定，工程检验的各个项目和内容如表 8-8 所示，并依标准进行逐项验收。

表 8-8　综合布线系统工程检验项目及内容

阶　　段	验收项目	验收内容	验收方式
施工前检查	环境检查	(1) 土建施工情况：地面、墙面、门、电源插座及接地装置； (2) 土建工艺：机房面积、预留孔洞； (3) 施工电源； (4) 地板铺设； (5) 建筑物入口设施检查	施工前检查
	器材检验	(1) 外观检查； (2) 型式、规格、数量； (3) 电缆及连接器件电气特性测试； (4) 光纤及连接器件特性测试； (5) 测试仪表和工具的检验	
	安全、防火要求	(1) 消防器材； (2) 危险物的堆放； (3) 预留孔洞防火措施	

续表

阶　　段	验收项目	验收内容	验收方式
设备安装	电信间、设备间、设备机柜、机架	(1) 规格、外观； (2) 安装垂直、水平度； (3) 油漆不得脱落，标志完整齐全； (4) 各种螺钉必须紧固； (5) 抗震加固措施； (6) 接地措施	随工检验
	配线模块及模块式通用插座	(1) 规格、位置、质量； (2) 各种螺钉必须拧紧； (3) 标志齐全； (4) 安装符合工艺要求； (5) 屏蔽层可靠连接	
建筑物内电、光缆布放	电缆桥架及线槽布放	(1) 安装位置准确； (2) 安装符合工艺要求； (3) 符合布放缆线工艺要求； (4) 接地	
	缆线暗敷（包括暗管、线槽、地板下等方式）	(1) 缆线规格、路由、位置； (2) 符合布放缆线工艺要求； (3) 接地	隐蔽工程签证
建筑物外电、光缆布放	架空缆线	(1) 吊线规格、架设位置、装设规格； (2) 吊线垂度； (3) 缆线规格； (4) 卡、挂间隔； (5) 缆线的引入符合工艺要求	随工检验
	管道缆线	(1) 使用管孔孔位； (2) 缆线规格； (3) 缆线走向； (4) 缆线防护设施的设置质量	隐蔽工程签证
建筑物外电、光缆布放	埋式缆线	(1) 缆线规格； (2) 敷设位置、深度； (3) 缆线防护设施的设置质量； (4) 回土夯实质量	隐蔽工程签证
	通道缆线	(1) 缆线规格； (2) 安装位置，路由； (3) 土建设计符合工艺要求	
	其他	(1) 通信路线与其他设施的间距； (2) 进线室设施安装、施工质量	随工检验或隐蔽工程签证
缆线终接	8位模块式通用插座	符合工艺要求	随工检验
	光纤连接器件	符合工艺要求	
	各类跳线	符合工艺要求	
	配线模块	符合工艺要求	

续表

阶　段	验收项目	验收内容	验收方式
系统测试	工程电气性能测试	(1) 连接图； (2) 长度； (3) 衰减； (4) 近端串音； (5) 近端串音功率和； (6) 衰减串音比； (7) 衰减串音比功率和； (8) 等电平远端串音； (9) 等电平远端串音功率和； (10) 回波损耗； (11) 传播时延； (12) 传播时延偏差； (13) 插入损耗； (14) 直流环路电阻； (15) 设计中特殊规定的测试内容； (16) 屏蔽层的导通	竣工检验
	光纤特性测试	(1) 衰减； (2) 长度	
管理系统	管理系统级别	符合设计要求	竣工检验
	标识符与标签的设置	(1) 专用标识符类型及组成； (2) 标签设置； (3) 标签材质及色标	
	记录和报告	(1) 记录信息； (2) 报告； (3) 工程图纸	
工程总验收	竣工技术文件、工程验收评价	清点、交接技术文件 考核工程质量，确认验收结果	

注：系统测试内容的验收也可在随工中进行。

8.5.2　工程竣工验收资料

竣工验收包括物理验收和竣工技术资料验收，物理验收即检验、检查工程项目是否符合标准、规范，文档资料验收包括以下几方面内容。

1. 竣工技术文档内容

在工程验收以前，将工程竣工技术资料交给建设单位，竣工技术文件按下列内容要求进行编制：

（1）安装工程量，工程说明；

（2）设备、器材明细表；

（3）竣工图纸为施工中更改后的施工设计图；

（4）测试记录（宜采用中文表示）；

（5）工程变更、检查记录及施工过程中需更改设计或采取相关措施时，建设、设计、施工等单位之间的洽商记录；

(6) 随工验收记录，隐蔽工程签证；

(7) 工程决算书。

2. 竣工决算和竣工资料移交

竣工资料要反映工程建设的全部内容，即发生、发展、完成的全部过程，并以图、文、声、像等形式进行归档。

归档的文件包括项目的需求调研报告、可行性研究、评估、决策、计划、勘测、设计、施工、测试和竣工的工作中形成的文件材料。其中竣工图技术资料是工程使用单位长期保存的技术档案，要做到准确、完整、真实，符合长期保存的归档要求。

竣工图必须做到与竣工的工程实际情况完全符合；保证绘制质量，做到规格统一，字迹清晰，符合归档要求；必须经过施工单位的主要技术负责人审核、签字。

参 考 文 献

[1] http://tech.bjx.com.cn/html/20090617/121139.shtml.光纤光缆的结构及其传输原理.
[2] http://www.eefocus.com/html/08-07/49091110118537.shtml.通信原理基础知识专栏.北京邮电大学.孙岩.
[3] http://www.jianshe99.com.建设工程教育网.
[4] 贺平.网络综合布线技术（第2版）.北京：人民邮电出版社.2010.
[5] 余明辉，尹岗.综合布线系统的设计施工测试验收与维护.北京：人民邮电出版社.2010.
[6] http://www.sudu.cn/info/html/edu/20060921/131387.html.华夏名网.资讯中心"综合布线系统接地的结构及设计要求".
[7] 吴金达.地下通信（信息）管道规划及工程设计.北京：机械工业出版社.2008.
[8] http://www.dtx1800.net/.FLUCK测试仪专题网.

反侵权盗版声明

电子工业出版社依法对本作品享有专有出版权。任何未经权利人书面许可，复制、销售或通过信息网络传播本作品的行为；歪曲、篡改、剽窃本作品的行为，均违反《中华人民共和国著作权法》，其行为人应承担相应的民事责任和行政责任，构成犯罪的，将被依法追究刑事责任。

为了维护市场秩序，保护权利人的合法权益，本社将依法查处和打击侵权盗版的单位和个人。欢迎社会各界人士积极举报侵权盗版行为，本社将奖励举报有功人员，并保证举报人的信息不被泄露。

举报电话：(010) 88254396；(010) 88258888
传　　真：(010) 88254397
E-mail：dbqq@phei.com.cn
通信地址：北京市海淀区万寿路173信箱
　　　　　电子工业出版社总编办公室
邮　　编：100036